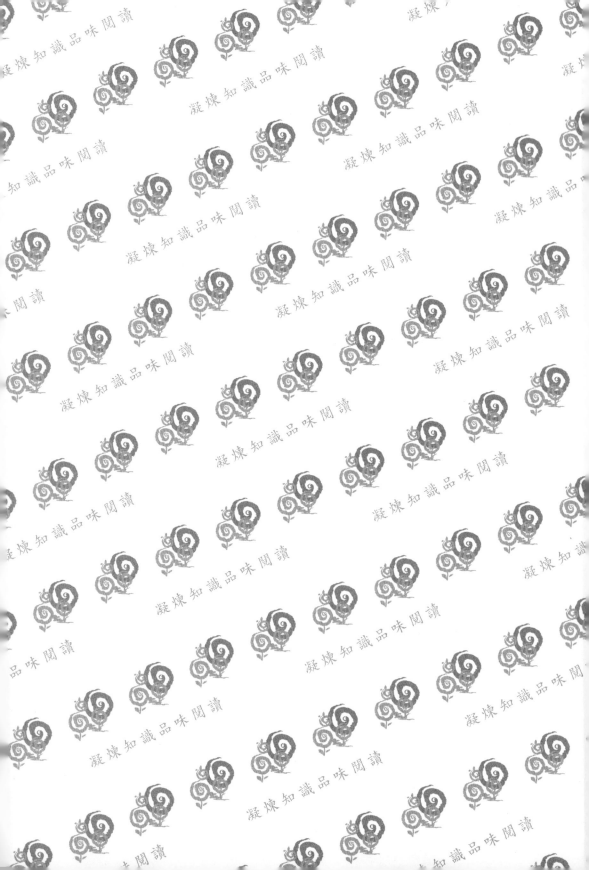

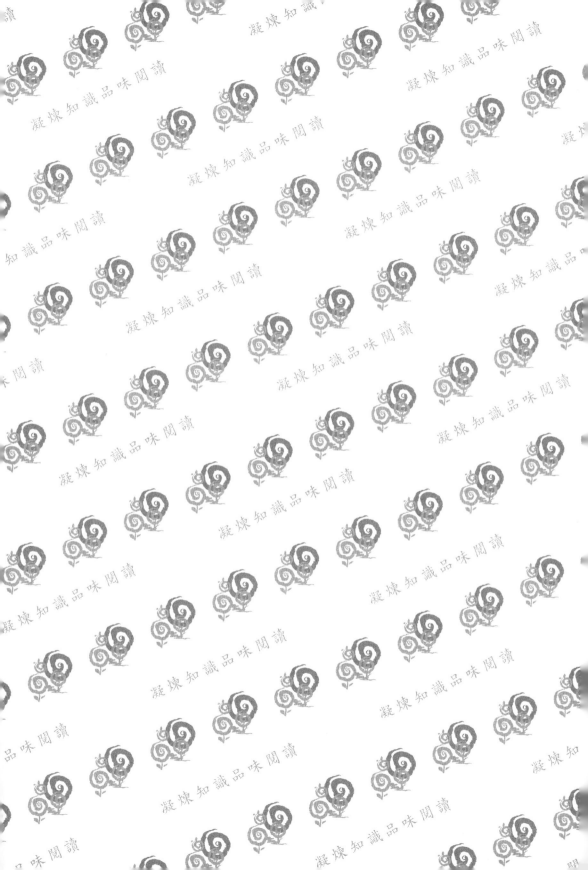

風工程

Wind Engineering

蕭葆羲　著

五南圖書出版公司 印行

序

　　風工程（WIND ENGINEERING）是一門新興的工程學科，顧名思義乃是在地球表面上舉凡與風有關之相關工程問題，皆包括在其研究探討範圍內。事實上它包含了氣象學、氣候學、流體力學、空氣動力學、結構動力學、建築工程、海洋工程以及環境工程（空氣污染、風環境）等，因此也是上述各學科之綜合與交叉。

　　因此風工程其主要係研究探討在地球大氣邊界層內之風與人類在地球表面，包含陸地及海洋之各式工程活動之間的相互作用與影響。研究分析進行方法，包括有使用理論、計算、現場量測以及實驗等方式單獨或交叉分析推演研究。概略區分兩面向：(1) 環境風工程、(2) 結構風工程。

　　更進一步具體而言，風工程研究與應用探討內容標的包括有：

1. 大氣邊界層內風之特性與統計性質。例如工程設計所需之區域性長年風或強風之紊流統計特性以及風譜分布變化。

2. 風對建築物與結構物之作用。例如對於風載重、氣動力現象、氣彈力現象、通風等之影響效應及變化。

3. 風引起之質量包括氣體、液體或固體形式等之運移。例如氣懸性空氣污染物或重質有害氣體之擴散、延散與傳輸，風沙或風雪造成之相關環境問題。

4. 風力能源之開發利用，包括如何開發利用在陸上以及海域之風能。

5. 局部風環境與工程微氣候，包括陸上大型開發案社區造鎮，以及海岸工業區或海域人工島開發之風環境影響特性。

6. 風對社會經濟之影響。例如颱風、颶風、龍捲風等所形成之風災對整個社會國家經濟之影響。

7. 各式運輸工具或載具之空氣動力行為。例如車輛、巴士、火車及水上船舶等氣動力特性之風阻係數、升力係數等。

8. 其他相關體育運動，諸如滑雪、賽車、帆船之空氣動力學等問題。

本書為風工程入門概念性之簡介，冀提供有興趣進入風工程領域探索之學子或從事工程設計者之研讀與參考，並歡迎同好者不吝賜予建議及指正。

蕭葆羲

E-mail: bsshiau@gate.sinica.edu.tw

b0085@mail.ntou.edu.tw

Clifton Suspended Bridge，1864 年完工。（Bristol, UK） *(by Bao-Shi Shiau)*

Sydney Harbor Bridge，1932 年完工。（Sydney, Australia） *(by Bao-Shi Shiau)*

∽ 目　錄

第一章

風之簡介

Sri Lanka *(by Bao-Shi Shiau)*

Zaanse Schans, The Netherlands *(by Bao-Shi Shiau)*

本章介紹地球表面大氣邊界層之結構，以及風之形成原因。另外因為地理位置以及地形效應所形成之各類型風之特性也一併說明。如何定性定量表示風、如何設置測站量度風，以及強烈風速而造成之風災相關問題與風驅雨對建築物之破壞，也在本章做一扼要性說明。

1-1 大氣層與其垂直分層結構

地球上空被空氣所覆蓋包圍，而空氣基本上係被地球之地心引力吸住，隨著地球一起轉動。該包覆地球之空氣層，稱為地球大氣層（atmosphere）。

整個大氣層由地面起算大約 1000 公里。若依溫度隨著高度之變化區分，其垂直分層結構可分為：(1) 對流層（troposphere），(2) 平流層（stratosphere），(3) 中氣層（mesosphere），(4) 熱氣層（thermosphere），(5) 外氣層（exosphere）。其中大氣質量99.9%都集中在對流層與平流層，其餘 0.1% 則在其他各層。而該 0.1% 中之 99% 又集中在中氣層，因此熱氣層與外氣層中空氣之稀薄，可見一斑。各分層特性說明如下：

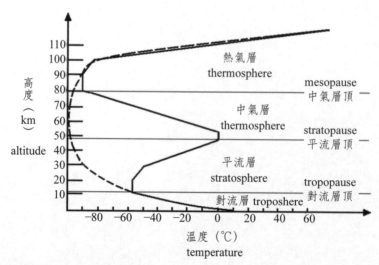

圖 1-1　依照溫度區分大氣層垂直分層結構；實線代表大氣現況，虛線則代表假設大氣沒有臭氧的情況

一、對流層

　　對流層（troposphere）為大氣層之最底層，整個大氣四分之三的質量以及所有水氣幾乎全部集中在該層。該層由地面往上至 10 幾公里，一般熟悉常見之天氣現象，例如雲霧、雨雪、颱風、雷電等都發生在該層，該層也是大氣層最低的一層。由於該層與地表面直接相接，且地表面受熱不均，因此具有強烈之對流運動。對流層之特性為接近地面最溫暖，隨著高度增加，溫度遞減。在一般情況下，大約每上升 100 公尺，氣溫下降 1℃。一般海拔高度達到 10 幾公里後，氣溫可降至 −50℃ 以下，該高度位置稱為對流層頂（tropopause）。

　　往昔沒有高科技年代，人類對於大氣層之體驗只侷限於對流層之內，而對流層高度約為 10 幾公里，即便世界第一高峰喜馬拉雅山聖母峰高度約為 8844 公尺，也都在對流層高度內。故而古人認為越高越冷，世界許多高山終年積雪，即是例證。

　　由於高度增加，溫度遞減，以及水氣充分兩種因素，因而使得對流層內產生雲雨風暴等複雜天氣現象。

　　一般對流層厚度隨著緯度增高而減小，因此在熱帶該層厚度約 15 至 17 公里，而在溫帶約 10 至 12 公里，但在兩極地區則只有約 8 至 9 公里。對於同一地區而言，在夏季時，對流層厚度大於其在冬季時之厚度。

二、平流層

　　平流層（stratosphere）位於對流層之上，距離海平面從 10 幾公里至 50 幾公里，其特性為溫度分布隨高度增加而遞增，係屬逆溫型式，亦即絕對穩定狀態。故其好似一塊無形之玻璃天花板，將對流層之各種活動擋住。該層氣流由於在垂直風向穩定，因此僅能平流，幾乎無對流運動，垂直向混合能力微弱。在該層之底部為等溫，亦即從對流層頂至約 22 公里處，氣溫幾乎不隨高度變化而改變；而頂部之氣溫則隨高度增加而急遽增加。

　　由於穩定特性使得平流層缺乏雲雨，因此在該層內幾乎永久萬里晴空。一般國際長程飛行客機大都選擇在平流層底部飛行，故只要飛機拉高飛

至至平流層，此時機艙窗外望出，映入眼簾的景象是一片晴空萬里。

　　平流層中存在有臭氧層，而臭氧具有吸收太陽光中紫外線之功能，因此臭氧吸收了紫外線後，使得該層頂部溫度升高，形成上暖下冷之逆溫現象，此即是平流層穩定特性之原因。平流層底部從對流層頂處開始，臭氧量增加，至 22 公里至 25 公里處，臭氧濃度達到最大值，然後濃度漸減，到達約 50 公里處，臭氧量極微薄。因此約在 22 至 25 公里處，一般稱為臭氧層。

　　平流層雖然是晴空萬里無雲，但有時也會出現一種特殊之雲，稱之為「貝母雲」。貝母雲並非一般我們在對流層看到的水氣雲，而是由許多小浮粒（凍結之小硫酸滴）所組成之薄雲。這些陽光照射在這些粒子，產生繞射作用，因而呈現出五彩光芒。在中國歷史古書上所謂「五色雲現」之詞，古人認為係一種祥瑞徵兆，因此用於歌頌皇帝德業，上天以此祝賀。

三、中氣層

　　中氣層（mesosphere）位置在平流層之上，該層溫度分布與對流層一樣，呈現高度愈高氣溫越低之現象，亦即氣溫隨高度增加而遞減。該層頂部稱為中氣層頂（mesopause）。此層高度較高，水氣非常稀少，因此無興雲致雨現象。但偶有一些由極微細之宇宙浮塵所形成之「夜光雲（noctilucent cloud）」，其狀似薄捲雲，常帶藍、銀白、橙甚至紅色。一般在高緯度國家，例如挪威、瑞典、丹麥一帶比較常見。在天空逐漸入夜而呈現黑暗時，夜光雲能映照日光，在夜空中顯得格外耀眼。實際上該現象原因，係因雲位置之高度甚高，當進入夜間後，低空已無陽光照射，但在高空卻仍然可以照射到該雲使之發亮，形成夜光雲現象。

　　中氣層高度大約距離海平面 50 幾公里處到約 80～90 公里處之中氣層頂為止。中氣層頂之溫度大約 −80℃，十分寒冷，而且氣壓也非常低，約地面之千分之一左右。

四、熱氣層

　　距離海平面從 80～90 公里至 500 多公里之高空，皆屬熱氣層（thermosphere），該層頂部稱爲熱氣層頂（thermopause）。該層空氣並非均勻混合，而係按空氣分子質量分爲不同之層次。最重之氮分子在最低層，氧分子次之，氧原子、氧分子被太陽紫外線照射分裂形成居上，上面還有氫分子及原子等，故氣體密度越高越稀薄。

熱氣層空氣非常稀薄，但溫度卻非常高。從熱氣層底部的攝氏零下 80 度到上部的數千度。上部高溫係因較靠近太陽，太陽光輻射到地球大氣層上空時，先經此熱氣層。此時陽光的 X 光及紫外線在此熱氣層被削減磨耗許多，因此通過此層後之陽光強度變得較爲緩和，但陽光削減磨耗效應使得此層空氣分子之溫度被加熱到攝氏幾千度。

在高緯度地區上空，熱氣層 80 至 300 公里高度之間會有所謂「極光（aurora）」現象出現，光亮輝煌奪目，其成因係來自於太陽表面噴發之帶電小質點吹向地球（太陽風 solar wind），此太陽風撞擊該層大氣所產生。當帶電小質點與不同元素碰撞時，將會發出不同顏色光芒的極光。常見到的極光爲綠色，此係約 100 公里高的氧原子被撞擊所發出的光芒，但在 200 到 300 公里的空氣非常稀薄，此時被撞擊的氧原子有可能發出紅色光芒。當太陽的粒子能量極強時，將會撞至 100 公里以下之大氣氮分子，發出青紫色光芒之極光。

五、外氣層

外氣層（exosphere）距離地面大約 500 多公里至大氣層最外圍上限，該層氣體非常稀薄，好幾公里才碰到一個氣體分子，其成分包括中性氦及氫原子，而氫原子更是主要成分。該層中之空氣粒子運動速度極快，可以擺脫地心引力，逸散至太空中。

外氣層算是大氣層之外圍，因此稱爲外氣層，也可算是內太空之範圍。

實際上由於人類活動區域均在地表面，所以從工程觀點來看，探索及研究大氣層之相關影響效應，都在對流層內。亦即風工程所探討研究受到大氣現象影響範圍，均侷限於對流層內甚或接近地面之大氣邊界層（atmospheric boundary layer）內。

1-2 氣壓與風

近地面大氣層中之空氣由高壓處向低壓處流動，此等空氣之移動而形成之現象即是所謂風。而陽光照射地表面，因地表面地形地物有不同的變化，導致地面輻射率也有不同的變化，所以空氣隨著高度變化其冷熱也不一，也將形成氣流之流動，亦即所謂風。

微風給人們帶來舒爽；適切的風速，有助於廢氣污染擴散，提高空氣品質；穩定恆常的強風，具備風能潛勢，可以進行風能發電。但當風速變的非常強烈時，將造成風害。例如 1975 年 10 月 5 日，颱風經過日本時，風速達 67.8 公尺 / 秒，東京市 43% 的電線桿傾倒損折，八丈島 60% 的房屋被破壞，連設計風速為 60 公尺 / 秒之鐵塔也倒塌。而地球表面之空氣移動變化則由大氣氣象條件決定，因此基本近地面之大氣氣象資訊之掌握將有助於明瞭地表上面之風之形成及其移動變化。

大氣作用於地面單位面積之力，即所謂大氣壓力，或簡稱氣壓。氣壓單位可以水銀柱高（mm Hg）、或巴（bar）、或毫巴（mb）、或帕（Pa）等表示。各種表示單位之間換算關係式如下：

$$1 \text{ Pa} = 1 \text{ N/m}^2 = 1 \text{ (kg} \times \text{m/s}^2)/\text{m}^2 \qquad (1\text{-}1)$$

$$1 \text{ atm} = 1.01325 \times 10^5 \text{ Pa} \qquad (1\text{-}2)$$

$$1 \text{ bar} = 10^5 \text{ Pa} \qquad (1\text{-}3)$$

$$1 \text{ mb} = 100 \text{ Pa} = 1 \text{ hPa} \qquad (1\text{-}4)$$

$$1 \text{ torr} = 1 \text{ mm Hg} = 134 \text{ Pa} \qquad (1\text{-}5)$$

一般在氣溫 0°C 時，緯度 45° 的海平面氣壓定為 760 mm 水銀柱高，亦即一標準大氣壓（1 atm）為 760 torr。

例題　請換算一標準大氣壓為壓力之公制單位

解答：利用壓力公式 $p = \rho g h$ 進行換算，

$$\rho_{Hg} = 13594.6\frac{kg}{m^3} \text{, } g = 9.807\frac{m}{s^2} \text{, } h = 760mm = 0.76m$$

$$\text{故 } p = \rho_{Hg}gh = 13594.6\frac{kg}{m^3} \times 9.807\frac{m}{s^2} \times 0.76m = 101325kg \times \frac{m}{s^2} \times \frac{1}{m^2}$$

$$= 101325\frac{N}{m^2}$$

一標準大氣壓等於 101325 N/m²=0.0101325 kN/cm²，

　　又定義毫巴（mb）為 1 mb = 10^{-2} N/cm²，因此一標準大氣壓等於 1013.25 mb。依據 1983 年世界氣象組織大會決議，氣壓單位統一使用百帕（hPa），亦即 1 hPa = 100 Pa = 100 N/m² = 10^{-2} N/cm²。因此 1 hPa 與 1 mb 大小相等。

　　一般說來，氣壓為時間與空間之函數，而地球表面之氣壓分布是不均勻的，隨著時空不停的變化，造成了不同地區之風的多變性。對於某一較大地區範圍內之某一時間的氣壓分布特點，可使用繪製海平面等壓線表示。所謂等壓線，即是將各觀測點相等瞬時氣壓值連成之線。由等壓線分布，可了解某時刻之氣壓場分布。利用氣壓場分布圖，可合理推估圖中各區之風向情形。

　　一般海平面之氣壓場，依據壓力大小分布變化特性，可區分為以下九種形式，分述如下（參閱圖 1-2 示意圖）：

1. 低壓（low pressure）：具有封閉之等壓線，其中心部分之氣壓相較周圍附近氣壓為低。
2. 高壓（high pressure）：具有封閉之等壓線，其中心部分之氣壓相較周圍附近氣壓為高
3. 低壓槽：由低壓區域向較高氣壓方向延展出之區域，形狀類似凹槽。
4. 高壓脊：由高壓區域向較低氣壓方向延展出之區域，形狀類似山脊。
5. 低壓帶：在兩個高壓之間氣壓較低的區域。
6. 高壓帶：與低壓帶相反，係兩個低壓之間氣壓較高的區域。
7. 副低壓：在低壓外圍的槽中所形成之小低壓。

8.副高壓：在高壓外圍的脊中所形成的小高壓。

9.鞍形區：在兩個低壓和高壓交叉分布之間的區域，分布形狀類似馬鞍。

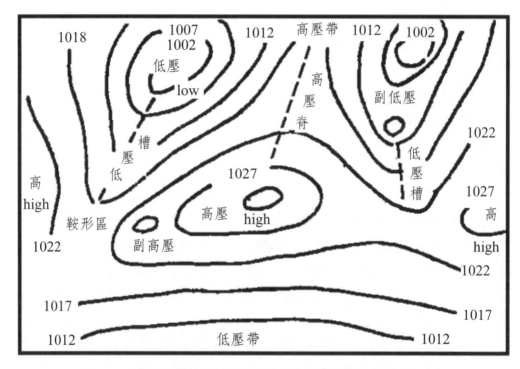

圖 1-2　海平面氣壓場分類示意圖（圖中數字單位為百帕 hPa）

　　大氣壓力在正常情況下係隨距離海平面高度增加而遞減。一般在距離海平面約 1～2 公里處，大氣壓力為 850 毫巴（mb）。在氣象學上，該 850 毫巴面（850 mb surface）經常被使用做參考基準。因為在此高度處，可以忽略地表面之摩擦影響效應。在非常低壓情況下，850 毫巴面可能降低至距離海平面約 1 公里處。經驗上顯示在強風時接近地面之最大陣風風速與 850 毫巴面處之風速為相同數量級（order of magnitude）。

1-3 科氏力效應與作用於風之力

　　參閱圖 1-3，當一個質點在慣性系統做直線運動時，若系統旋轉時，質點運動軌跡以曲線形式呈現。亦即立足於旋轉體系，將有一個力驅使質點運動軌跡形成曲線，而這個力就是科氏力（Coriolis force）。在地球表面任意處，空氣質點均承受因地球自轉而形成一種力之作用。這種因地球由西向東自轉而形成之力，一般稱為科氏力。該空氣質點承受之科氏力 $\vec{F_c}$ 以下式表示：

$$\vec{F_c} = 2m(\vec{V} \times \vec{\omega}) \tag{1-6}$$

式中 $\vec{\omega}$ 為地球自轉之角速度（angular velocity）；m 為空氣質點質量；$\vec{V}$ 為空氣質點相對轉動地球之速度。科氏力 $\vec{F_c}$ 方向分別與 $\vec{\omega}$ 及 $\vec{V}$ 之方向垂直，力之方向由 $\vec{\omega}$ 與 $\vec{V}$ 之向量外積（依右手法則）結果定之。亦即科氏力作用力方向，係從地球的自轉軸向外。可分解成水平向分量 $2m\|\vec{V}\|\|\vec{\omega}\|\sin\phi$ 與垂直向分量 $2m\|\vec{V}\|\|\vec{\omega}\|\cos\phi$。實際上垂直向分量大小遠小於重力加速度，因此一般僅考慮水平向分量即可。故科氏力 $\vec{F_c}$ 之大小如下式：

$$\left|\vec{F_c}\right| = F_c = 2m\|\vec{V}\|\|\vec{\omega}\|\sin\phi \tag{1-7}$$

式中 ϕ 為 $\vec{\omega}$ 與 $\vec{V}$ 之夾角，以地球上空氣質點而言，一般 ϕ 代表所在之緯度。依據此公式，定義科氏參數（Coriolis parameter），f_c，（單位為 1/s），以下式表示：

$$f_c = 2\omega\sin\phi \tag{1-8}$$

式中地球自轉之角速率大約為 $\omega \approx \dfrac{2\pi}{24h} = \dfrac{2\pi}{86400s} = 7.272 \times 10^{-5}\,s^{-1}$；$\phi$ 為緯度（latitude）。但嚴格講地球的自轉速率應該是以恆星為準，自轉一周的週期為 86164 秒（折合 23 小時 56 分 4 秒），所謂的 86400 秒，只是對著太陽而言，因為地球是一邊自轉一邊還要繞太陽公轉，而非在原地自轉。因此

較準確的地球自轉之角速率爲 $\omega = \dfrac{2\pi}{86164s} = 7.292 \times 10^{-5}\, s^{-1}$ 。

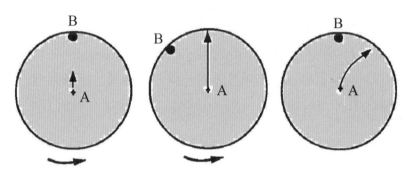

圖 1-3 科氏力之成因；左邊與中間圖示爲旁觀者所見，右邊圖示則爲站在轉盤上所見（在北半球，路徑向右偏移）

參考圖 1-4，若在地球表面 A 處上之空氣質點相對轉動地球之速度大小爲 V，與 ω 之夾角 ϕ（緯度），而空氣質量爲 m，則空氣質點在 A 處之科氏力大小，F_c 爲

$$F_c = 2mV\omega\sin\phi = m(2\omega\sin\phi)V = mf_cV \qquad (1\text{-}9)$$

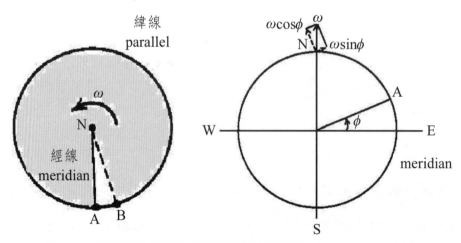

圖 1-4 由於地球自轉造成空氣質點之視運動（apparent motion）

例題　試計算在赤道與北極及緯度 30 度處之科氏參數分別為何？

解答：因為科氏參數

$$f_c = 2\omega\sin\phi$$

所以赤道 $\phi = 0°$

$$f_c = 2 \times 7.292 \times 10^{-5} s^{-1} \times \sin(0°) = 0 s^{-1}$$

北極 $\phi = 90°$

$$f_c = 2 \times 7.292 \times 10^{-5} s^{-1} \times \sin(90°) = 1.4584 \times 10^{-4} s^{-1}$$

緯度 30°

$$f_c = 2 \times 7.292 \times 10^{-5} s^{-1} \times \sin(30°) = 7.292 \times 10^{-5} s^{-1}$$

表 1-1　不同緯度之科氏參數（Coriolis parameter）

緯度（degree）	科氏參數（s⁻¹）	緯度（degree）	科氏參數（s⁻¹）
0	0	50	1.1172×10^{-4}
5	1.271×10^{-5}	55	1.1947×10^{-4}
10	2.533×10^{-5}	60	1.2630×10^{-4}
15	3.775×10^{-5}	65	1.3218×10^{-4}
20	4.988×10^{-5}	70	1.3705×10^{-4}
25	6.164×10^{-5}	75	1.4087×10^{-4}
30	7.292×10^{-5}	80	1.4363×10^{-4}
35	8.365×10^{-5}	85	1.4529×10^{-4}
40	9.375×10^{-5}	90	1.4584×10^{-4}
45	1.0313×10^{-4}		

　　因此由表 1-1 得知，科氏力在赤道為零，隨著緯度增加而增加，在南北兩極最大。

　　由於科氏力效應，故使得高壓中心吹出或向低壓中心吹入之風，不再是直進直出，而是會轉彎。科氏力對於在北半球大氣層運動之物體將會造成右偏之效應；因此由高壓中心吹出的風，最終呈現順時鐘旋轉，而向低壓中心

吹入之風，則呈現逆時鐘方向旋轉。對於在南半球大氣層運動之物體則是造成左偏效應，故高壓區之風則是逆時鐘方向旋轉，而低壓區之風則是順時鐘方向旋轉。

　　圖 1-5(a)(b) 所示為在北半球風向受科氏力之影響示意圖，圖 1-5(a) 為高壓中心，圖 1-5(b) 則為低壓中心。左圖中，風理應由高壓中心向外吹，但由於受到地球自轉所形成之假力——科氏力之影響，使得風向偏轉，成為順時鐘方向偏轉。右圖顯示風應向中心低壓區吹入，同樣地受到科氏力影響，使得風向呈現逆時鐘風向偏轉。該等偏轉現象，在南半球風之偏轉方向則與北半球恰巧相反。理論上，在無摩擦力之情況下，當風向偏轉到與等壓線平行時，將不再偏轉（除非將摩擦力考慮進來）。

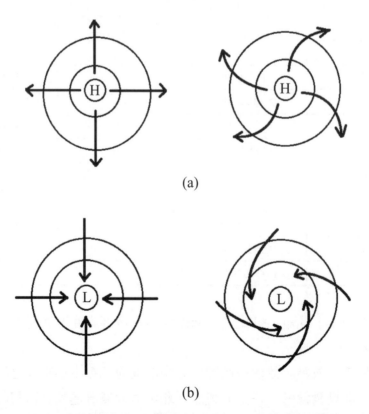

(a)

(b)

圖 1-5　(a)(b) 北半球風向受科氏力之影響示意圖（直線箭號為原風向，而曲線箭號代表受到科氏力之影響產生彎曲）

　　地表面上由於氣壓分布不平衡，高壓處之空氣移動至低壓處，移動過程中形成氣流，亦即所謂風。參考下圖，p 為壓力，dp 為壓力差，此處空氣密度為 ρ，$\vec{n}$ 則為與等壓線垂直之單位法線（normal unit vector）。

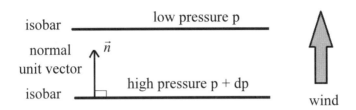

driving force: unit pressure gradient force
$(1/r)(dp/dn)$

圖 1-6　壓力梯度變化驅動氣流示意圖

　　因此，沿著等壓線（isobar）之法線方向 n，每單位質量空氣因壓力梯度 dp/dn，產生之驅動力為（$1/r$）（dp/dn），稱為氣壓梯度力（pressure gradient force）。由此力驅動空氣沿著法線方向移動，形成風。

　　基本上形成風之驅動力除上述之氣壓壓力差（或稱壓力梯度）外，整體風速變化還受到地表面、海面或自由大氣之摩擦力（地表面或海面之粗糙度效應），以及地球自轉效應所造成之科氏力等諸力之影響。若氣流呈現曲線運動，則尚需考慮離心力（centrifugal force）。因此完整之風運動之力學分析計算，應考慮到這四種力：1.壓力梯度力、2.摩擦力、3.科氏力、4.離心力。

　　有關氣流呈曲線運動時（參閱圖 1-7），除向心力（centripetal force）外尚有離心力（centrifugal force）。離心力之方向恆與氣流運動方向（風向）成垂直，且在曲率圓心向外之方向；又離心力與向心力大小相等。而向心力大小為質量（m）與向心加速度（V^2/R）之相乘積：

$$F = m\frac{V^2}{R} = m\frac{(R\omega)^2}{R} = mR\omega^2 \qquad（1\text{-}10）$$

式中 m 爲空氣氣團之質量，V 爲風速，R 爲等壓曲線之曲率半徑，ω 爲曲線運動之轉動角速率。故 1-10 式顯示：離心力大小與風速平方 V^2 大小成正比，與等壓曲線之曲率半徑 R（radius of curvature）之大小成反比。亦即離心力爲 V^2/R。

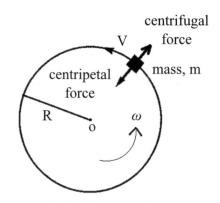

圖 1-7　曲線運動向心力離心力示意圖

　　空氣流動形成風，無論其所接觸爲地表面、海面或其他，均會產生摩擦力（frictional force）。一般情況下摩擦力在地表面最大，海面次之，而在大氣邊界層（atmospheric boundary layer）外之自由流（free stream）則最小。摩擦力之方向，恰巧與風向相反。摩擦力之效應將會直接減低風速，也間接減少地球偏轉力（或稱科氏力）。又因科氏力與風速成正比例，因此當空氣流動時，實質上其偏轉程度將不會如理想地偏轉至與等壓線平行，而是在偏轉至與等壓線接近平行時，即告停止。摩擦力越大，實際之風向愈偏向低壓區，否則將會與等壓線走向一致。等壓線與實際風向所成之夾角，以陸域地表面附近最大，通常爲 30 度左右；海上則較小；在大氣邊界層外自由流中更小。

　　摩擦力對氣流之移動（亦即風）除了產生阻滯作用外，也可能造成紊流（turbulence），亦即垂直方向之渦流，與氣層不穩定所產生之垂直氣流類似。而摩擦層（frictional layer）高度，通常不超過距離地表面 6、700 公尺。

1-4 地面風帶、季風與噴射氣流

　　地球赤道附近熱帶地區太陽光係直射，因此地表溫度最高，故而空氣較熱，亦即熱空氣較輕，因此熱帶空氣平均來說有上升趨勢。由於空氣上升，暫時使得空氣減少，因而氣壓降低成為低氣壓。這就是熱帶地區經常有一排低氣壓中心的原因。實際上，高氣壓、低氣壓都是相對的，只要一個地區其氣壓比周圍的地區來的低，它就是低壓中心。

　　由於地球不同緯度之氣壓差異變化，形成三個環流圈，參閱圖 1-8，由南北極地往赤道分別為極地環流圈（Polar cell）、費簍環流圈（Ferrel cell）、哈德里環流圈（Hadley cell）。環流圈引發之地球表面風帶，在不同緯度之風帶氣流風向迥異，各有特色，參閱圖 1-8 示意圖。

　　當高緯度吹向低緯度熱帶低氣壓的風，由於受到科氏力影響，使得風向在北半球係偏右，因此大致是東北風，年年如此，因此稱為東北信風帶，也稱為貿易風（trade wind）。而科氏力影響，在南半球形成之貿易風則為東南信風帶。

　　在熱帶往上升之熱氣，經逐漸上升後，又逐漸下降，下降位置大約在緯度 30° 左右。由於空氣下降，造成該地區地面空氣增加，形成了高氣壓。這個高氣壓會將空氣往兩旁排出，在北半球時，向南的一支便是東北信風，而向北的一支，經科氏力影響偏轉，形成西南風；在南半球則是西北風；此皆是所謂盛行西風帶（prevailing westerlies）。

　　緯度 30° 又名為馬緯度無風帶（horse latitudes），有此一說：當年大航海時代，西班牙人到全世界尋找白銀，乘坐風帆船來到北美洲時經過此一緯度，然而此處卻是一排高壓區，風力甚小，甚至幾近於無風狀況下，因此風帆船幾乎寸步難移。不得已將馬匹丟入海中，以減輕重量，俾利行船。為了紀念該事件，故而有此特殊名稱。惟此說僅見於稗官野史，並未見諸於官方記載。

　　緯度 60° 左右則另有一排低壓中心，因而引起極地氣團流向此低壓帶，形成所謂極地東風帶（polar easterlies）。

　　上述所謂風帶，均指地面之風向，且這些風向也只是平均狀況，雖是相同緯度位置，但由於所在不同地點之地形地貌有異，季節之氣象狀況也有差異，真正的風向會隨著季節及實際地點而有變化。

　　另外在高空處，風帶之風向與變化則與地表面又大不相同，在此不再詳述。

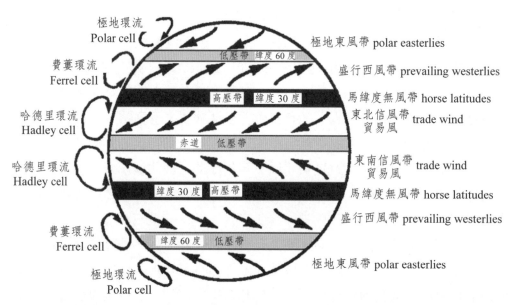

圖 1-8　環流圈引發之地球表面風帶氣流風向示意圖（三個環流圈由北極向赤道分別為極地環流圈 Polar cell、費蔞環流圈 Ferrel cell、哈德里環流圈 Hadley cell）

　　由於地球表面有陸地及海洋，一般在夏天時，陸地熱，海洋冷，故陸地平均是低壓，而海洋是高壓，因此風自海洋吹向大陸。冬天則是陸冷海暖，故而風自陸地吹向海洋。這種因海陸冷熱不同所產生氣流循環並隨季節而變（而非每天變化）之風，即是所謂之季風（monsoon）。

　　由於亞洲大陸陸塊版圖遼闊，因此在亞洲之季風效應發展特別強烈顯著，也進而明顯影響該地區之氣候型態的季節性變化。冬季在東亞及南亞各地，風向多為北至東北，由其以東北風居多；夏季在東亞則以東南風為多，

南亞則多為東南至西南風。

　　一般在高處風速均較大，而在中高緯度風速往上增強的現象激烈到極端，結果是在 10 幾公里處形成了一條高空急流帶，稱為噴射氣流（jet stream），該氣流可比擬為一條風管，管中心風速好似超級颱風。熱帶上空也有一支急流，強度則小於中高緯度。噴射氣流係於第二次世界大戰時發現的，當時美軍實施對日本本土轟炸，當美軍轟炸機由東往西飛日本，在某幾次任務中，儘管飛機時速為每小時幾百英哩，但奇怪的是飛機對地速度卻非常小，幾經研究，才確定碰上了噴射氣流。在中高緯度之噴射氣流幾乎都是偏西之風，因此由台灣飛美國之飛機若遇上較強之西風，則是順風；但回程則是逆風；因此要避開這條急流帶。這條急流帶的位置日日有變化，卻都一直存在著，只是時強時弱。

　　另外對於一些風速較大的風，一般籠統地稱呼為暴風現象。隨著暴風而來的往往是令人恐懼的劇烈天氣現象，例如雷電、豪雨、洪水、飛沙、走石等。

　　在中國之近海域，例如東海、黃海、南海等。其主要風可分為三類：(1) 季風。(2) 寒潮大風，主要集中在 11 月至次年 2 月。(3) 熱帶風暴，漩渦式的強烈氣流猛烈地旋轉。而台灣西海岸之台灣海峽，在冬季期間盛行吹東北季風。

1-5 風速、風向與風力等級分類

　　依據風產生之原因分析，在相同距離內，兩處之氣壓差越大，形成之風速也越快；反之氣壓差越小，則風速越小。故等壓線越密集，表示風速越大。一般風可以向量表示，亦即風速大小（wind speed）與風向（wind direction）。

　　風速大小係表示空氣在單位時間內流過之距離，風速單位一般使用公尺／秒（m/s）或公里／時（km/h）。也有使用節（knot）表示，1 knot=1.15 nautical mile/h，而 1 nautical mile=1852 m，所以 1 knot ≅ 0.515 m/s。

　　風的強弱程度，通常用風力等級來表示，而風力的等級，不一定要有儀器才能測量，也可以藉由地面或海面上的物體被風吹動之情形加以估計之。為了方便使用，依據風速大小，蒲福氏（Beaufort）將其分為十三級，一般稱為蒲福風級（Beaufort scale）。若將蒲福風級之級數以 B 表示，則在離地表面 10 公尺處量得之該級平均風速 V 為：

$$V = 0.836\sqrt{B^3} \text{ m/s} \tag{1-11}$$

　　蒲福風速級與各級所對應在距離地面 10 公尺處之平均風速值範圍，列於表 1-2，其中平均風速分別以節（knot）及公尺／秒（m/s）顯示之。

　　後來人們將蒲福風級擴充，增加五級，而成為目前通用之風級表。但該風速等級表仍然無法包括所有自然界出現之風，例如龍捲風，其風速甚至可高達 100 公尺／秒至 200 公尺／秒。

表 1-2　蒲福風級之風速等級及其在海上與陸上現象之特徵

等級	名稱	海面狀況	一般浪高	最大浪高	海上特徵	陸上特徵	風速 m/s
0	無風	平如鏡	----	----	無浪	煙直上	0～0.2
1	無風	微波	0.1 m	0.1 m	有波紋	風標不動	0.3～1.5
2	輕風	小波	0.2 m	0.3 m	波紋小	樹枝微動	1.6～3.3
3	微風	小波	0.3 m	1.0 m	波紋大	樹枝搖動	3.4～5.4
4	和風	輕浪	1.0 m	1.5 m	小浪	地面塵揚	5.5～7.9
5	清風	中浪	2.0 m	2.5 m	中浪，碎浪多	有枝小樹搖動	8.0～10.7
6	強風	大浪	3.0 m	4.0 m	大浪，波浪白沫飛布，呼嘯聲大作	大樹枝搖動，舉傘困難	10.8～13.8
7	疾風	巨浪	4.0 m	5.5 m	海面似波浪堆積，白泡沫飛越波頂	大樹彎曲，迎風步行困難	13.9～17.1

等級	名稱	海面狀況	一般浪高	最大浪高	海上特徵	陸上特徵	風速 m/s
8	大風	狂浪	5.5 m	7.5 m	中高浪，呼嘯聲更大	可摧毀樹木，人無法向前行	17.2～20.7
9	烈風	----	7.0 m	10.0 m	高浪，海浪翻捲	煙囪屋頂受損	20.8～24.4
10	狂風	狂濤	9.0 m	12.5 m	大高浪，浪花飛起，影響能見度	可將樹木拔起，建物受損	24.5～28.4
11	暴風	非凡現象	11.0 m	16.0 m	超高浪	重大摧毀	28.5～32.6
12	颶風	----	14.0 m	----	海面因浪花飛起成白色狀，能見度劇降	摧毀慘重	32.7～36.9

增列五級風之風速表

等級	名稱	海面狀況	一般浪高	最大浪高	海上特徵	陸上特徵	風速 m/s
13							37.0～41.4
14							41.5～46.1
15							46.2～50.9
16							51.0～56.0
17							56.1～61.2

表 1-3　蒲福風級與離地面 10 公尺處之平均風速關係表

風級 B	英文名稱	平均風速 V	
		knot	m/s
0	Calm	0	0
1	Light air	2	0.8
2	Light breeze	5	2.4
3	Gentle breeze	9	4.3

風級 B	英文名稱	平均風速 V	
		knot	m/s
4	Moderate breeze	13	6.7
5	Fresh breeze	19	9.3
6	Strong breeze	24	12.3
7	Near gale	30	15.5
8	Gale	37	18.9
9	Strong gale	44	22.6
10	Storm	52	26.4
11	Violent Storm	60	30.4
12	Hurricane	---	---

在氣象上定義風的來向為風向，例如在台北冬季常吹東風，則是表示風自東邊吹來。氣象觀測或工程上處理風向，常使用以十六方位或以角度數表示。風向之十六方位表示如下，亦即北（N）、北北東或東北偏北（NNE）、東北（NE）、東北東或東北偏東（ENE）、東（E）、東南東或東南偏東（ESE）、東南（SE）、南南東或東南偏南（SSE）、南（S）、南南西或西南偏南（SSW）、西南（SW）、西南西或西南偏西（WSW）、西（W）、西北西或西北偏西（WNW）、西北（NW）、北北西或西北偏北（NNW）。例如由東北方向吹來之風，稱為東北風，由北方吹來之風，稱為北風。參閱圖1-9。

在工程應用上，某一風測站之長期風資料，經常依據各時期（例如月、季節或年）的風向頻率、平均風速以及最大風速等資料數據繪製成圖，該圖係在各方位上依比例標示出風速值標記點，並以直線連接各點。由於該圖貌似一朵盛開玫瑰花，又稱風玫瑰圖（wind rose diagram），或稱風花圖。風玫瑰圖可顯示出各個風向之風速大小以及其出現頻率之大小。

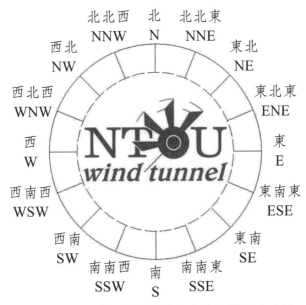

圖 1-9　氣象或工程上所使用之十六種風向方位

　　風玫瑰圖上某風向出現頻率最大者，一般可視爲該風向即所謂盛行風（prevailing wind）之風向。圖 1-10 爲中央氣象局基隆站長期（1969-1999）統計風向風玫瑰圖，該圖明顯地顯示出基隆之盛行風向爲北北東風與東北風。

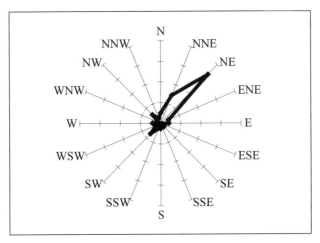

圖 1-10　中央氣象局基隆站長期（1969-1999）統計風向風玫瑰圖

　　工程應用上，例如在施工工地，可採用簡便設備配合經驗法則判斷風速大小。圖 1-11 爲日本工地常見利用風桶受到橫風吹襲時，風桶被揚起，當風速越大，風桶揚起之角度（風桶與直立桿之夾角），據以推估風速。當揚起角度爲 42° 時，橫風平均風速大約 3 m/s～5 m/s；角度爲 61° 時，橫風平均風速大約 5 m/s～57m/s；角度爲 74° 時，橫風平均風速大約 7 m/s～10 m/s；角度大於 90° 時，橫風平均風速超過 10 m/s。

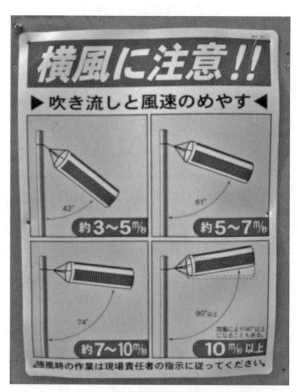

圖 1-11　風桶揚起角度與風速大小之關係

　　關於強風標誌，國內常見使用之強風警示標誌，例如在連江縣馬祖東引島，參看圖 1-12 石碑上刻印紅色三角形警示之標誌與標誌下注意強風。

圖 1-12 強風警示標誌（連江縣馬祖東引島）

　　另外若在風速計前方 1 英哩內無任何障礙狀況下，所量測之風速稱為最快英哩風（fastest-mile wind）。而在某一段紀錄時段裡，例如一年或十年，其最高之最快英哩風稱為極端最快英哩風（extreme fastest-mile wind）；此為工程結構物抗風設計上部分設計者所依據採用之風速值。

　　由於風速可能時時變動，因此台灣中央氣象局依據世界氣象組織規定，採用 10 分鐘平均風速，亦即觀測時間正時之前 10 分鐘內之平均風速，視為代表該小時之平均風速。其他國家，例如日本氣象廳採用 10 分鐘平均值，中華人民共和國氣象單位採用 2 分鐘平均值。相較於平均風速，陣風則定義為 10 分鐘平均風速與在此 10 分鐘內出現之最大瞬間風速之差，如大於 5m/s 時，即有陣風現象。風速差值在 5～10 m/s 稱為小陣風，在 10m/s 以上稱為大陣風。關於風速大小，對於工程結構物抗風設計者，一般更為關心的是尖峰風速（peak wind speed），亦即陣風風速。

1-6 風速測站與量測儀器

本節介紹風速測站設置應注意事項，以及一般現場或測站量測風速所使用之儀器特性與原理。

一、風速測站

依據世界氣象組織（WMO, World Meteorological Organization）規定，標準風速量測係以開闊空曠地區，離地面 10 公尺處所量測之風速。實際上，在都市地區，因建築物較密集，故一般欲符合上述規定，較為困難。亦即在都市建築物較密集處測站，其所測得之風速資料，需修正。

一般來說，若對測站風速資料欲獲得可信賴之分析，則必須具備下列相關資料，以利分析修正之參考。

1. 風速計擺設地點位置。

2. 測站附近局部地圖，亦即測站相關位置方位。

3. 清楚地敘述測站附近地物、地貌狀況及其變化。

4. 相關量測風速儀器系統之特性及規格說明，包括儀器之解析度，精確度等。

5. 觀測與數據記錄之過程。

二、風速量測儀器

關於現場或氣向測站之風速量測儀器，常見的有：

1. 杯式、導流板式與螺旋式風速計（cup, vane and propeller anemometer）

此等型式風速計（參閱圖 1-13）為最常見者，且最常使用。價格經濟實惠，風速量測準確度也能滿足一般風速分析使用需求。

2. 壓力式風速計（pressure anemometer）

量測壓差，利用伯努力（Bernoulli）原理，依據下列公式，將壓差轉換為風速 V。此類型風速計有例如皮托管（Pitot tube），參閱圖 1-14。

$$V = \sqrt{\frac{2(p_3 - p_4)}{\rho}}$$　　　　　　（1-12）

式中 ρ 爲空氣密度，p_3 及 p_4 分別爲皮托管兩輸出端 (3) 與 (4) 之壓力。

圖 1-13　導流板式、杯式與螺旋式風速計

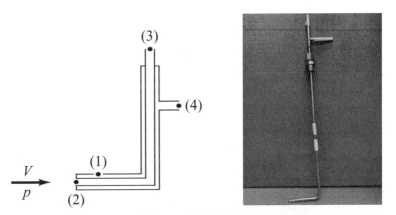

圖 1-14　皮托管量測原理示意圖與實體照片

3. 漩渦式風速計（vortex anemometer）

　　由於在某一雷諾數範圍內，風吹過一物體，例如圓柱，將會在圓柱後方產生規則性之交互脫落之漩渦（vortex shedding），稱爲卡門渦流街（Karman vortex street），詳細參閱第七章。此一規則性交互脫落之漩渦，有一

定之頻率存在，而頻率 f 與風速 U 以及物體特徵尺寸（例如圓柱直徑 D），三者之間可組成一無因次參數 $St = \dfrac{fD}{U}$，一般稱為史特赫數（Strouhal number）。史特赫數基本上在某一雷諾數範圍內係為一定值，因此只要量測出正確之渦流頻率，即可換算出準確之風速。利用此原理設計之風速計，稱為渦流式風速計。該類型之風速計，由於其量測之渦流頻率與風速關係為線性，因此優點為無須每次使用時都要重新校正。

4. **熱感式風速計**（thermal anemometer）

利用熱傳（heat transfer）原理，配合惠斯登電橋（Wheatstone bridge）電路設計，以不同風速將會帶走感應熱線之不同熱量，藉此校正關係，而獲得風速之量測值。這類風速計一般稱為熱線流速儀（hot wire anemometry）。此類型風速計系統反應快且準確性高（例如美國 TSI 公司產品 IFA-300 定溫式熱線流速儀。參閱圖 1-15）。感應熱線為金屬線，材料從最簡單的鎢（tungsten）到合金式，例如白金／銠合金（platinum/rhodium alloy）等金屬線都可以，感應熱線之典型尺寸，長度 1mm～2mm，直徑 0.0038mm～0.005mm，比頭髮還細。

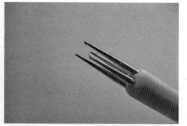

圖 1-15　美國 TSI 公司產品 IFA-300 定溫式熱線流速儀，以及日本 KANOMAX 公司產品，一維熱線探針與二維熱線探針（兩針尖之間焊有鎢絲金屬線，長度 2mm）

5. **音波式風速計**（sonic anemometer）

利用音波在靜止空氣中及移動空氣中傳遞時間之差異原理，進而分析計算出氣流移動（風速）。該類型風速計相較其他類型風速計，更為精準，且

系統反應靈敏快速,適合於使用在需要高頻率風速取樣之量測,但價格較爲昂貴。量測基本原理簡述分析如下:

參閱圖 1-16,令風速 $\vec{V}$ 沿聲波路徑及垂直聲波路徑之分量分別爲 V_d,V_n;並假定所有之速度爲沿著路徑之平均值。兩個同時之聲波脈衝由 T_1 至 R_1 及 T_2 至 R_2 之傳遞移動時間 t_1、t_2,由圖 1-16 之向量圖,可分別經由下式計算求得:

$$t_1 = \frac{d}{c\cos\gamma + V_d} \tag{1-13}$$

$$t_2 = \frac{d}{c\cos\gamma - V_d} \tag{1-14}$$

此處 d 爲聲波發射端(transmitter)與接收端(receiver)之路徑距離(path length);c 爲聲波在空氣中傳遞之速度;而 $\gamma = \sin^{-1}(V_n/c)$。因此當 $V^2 \ll c^2$,由上二式相減,可得傳遞移動時間差值與分別爲:

$$(t_2 - t_1) = \frac{2d}{c^2}V_d \tag{1-15}$$

亦即沿聲波路徑風速分量爲:

$$V_d = \frac{c^2}{2d}(t_2 - t_1) \tag{1-16}$$

若當空氣溫度 θ 已知時,聲波在空氣中傳遞之速度 c 可由下式計算求得:

$$c^2 = kR\theta \tag{1-17}$$

此處爲 k 比熱比值(ratio of specific heats),R 爲氣體常數(gas constant)。因此當溫度已知,即可算出聲波速度,因此量測傳遞移動時間差值,即可由 1-16 式算出風速。

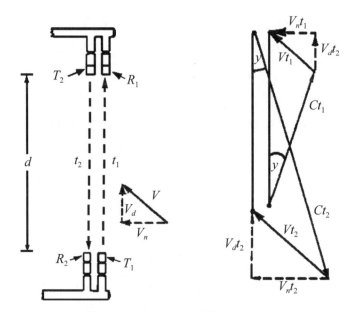

圖 1-16　單向超音波風速計原理

　　將三支上述音波計依某特定角度排列,利用三角幾何原理分析,可量測風速軸向、橫向與垂直向三分量,此即所謂三向音波風速計。圖 1-17 為日本 KAIJO 三向音波風速計安裝於實場,該圖所示之風速測站地點在基隆國立臺灣海洋大學濱海校區河海工程系二館頂樓,該處鄰近碧砂漁港(風速計背後處)。

圖 1-17　三向超音波風速計(國立臺灣海洋大學河海工程系二館頂樓)

1-7 地轉風、梯度風、熱帶風暴與旋衡風之運動力學分析

　　大氣中之風速大小與方向受到所在位置之地球緯度、氣壓梯度，以及地球自轉之科氏力影響。當在高空之大氣中，其等壓線若爲平直且平行時（離心力不存在），且忽略摩擦力，則空氣僅受到壓力梯度力與科氏力影響。此時空氣受到壓力梯度力之影響而垂直吹越等壓線，但科氏力在北半球使風向向右偏轉，由於科氏力始終與風向垂直，因此風向逐漸向右偏，而科氏力方向也隨之向右偏，直到科氏力與壓力梯度力之方向恰巧相反時，始趨於平衡。參閱圖 1-18。

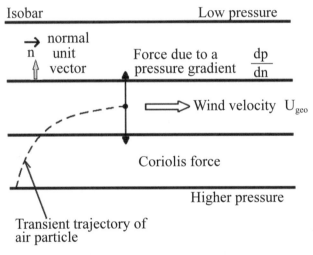

圖 1-18　科氏力改變以壓力差驅動之氣流運動

　　在北半球，當我們站立並背風（風由背部方向吹來），此時右側爲高壓，而左側則爲低壓。在南半球，剛好相反。當我們背風而立時，低壓在右側，而左側爲高壓。上述現象是大氣運動之風場與壓力場關係，又稱爲白貝羅定律（Buys Bullot）。

一、地轉風

　　當科氏力與壓力梯度力之方向恰巧相反時，二種作用力始趨於平衡。

此時，氣流運動所形成之風的方向係垂直於壓力梯度，亦即平行於等壓線。因此由壓力梯度與科氏力平衡所形成之風稱之為地轉風（geostrophic wind），風速大小以 U_{geo} 表示。該地轉風之風向與等壓線平行。因此若空氣質量為 m，當空氣壓力梯度力，$P = m\dfrac{1}{\rho}\left|\dfrac{dp}{dn}\right|$ 與科氏力，$F_c = mf_c U_{geo}$ 達到平衡時，亦即 $P = F_c$，所以：

$$m\frac{1}{\rho}\left|\frac{dp}{dn}\right| = mf_c U_{geo} = m(2\omega\sin\phi)U_{geo} \qquad （1\text{-}18）$$

故地轉風之風速大小可以下式表之：

$$U_{geo} = \frac{1}{\rho f_c}\left|\frac{dp}{dn}\right| \qquad （1\text{-}19）$$

式中 dp/dn 為沿法線方向之壓力梯度；f_c 為科氏參數，$f_c = 2\omega\sin\phi$；ρ 為空氣密度。

故依據 1-8 式，將其帶入 1-19 式，得

$$U_{geo} = \frac{1}{2\rho\omega\sin\phi}\left|\frac{dp}{dn}\right| \qquad （1\text{-}20）$$

因此地轉風速大小與壓力梯度大小成正比，而與所在位置之緯度正弦成反比。故在低緯度地區其等壓線雖不是很密集，亦即壓力梯度不甚大，但地轉風速卻很強。由於地轉風速大小與壓力梯度大小成正比，因此在高空天氣圖上，等壓線愈密集之處，其地轉風之風速當然也越大。

在赤道附近（接近赤道），由於科式參數 $f_c \to 0$，因此地轉風之風速 $U_{geo} \to \infty$。但實際上在赤道附近最多只有風速約 10m/s 之信風，因此在赤道附近不適用地轉風之風速公式（1-20）。事實上在赤道附近等壓線並不與風向平行，須對風場之流線進行分析，方具有意義。

由於地轉風係嚴格的科氏力與壓力梯度力二力平衡下之氣流運動，屬於均勻速度與直線運動形式，其等壓線也是直線。因此對於較大尺度（例如行

星尺度）的大氣運動，實際風速與地轉風較接近。若等壓線曲率較大或者等壓線分布疏密不均勻等狀況下，實際風速將偏離地轉風之風速。

例題　在北緯緯度 30° 與 45° 處之大氣壓力狀況為距離 100 km 壓力變化 1hPa，試問在此條件下之地轉風速分別為何？

解答：空氣密度 =1.2 kg/m^3，地球轉動角速度 = 7.292×10^{-5} 1/s

北緯緯度 30°，Sin(30°) = 0.5

北緯緯度 45°，Sin(45°) = 0.707

壓力梯度 dp/dn = (100N/m^2)/(100×1000m) = 10^{-3}N/m^3

分別代入公式 $U_{geo} = \dfrac{1}{2\rho\omega\sin\phi}\left|\dfrac{dp}{dn}\right|$

所以北緯緯度 30° 之地轉風風速 U_{geo}=11.43 m/s

北緯緯度 45° 之地轉風風速 U_{geo}=8.08 m/s

因此相同條件，緯度較低處之地轉風之風速較大。

二、梯度風

氣流一般並非完全之直線運動，若當其為曲線流動時，必然產生離心力。因此若忽略摩擦力，考慮由大氣壓力梯度、科氏力以及離心力三者相互平衡而形成之風，稱為梯度風（gradient wind）。

今考慮等壓線為曲線狀況，亦即具有低壓中心之氣旋（cyclonic wind）或高壓為中心之反氣旋（anticyclonic wind）。假若忽略摩擦力與加速度，則若為氣旋風時，離心力與科氏力同方向，將與壓力梯度力達成平衡；而若為反氣旋風時，科氏力與離心力反向，壓力梯度力與離心力將與科氏力達成平衡。故依上述三力平衡時，可得下列關係式：

$$\frac{m}{\rho}\left|\frac{dp}{dr}\right| = 2mU_{grd}\omega\sin\phi \pm m\frac{U_{grd}^2}{r} \qquad (1\text{-}21)$$

上式中，U_{grd} 為梯度風速。當為氣旋風時，離心力項為正號；若為反氣旋風

時，離心力項爲負號。

1. 氣旋風

參閱圖 1-19，假若忽略摩擦力與加速度，則若爲氣旋風時，離心力與科氏力同方向，將與壓力梯度力達成平衡。依據 1-21 式，氣旋風之力平衡公式寫成：

$$\frac{m}{\rho}\left|\frac{dp}{dr}\right| = 2mU_{grd}\omega\sin\phi + m\frac{U_{grd}^2}{r} \qquad （1-22）$$

1-22 式之解答，捨棄負根（亦即負值風速不符物理意義），因此氣旋時梯度風之風速爲：

$$U_{grd}(r) = -\omega r\sin\phi + \sqrt{(\omega r\sin\phi)^2 + \frac{r}{\rho}\left|\frac{dp}{dr}\right|} \qquad （1-23）$$

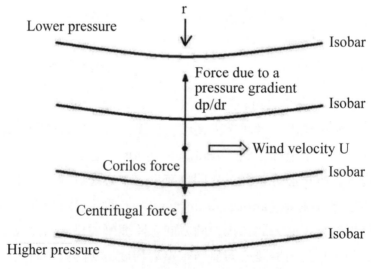

圖 1-19　氣旋運動之作用力示意圖

例題　在北緯緯度 30° 處之氣旋半徑 1000 km，其壓力梯度爲距離 100 km 壓力變化 1hPa，試問在此條件下之距離氣旋中心 1000 km 處之氣旋梯度風之風速？

解答：空氣密度 =1.2 kg/m³，地球轉動角速度 = $7.292×10^{-5}$ 1/s

　　　北緯緯度 $30°$，$Sin(30°) = 0.5$　$r = 1000$ km

　　　壓力梯度 dp/dn =(100N/m²)/(100×1000m) = 10^{-3} N/m³

　　　代入公式 $U_{grd}(r) = -\omega r\sin\phi + \sqrt{(\omega r\sin\phi)^2 + \dfrac{r}{\rho}\left|\dfrac{dp}{dn}\right|}$

　　　氣旋梯度風之風速 U_{grd}(1000 km) = 10.04 m/s

2. 反氣旋風

　　參閱圖 1-20，若為反氣旋風時，科氏力與離心力反向，壓力梯度力與離心力將與科氏力達成平衡。假若為反氣旋風時，依據 1-21 式，力平衡公式寫為：

$$\frac{m}{\rho}\left|\frac{dp}{dn}\right| + m\frac{U_{grd}^2}{r} = 2mU_{grd}\omega\sin\phi \quad 或 \quad \frac{m}{\rho}\left|\frac{dp}{dn}\right| = 2mU_{grd}\omega\sin\phi - m\frac{U_{grd}^2}{r} \quad （1\text{-}24）$$

故獲得反氣旋時梯度風之風速為：

$$U_{grd}(r) = \omega r\sin\phi - \sqrt{(\omega r\sin\phi)^2 - \frac{r}{\rho}\left|\frac{dp}{dn}\right|} \quad\quad （1\text{-}25）$$

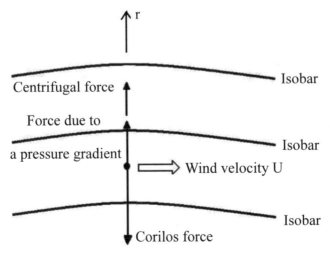

圖 1-20　反氣旋運動之作用力示意圖

反氣旋為高壓性風場，由於風速須為實數，因此由 1-25 式解答中之根號不得為負值，亦即 $(\omega r \sin \phi)^2 \geq \dfrac{r}{\rho}\left|\dfrac{dp}{dn}\right|$。故愈靠近高壓中心，亦即 r 越小，壓力梯度也需越小，因此在高壓中心氣壓分布梯度變化一般都較平緩。

例題　在北緯緯度 30° 處之反氣旋半徑 1000 km，其壓力梯度為距離 100 km 壓力變化 1hPa，試問在此條件下之距離反氣旋中心 1000 km 處之反氣旋梯度風之風速？

解答：空氣密度 = 1.2 kg/m³，地球轉動角速度 = 7.292×10⁻⁵ 1/s

北緯緯度 30°，Sin(30°) = 0.5　r = 1000 km

壓力梯度 dp/dn = (100N/m²)/(100×1000m) = 10⁻³N/m³

代入公式 $U_{grd}(r) = \omega r \sin \phi - \sqrt{(\omega r \sin \phi)^2 - \dfrac{r}{\rho}\left|\dfrac{dp}{dn}\right|}$

反氣旋梯度風之風速 U_{grd}(1000 km) = 14.20 m/s

與前一例題比較，相同條件下，反氣旋之風速大於氣旋之風速。

三、熱帶風暴

常見之熱帶風暴基本上係為氣旋，主要呈現出強力旋轉之較低壓系統。熱帶風暴既然屬於氣旋，因此在氣旋內距離中心為 r 處之某點位置之風速，則可依氣旋風 1-23 式計算。

然而對於多數熱帶風暴來說，由於它們生成於低緯度之海域，若在半徑很小且壓力梯度力大之漩渦中，則科氏力相對而言非常小。因此分析風速時可以忽略科氏力，亦即只考慮壓力梯度力與離心力之作用。當壓力梯度力，$\dfrac{m}{\rho}\left|\dfrac{dp}{dr}\right|$ 與離心力，$m\dfrac{U^2}{r}$ 二者相平衡，亦即：

$$\frac{m}{\rho}\left|\frac{dp}{dr}\right| = m\frac{U^2}{r} \tag{1-26}$$

因此熱帶風暴之風速 U 求得如下式：

$$U(r) = \sqrt{\frac{r}{\rho}\left|\frac{dp}{dr}\right|} \qquad （1\text{-}27）$$

此即熱帶風暴距離旋轉中心位置 r 處之風速值 $U(r)$。

四、旋衡風

　　若氣流旋轉運動逐漸增強時，其軌跡曲線曲率變大，此時離心力重要性也隨之增加。由於離心力與風速平方成正比，與曲率半徑成反比；而科氏力僅與風速一次方成正比。因此若氣流旋轉運動之曲率半徑較小，而風速較大時，離心力遠大於科氏力，亦即可以忽略科氏力。同時也忽略摩擦力效應，在該狀況下，若壓力梯度力與離心力平衡時，其所形成之氣流運動稱為旋衡風（cyclostrophic wind）。熱帶風暴就是一種旋衡風（cyclostrophic wind）。

　　若以 U_{cs} 表示旋衡風速，m 為空氣質量，r 為曲線運動之曲率半徑，dp/dn 為壓力梯度。由於產生旋衡風之狀況為壓力梯度力（$-\dfrac{m}{\rho}\dfrac{dp}{dr}$）與離心力（$m\dfrac{U_c^{\ 2}}{r}$）平衡。因此：

$$-\frac{m}{\rho}\frac{dp}{dr} = m\frac{U_{cs}^{\ 2}}{r} \qquad （1\text{-}28）$$

$$U_{cs} = \sqrt{-\frac{r}{\rho}\frac{dp}{dr}} \qquad （1\text{-}29）$$

　　檢視 1-29 式，由於 r 為正值，而風速 U_{cs} 亦為正值，故壓力梯度 dp/dn 必須為負值。這意涵壓力變化由曲線中心徑向朝外逐漸增大，意即氣流旋轉中心為低壓。因此旋衡風僅在中心為低壓的狀況下才會發生。

　　上述壓力梯度力與離心力平衡時產生之旋衡風，在實際大氣運動系統之例子有龍捲風（tornadoes）、水龍捲（waterspouts）、沙塵暴或稱沙柱（dust devils）等。

1-8 颱風

颱風是一個特別之風暴系統，由於形成時需要大量潛熱能量，因此只在高溫季節之熱帶及亞熱帶溫暖海面上發生。相同的熱帶氣旋，在各地區各有不同的稱呼。例如：北太平洋西部及中國南海稱為颱風（typhoon），在台灣閩南語俗稱為風颱；在大西洋包括加勒比海、墨西哥灣、北大西洋東部與南太平洋西部地區稱之為颶風（hurrican）；在印度洋稱為氣旋（cyclone）；在澳洲稱為威力威力（willy-willy）；菲律賓土人稱為碧瑤（baguio）。

颱風生成區域，在北半球及南半球靠近赤道皆有生成區域。在北半球區域包括有：(1) 北印度洋、(2) 北太平洋西部、(3) 太平洋東部、(4) 大西洋西部。而在南半球則包括有：(1) 南印度洋、(2) 澳洲北方海域、(3) 南太平洋。該等區域皆介乎北緯與南緯 20° 以內。颱風生成海面區域如圖 1-21 所示。

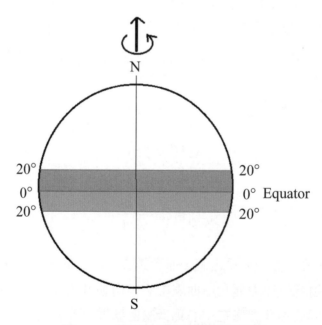

圖 1-21　颱風生成海面區域示意圖

目前颱風採用的國際命名共分為五組，每組 28 個，共有 140 個。這 140 個颱風名字原文來自不同國家及地區，具有多樣性，包括動物、植物、

星象、地名、人名、神話人物、珠寶等各詞，沒有規律且十分複雜。自2000 年 1 月 1 日起我國交通部中央氣象局報導颱風消息時，係以編號爲主，而以國際命名爲輔。140 個颱風之名稱，可參閱表 1-4 北太平洋西部及南海之颱風命名表。

　　一般對於颱風可將其定義爲係一種熱帶海洋上的低氣壓所產生的劇烈氣旋擾動，該低氣壓中心附近之平均風力達到八級以上（蒲福風級八級風速範圍 17.2 m/s～20.7 m/s）。

　　颱風大小之預報，係依據颱風的強度區分預報。區分爲三等級：(1) 輕度颱風、(2) 中度颱風、(3) 強烈颱風。各等級颱風之近颱風中心之最大風速大小範圍，可參考表 1-5。

表 1-4　西北太平洋及南海颱風中文譯名及國際命名與原文涵意對照表（中央氣象局 2019 年 6 月）

來源	第一組	第二組	第三組	第四組	第五組
柬埔寨	丹瑞 (Damrey)	康芮 (Kong-rey)	娜克莉 (Nakri)	科羅旺 (Krovanh)	翠絲 (Trases)
原文涵意	〔象〕	〔女子名〕	〔花名〕	〔樹名〕	〔啄木鳥〕
中國	海葵 (Haikui)	玉兔 (Yutu)	風神 (Fengshen)	杜鵑 (Dujuan)	木蘭 (Mulan)
原文涵意	〔海葵〕	〔兔子〕	〔風神〕	〔花名〕	〔木蘭花〕
北韓	鴻雁 (Kirogi)	桔梗 (Toraji)	海鷗 (Kalmaegi)	舒力基 (Surigae)	米雷 (Meari)
原文涵意	〔候鳥〕	〔花名〕	〔海鷗〕	〔鷹〕	〔回音〕
香港	鴛鴦 (Yun-yeung)	萬宜 (Man-yi)	鳳凰 (Fung-wong)	彩雲 (Choi-wan)	馬鞍 (Ma-on)
原文涵意	〔動物〕	〔水庫名〕	〔山名〕	〔建築物名〕	〔山名〕
日本	小犬 (Koinu)	天兔 (Usagi)	北冕 (Kammuri)	小熊 (Koguma)	蝎虎 (Tokage)
原文涵意	〔小犬座〕	〔天兔座〕	〔北冕座〕	〔小熊星座〕	〔蝎虎座〕

來源	第一組	第二組	第三組	第四組	第五組
寮國	布拉萬（Bolaven）	帕布（Pabuk）	巴逢（Phanfone）	薔琵（Champi）	軒嵐諾（Hinnamnor）
原文涵意	〔高原〕	〔淡水魚〕	〔動物〕	〔花名〕	〔國家保護區〕
澳門	三巴（Sanba）	蝴蝶（Wutip）	黃蜂（Vongfong）	烟花（In-Fa）	梅花（Muifa）
原文涵意	〔地方名〕	〔蝴蝶〕	〔黃蜂〕	〔煙火〕	〔花名〕
馬來西亞	鯉魚（Jelawat）	聖帕（Sepat）	鸚鵡（Nuri）	查帕卡（Cempaka）	莫柏（Merbok）
原文涵意	〔鯉魚〕	〔淡水魚〕	〔鸚鵡〕	〔植物名〕	〔鳩類〕
密克羅尼西亞	艾維尼（Ewiniar）	木恩（Mun）	辛樂克（Sinlaku）	尼伯特（Nepartak）	南瑪都（Nanmado）
原文涵意	〔暴風雨神〕	〔六月〕	〔女神名〕	〔戰士名〕	〔著名廢墟〕
菲律賓	馬力斯（Maliksi）	丹娜絲（Danas）	哈格比（Hagupit）	盧碧（Lupit）	塔拉斯（Talas）
原文涵意	〔快速〕	〔經驗〕	〔鞭撻〕	〔殘暴〕	〔銳利〕
韓國	凱米（Gaemi）	百合（Nari）	薔蜜（Jangmi）	銀河（Mirinae）	諾盧（Noru）
原文涵意	〔螞蟻〕	〔百合〕	〔薔薇〕	〔銀河〕	〔鹿〕
泰國	巴比侖（Prapiroon）	薇帕（Wipha）	米克拉（Mekkhala）	妮妲（Nida）	庫拉（Kulap）
原文涵意	〔雨神〕	〔女子名〕	〔雷神〕	〔女子名〕	〔玫瑰〕
美國	瑪莉亞（Maria）	范斯高（Francisco）	無花果（Higos）	奧麥斯（Omais）	洛克（Roke）
原文涵意	〔女子名〕	〔男子名〕	〔無花果〕	〔漫遊〕	〔男子名〕
越南	山神（Son-Tinh）	利奇馬（Lekima）	巴威（Bavi）	康森（Conson）	桑卡（Sonca）
原文涵意	〔山神〕	〔樹名〕	〔山脈名〕	〔風景區名〕	〔鳥名〕
柬埔寨	安比（Ampil）	柯羅莎（Krosa）	梅莎（Maysak）	璨樹（Chanthu）	尼莎（Nesat）
原文涵意	〔水果名〕	〔鶴〕	〔樹名〕	〔花名〕	〔漁民〕

來源	第一組	第二組	第三組	第四組	第五組
中國	悟空（Wukong）	白鹿（Bailu）	海神（Haishen）	電母（Dianmu）	海棠（Haitang）
原文涵意	〔美猴王〕	〔白色的鹿〕	〔海神〕	〔女神名〕	〔海棠〕
北韓	雲雀（Jongdari）	楊柳（Podul）	紅霞（Noul）	蒲公英（Mindulle）	奈格（Nalgae）
原文涵意	〔雲雀〕	〔柳樹〕	〔紅霞〕	〔蒲公英〕	〔翅膀〕
香港	珊珊（Shanshan）	玲玲（Lingling）	白海豚（Dolphin）	獅子山（Lionrock）	榕樹（Banyan）
原文涵意	〔女子名〕	〔女子名〕	〔白海豚〕	〔獅子山〕	〔榕樹〕
日本	摩羯（Yagi）	劍魚（Kajiki）	鯨魚（Kujira）	圓規（Kompasu）	山貓（Yamaneko）
原文涵意	〔摩羯座〕	〔劍魚座〕	〔鯨魚座〕	〔圓規座〕	〔貓科動物〕
寮國	麗琵（Leepi）	法西（Faxai）	昌鴻（Chan-hom）	南修（Namtheun）	帕卡（Pakhar）
原文涵意	〔瀑布名〕	〔女子名〕	〔樹名〕	〔河流〕	〔淡水魚名〕
澳門	貝碧佳（Bebinca）	琵琶（Peipah）	蓮花（Linfa）	瑪瑙（Malou）	珊瑚（Sanvu）
原文涵意	〔牛奶布丁〕	〔寵物魚〕	〔花名〕	〔珠寶〕	〔珠寶〕
馬來西亞	棕櫚（Rumbia）	塔巴（Tapah）	南卡（Nangka）	妮亞圖（Nyatoh）	瑪娃（Mawar）
原文涵意	〔棕櫚樹〕	〔鯰魚〕	〔波羅蜜〕	〔樹名〕	〔玫瑰〕
密克羅尼西亞	蘇力（Soulik）	米塔（Mitag）	沙德爾（Saudel）	雷伊（Rai）	谷超（Guchol）
原文涵意	〔酋長頭銜〕	〔女子名〕	〔戰士〕	〔石頭貨幣〕	〔香料名〕
菲律賓	西馬隆（Cimaron）	哈吉貝（Hagibis）	莫拉菲（Molave）	馬勒卡（Malakas）	泰利（Talim）
原文涵意	〔野牛〕	〔迅速〕	〔硬木〕	〔強壯有力〕	〔刀刃〕
韓國	燕子（Jebi）	浣熊（Neoguri）	天鵝（Goni）	梅姬（Megi）	杜蘇芮（Doksuri）
原文涵意	〔燕子〕	〔浣熊〕	〔天鵝〕	〔鯰魚〕	〔猛禽〕

來源	第一組	第二組	第三組	第四組	第五組
泰國	山竹 （Mangkhut）	博羅依 （Bualoi）	閃電 （Atsani）	芙蓉 （Chaba）	卡努 （Khanun）
原文涵意	〔山竹果〕	〔泰式甜品〕	〔閃電〕	〔芙蓉花〕	〔波羅蜜〕
美國	百里嘉 （Barijat）	麥德姆 （Matmo）	艾陶 （Etau）	艾利 （Aere）	蘭恩 （Lan）
原文涵意	〔沿岸受風浪影響〕	〔大雨〕	〔風暴雲〕	〔風暴〕	〔風暴〕
越南	潭美 （Trami）	哈隆 （Halong）	梵高 （Vamco）	桑達 （Songda）	蘇拉 （Saola）
原文涵意	〔薔薇〕	〔風景區名〕	〔河流名〕	〔紅河支流〕	〔動物名〕

表 1-5　颱風強度之區分

颱風強度	颱風近中心最大風速			
	km/h	m/s	mile/h	蒲福風級
輕度颱風	62～117	17.2～32.6	34～63	8～11
中度颱風	118～183	32.7～50.9	64～99	12～15
強烈颱風	184 以上	51 以上	100 以上	16 以上

　　颱風發生地點大都在赤道的兩側，南北緯二十度以內的熱帶海洋上，其他地區產生颱風機率非常小。一般說來，颱風發生必須在溫暖的海面上，海面溫度必須高於攝氏 26 度左右，因而在較高緯度的海面上由於表面較冷，不可能產生颱風。不過颱風生成後，它卻可到處移動，甚至移動至寒帶地區。

　　基本上颱風為一種熱帶氣旋。氣旋（cyclone）為氣流（亦即風）旋轉所形成，其中心為低氣壓（強烈颱風中心氣壓可低至 980hPa），在北半球係以逆時鐘方向旋轉，而在南半球則為順時鐘方向旋轉。氣旋大小直徑一般約為 100 至 3、400 公里。若中心為高壓，該氣流旋轉稱之為反氣旋（anti-cyclone），在北半球以順時鐘方向旋轉，而在南半球則為逆時鐘方向旋轉。

接近颱風中心是高聳之雲牆（wall cloud），強風以逆時鐘風向（在北半球）旋轉進入中心區，然後往上升，在雲頂向外幅散。風速在越近中心越強，其中心處，一般稱為颱風眼。颱風眼（eye）處垂直氣流方向為下沉，而下沉空氣造成少雲現象，同時也使得空氣變熱，故颱風也是一種暖心風暴系統。因此，(1) 在颱風眼內為下沉氣流（sink），晴空無雲雨。(2) 風向：在低層位置氣流反時針旋轉，而高層處氣流順時針旋轉。(3) 風速：愈接近颱風眼風速愈大，但在颱風眼中心處風速為零，最大風速則發生在近地面的颱風眼牆附近。颱風眼大小半徑約數公里，大者也可達數十公里。圖 1-22 為其垂直之結構參考示意圖。

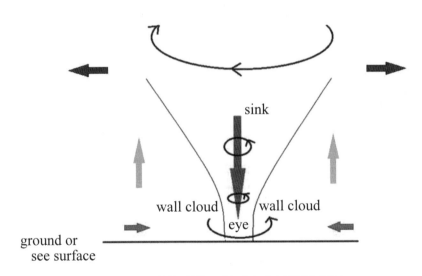

圖 1-22　颱風生成後，其垂直之結構示意圖

　　颱風動力結構依據垂直上升氣流特性可區分為三層，簡述如下：(1) 低層：地面至約 3 km 高度，該層是氣流之流入層。氣流強烈旋轉向中心處幅合，由於地表面摩擦效應，導致在約 1 km 高度以下之近地層產生最強烈之流入現象。(2) 中層：離地面高度 3 km～8 km。此層之氣流圍繞中心向上旋轉，同時將低層之濕暖水氣往高層傳送。(3) 高層：8 km 以上至氣旋頂部，氣流從中心向外流出，因此該層為氣流之流出層。一般最大流出高度在 12

km 處。

　　依據中央氣象局發布 1911 年～2019 年颱風統計資料，這 109 年來侵襲
台灣的颱風次數合計有 369 次，平均每年約 3.4 次，換句話說颱風每年侵襲
台灣有 3 到 4 次。颱風侵襲臺灣路徑，經統計區分為十類，各種襲台路徑次
數占總次數之百分比，詳如表 1-6 與圖 1-23。

表 1-6　中央氣象局歷年颱風侵襲臺灣路徑分類統計表（1911 年～2019 年）

1911 年～2019 年侵襲 台灣之颱風路徑統計	襲台之颱風路徑種類 （已發佈警報）	該路徑襲台颱風次數百分比 （%）
1	第 1 種西行路徑	12.79
2	第 2 種西行路徑	13.32
3	第 3 種西行路徑	12.79
4	第 4 種西行路徑	9.66
5	第 5 種西行路徑	18.02
6	第 6 種北行路徑	12.53
7	第 7 種西北行路徑	6.79
8	第 8 種北行路徑	3.39
9	第 9 種東北行路徑	6.79
10	其他（特殊路徑）	3.92
合計		100.00

　　風工程應用領域處理颱風風場，主要採用風場模式處理。風場模式一
般使用流體運動方程式（3-D Navier-Stokes equation），結合位溫公式（po-
tential temperature equation）與地形座標，藉由計算流體力學（Computa-
tional Fluid Dynamics, CFD）技術計算獲得詳細風場。更進一步，將風場
模式結合 Monte Carlo 模擬技術與神經網路（neural networks）技術，獲致
複雜地形條件下之颱風風速剖面以及設計風速之數值模擬結果。

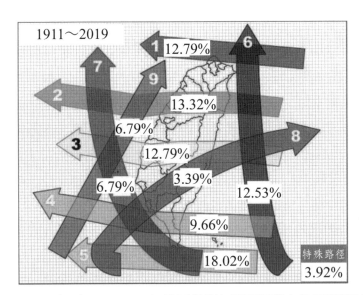

圖 1-23　歷年（1911～2019）颱風侵襲台灣路徑與次數頻率統計圖

應用上，在風工程處理分析預測颱風，一般考慮之主要參數有：

1. **颱風周圍氣壓** $p(r)$ **與中心之氣壓** p_c **之差距，即中心壓差。**

中心壓差係周圍氣壓減去中心氣壓，$\Delta p = p(r) - p_c$。

2. **最大風速半徑** R_{max}。

最大風速半徑可採用 Li 等人（1995）建議公式：

$$R_{\max} = R_6(V_6/V_{\max})^k \tag{1-30}$$

式中 R_6 為風速 10.8m/s（蒲福風級第六級範圍最低值）處之半徑（單位：km），$V_6 = 10.8$ m/s，$k = 1/0.5～1/0.7$，V_{max} 為近暴風中心最大持續風速 2 分鐘平均值（單位：m/s）。

3. **颱風軌跡移動速度** V_T。

軌跡移動速度可由颱風中心每 6 小時位置之變化推算獲得。

4. **颱風來襲或軌跡之角度** θ。

角度由颱風中心位置之經緯度推算，並由北順時鐘方向起算。

5. 來襲颱風中心與所欲關注區域位置之最小距離 D_{min}。

將上述主要參數納入分析後，再配合使用預測位置區域之颱風來襲重現期模式（recurrence model），以便決定 Monte Carlo 機率模擬之採樣樣本大小。重現期常用之機率模式有均質卜阿松分布（homogeneous Poisson distribution）、Markov 鏈模式（Markov chain model）、週期性卜阿松過程（periodic Poisson process）。其中均質卜阿松分布相較其他具模式具有簡便精實之優點。

颱風之壓力場（pressure field）直接決定颱風之強度與結構，Holland（1980）提出颱風地面壓力（surface pressure）之經驗公式，提供工程上之參考使用。

$$p(r) = p_c + \Delta p \exp\left[-\left(\frac{R_{\max}}{r}\right)^{\beta}\right] \qquad (1\text{-}31)$$

上式中 $p(r)$ 距離颱風中心半徑 r 處之大氣壓（hPa），p_c 為颱風中心氣壓（hPa），Δp 為中心與周圍之壓降（pressure drop），一般選用標準大氣壓 1013.25 hPa。$R_{\max}$ 為最大風速半徑（km），β 為參數。

實際上垂直高度之溫度濕度之變化，使得在高處與地面之颱風壓力場也隨之改變，Fang et al.（2018）結合氣體狀態方程式（gas state equation）與靜水壓方程式（hydrostatic balance equation），修正 Holland 公式，獲得考慮高度 z^* 之變化壓力場模式（height-dependent pressure field model）如下：

$$p(r, z^*) = \left\{p_{c,0} + \Delta p_0 \exp\left[-\left(\frac{R_{\max,0}}{r}\right)^{\beta_0}\right]\right\}\left(1 - \frac{gkz^*}{R_d\theta_v}\right)^{\frac{1}{\kappa}} \qquad (1\text{-}32)$$

上式中 R_d 為乾空氣之氣體常數，為 θ_v 虛擬位溫（K）（virtual potential temperature），g 為重力加速度，$k = R/C_p$，R 為濕空氣之氣體常數，C_p 為等壓之比熱常數。

　　熱帶風暴是一種猛烈旋轉的低值氣壓系統，其風速分布特徵爲外圍小，近中心風速大，達到最大值後，風速減小，到了中心即颱風眼所在地，往往出現靜風現象。一般認爲熱帶風暴內等壓線近似於以颱風眼爲中心之同心圓，氣壓分布變化，可用日本藤田 Fujita 公式計算。公式如下：

$$p = p_\infty - \frac{\Delta p_0}{\sqrt{1 + (\frac{r}{r_0})^2}} \qquad (1\text{-}33)$$

式中 p 爲熱帶風暴內某點位置氣壓（hPa）；p_∞ 熱帶風暴外圍氣壓（hPa）；Δp_0 爲外圍與中心氣壓 p_0 差值（hPa）；r 爲某點位置距離中心距離（km）；r_0 爲風暴中心附近最大風速點與風暴中心之距離（km）。

　　若在熱帶風暴內有一測站點，其氣壓值 p 與外圍氣壓值 p_∞ 及中心氣壓值 p_0 均已知，且由天氣圖上量得該測站點與中心之距離 r，則風暴中心附近最大風速點與風暴中心之距離 r_0 爲：

$$r_0 = \frac{r}{\sqrt{(\frac{\Delta p_0}{p_\infty - p})^2 - 1}} \qquad (1\text{-}34)$$

求得該 r_0 後，利用藤田公式即可計算熱帶風暴內之任意位置點處之氣壓值。

　　熱帶風暴中心附近最大風速所在點，由於風速值最大，因此其風速梯度亦即微分值等於零。所以：

$$\frac{dU}{dr} = 0 \qquad (1\text{-}35)$$

將 $U(r) = \sqrt{\frac{r}{\rho} \frac{dp}{dr}}$ 帶入，並微分之，獲得下式：

$$\frac{dU}{dr} = \frac{1}{2}(\frac{r}{\rho}\frac{dp}{dr})^{\frac{-1}{2}}(\frac{r}{\rho}\frac{d^2p}{dr^2} + \frac{1}{\rho}\frac{dp}{dr}) \qquad (1\text{-}36)$$

又因為：

$$\frac{dp}{dr} = \frac{\Delta p_0 r_0 r}{(r_0^2 + r^2)^{\frac{3}{2}}}$$ （1-37）

$$\frac{d^2 p}{dr^2} = \Delta p_0 r_0 [(r_0^2 + r^2)^{\frac{-3}{2}} - 3r^2(r_0^2 + r^2)^{\frac{-5}{2}}]$$ （1-38）

帶入化簡，得：

$$r = \sqrt{2} r_0$$ （1-39）

亦即在該處風速最大。將 1-37 式與 1-39 式帶入 $U(r) = \sqrt{\frac{r}{\rho} \frac{dp}{dr}}$，獲得熱帶風暴最大風速值為：

$$U_{max} = \sqrt{\frac{2\Delta p_0}{3^{\frac{3}{2}} \rho}}$$ （1-40）

假定空氣密度為 1.2 kg/m^3，則：

$$U_{max} \approx 5.7\sqrt{\Delta p_0}$$ （1-41）

式中 U_{max} 單位 m/s；Δp_0 單位 hPa。

　　颶風（hurricane）與颱風類似，一般經常發生在北大西洋之西南方，例如加勒比海（Caribbean sea）、墨西哥灣（Gulf of Mexico），因此美國東岸例如南卡羅來納州（south Carolina）亦經常遭受颶風襲擊，造成風災。

　　在熱帶氣旋的形成中，空氣與海洋之間的動量與熱量傳遞扮演著關鍵的作用。對結構工程師設計建築結構物之抗風，了解熱帶氣旋中的各種作用力顯得非常重要。傳統上氣流動量傳遞還只能在弱風中測量，目前科技採用 GPS 探測裝置可在風速達到每秒 30 公尺以上的「颶風眼壁」中測量風的剖面。這種探測裝置呈圓柱狀，利用降落傘從飛機上拋出後，飄落在風暴氣旋中，可同時量測氣溫、濕度和壓力等數據，將數據訊號同步傳回飛機上。利

用在飛機上接收數百個這種探測裝置所獲得的數據，整理並計算整體風暴氣旋的風速分布。

　　對於颱風來襲前，有諸多現象徵兆可供參考。以下爲常見之的預兆現象：(1) 雷雨停止、(2) 天空出現高層卷雲、(3) 海上出現長浪、(4) 驟雨忽停忽落、(5) 風向轉變、(6) 傍晚天空呈現特殊晚霞、(7) 大氣氣壓降低。

例題　假定某一熱帶風暴，由天氣圖得知外圍氣壓值 p_∞ = 1010 hPa 及中心氣壓值 p_0 = 980 hPa，某測站氣壓 p = 1007hPa，其與風暴中心距離 r = 220 km。

試問該熱帶暴風區內最大風速值？與其距離中心之距離？

解答：因爲 $r_0 = \dfrac{r}{\sqrt{(\dfrac{\Delta p_0}{p_\infty - p})^2 - 1}}$

所以 $r_0 = \dfrac{220}{\sqrt{\left(\dfrac{1010 - 980}{1010 - 1007}\right)^2 - 1}} = 22.111$ km

故最大風速距中心距離爲 $r = \sqrt{2}r_0$，亦即

$r = \sqrt{2} \times 22.111 = 31.270$ km #

最大風速值爲

$U_{max} = 5.7\sqrt{\Delta p_0} = 5.7\sqrt{1010 - 980} = 31.22$ m/s #

1-9 海風與陸風

　　海、陸風（sea and land breeze）係一種周日性變化之風，屬於區域風系（local wind）。白天，風自海面吹向陸地，夜間，則反之。此等現象，以夏季熱帶海濱地區最常見。

　　海陸風之形成，乃係於海面與陸地間由於晝夜溫差而發生。當白天時，陸地溫度較海面高，因此氣壓係海面較陸地爲大，故而空氣由海面吹向

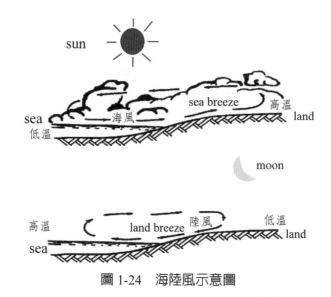

圖 1-24　海陸風示意圖

陸地,稱為海風(sea breeze)。當太陽下山,夜間來臨時,陸地溫度降低幅度遠超過海面,亦即海面上氣溫高於陸地上,因此陸地上氣壓大於海面上氣壓,故空氣由陸地吹向海上,稱為陸風(land breeze)。

　　一般海風較強,風速可達到每秒 10 公尺以上,範圍也較廣泛,但通常僅能進入陸地 20 至 30 公里距離,至多也不過 50 至 60 公里。海風開始時間大多為上午 10 時至 11 時,最初風力均較微弱。在夏季艷陽下,當清新之海風自海面吹向酷熱之陸地時,令人感覺是愉悅而且舒適的。各地區海風有不同的名稱,例如:智利之威拉隆風(virazon)、摩洛哥之依貝風(im-bat)、義大利之波列特風(ponente)、夏威夷之卡伯利奴風(kapalilua),而這些風一般都是在下午時達到最強風速。

　　當日落西山,海風漸停,陸風於焉形成。陸風變化通常不若海風明顯,其風力也相較微弱,通常在每秒 3 至 4 公尺而已。

　　關於海陸風之高度,約為 300 公尺,至多也不超過 700 公尺。普通單純之海、陸風較為少見,常見者為一般之風,而且海陸風僅係參雜其中而已。

1-10 山風與谷風

　　在山區，由於入夜後坡地面散熱較山谷處為快，谷地之輻射冷卻較遲，導致山上之氣壓較谷地為高，因此空氣自山上經坡面吹向山谷，形成所謂山風（mountain wind）。

　　相反地，在白天因山上坡面受日照較早，因此氣溫較山谷為高，故而使得山谷處之氣壓大於山上坡面處，所以空氣由山谷經坡面吹向山上，形成所謂谷風（valley wind）。

　　山谷風通常甚為微弱，然而冬季之山風，有時則顯的甚為強烈。又在寧靜無風之日，日間在山巔出現積雪，入夜後則消散不見，此為證明山谷風之存在一例證。

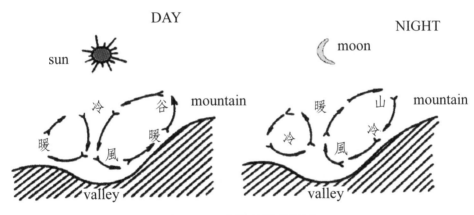

圖 1-25　山風谷風示意圖

1-11 焚風、欽諾克風與布拉風

一、焚風

　　局部區域較小尺度範圍或地形，其對於前述大範圍之大氣氣流循環影響非常小，一般均可忽略。但在工程建築物或結構物設計考慮風效應時，則小

尺度範圍內之氣流所受到該等地形效應則是不可忽略。氣流在局部區域小尺度範圍受到高山等地形效應，而產生之局部風，常見的如：焚風、落山風、雷雨風等等。

　　當氣流受到山坡地形所迫而上升並越過山脊，若上升高度夠大，在迎風面則由於絕熱冷卻緣故，使得氣流中所含水氣將凝結並發生降雨現象；當氣流越過山脊後往下降，先前在迎風面上升時，已將氣流中所含水氣排除，故在下降過程中因絕熱壓縮作用，導致下降氣流變的乾燥且其溫度升高，而在背風面之下降高溫氣流，即稱為焚風（foehn wind）。由於風既乾燥且熱，令人有火燒似的感覺，俗稱火燒風。圖 1-26 為焚風示意圖。

圖 1-26　焚風示意圖

　　實際上，大規模之氣流翻山越嶺後，氣流中的水氣減少，氣溫越高，空氣的相對濕度越低，而使下山氣流更加乾燥，乾熱風溫度甚至可高達 39℃以上時，此時草木由於嚴重失水而迅速枯萎，好似被火燒過一般，故在氣象學上稱為焚風。

　　由上述可知，焚風為一種出現在高聳山脈背風面之乾熱風。而焚風發生的原因，則係因與山脈走向垂直之氣流，受到高山阻擋，被迫抬升而冷卻（一般空氣每上升一百公尺時，氣溫下降約攝氏 1 度），此時空氣中的水氣在迎風面上空凝結成雲甚至降雨，因此待氣流翻越過山嶺，在背風面下降時，已變成乾燥空氣，且因空氣被壓縮而增溫（每下降 100 公尺氣溫就上升約 1℃）。當其降至地面時，溫度比原地面的空氣溫度高許多，形成一股乾熱風稱為焚風。

　　臺灣在夏秋之際，經常受到颱風侵襲。當颱風在臺灣北部通過時，強勁之西風遇中央山脈之阻擋，被迫上升再下降，常在臺東一帶發生焚風。如颱風通過臺灣南部時，強勁之東風越過中央山脈而下降，所以常在臺中一帶發生焚風。在民國 31 年 6 月 7 日，台東的焚風曾創下台灣歷年來焚風之最高氣溫紀錄 39.5℃。民國 16 年 8 月 19 日，台中之焚風亦出現高達 39.3℃高溫。在台灣東部，由於中央山脈高聳，故而若有強風氣流越過時，在背風面經常發生焚風現象。焚風結果將造成背風面之農作物嚴重損失。

二、欽諾克風

　　當氣團沿著山坡下降時，受壓縮變成溫暖而乾燥的風。這個作用在春天特別顯著，因為這些風會加速雪的融化。這種類型的風在阿爾卑斯山稱為焚風，北美洲西部則稱為欽諾克風（意思是吃雪者）。焚風在歐洲阿爾卑斯山之北麓最為常見，風力相當猛烈。在美國落磯山之東側亦常可見此類之高溫之風，當地稱為欽諾克風（chinook）。欽諾克風經常導致非季節性之大量融雪，造成洪水氾濫與山崩災害。圖 1-27 為欽諾克風示意圖。

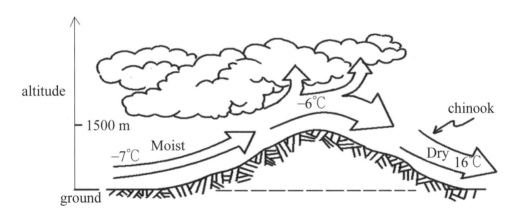

圖 1-27　欽諾克風示意圖

三、布拉風

當巨大冷空氣團穿越地形障礙或高地平台，若地形不夠高聳，使氣團穿越過地形後，尚不足以如上述形成焚風，則氣團之冷空氣將以重力加速度吹向地形背風面，此時勢能轉換為動能，因此風速極為快速，陣風風速高達150～200 km/h，並且為乾冷風，此類型之風稱為布拉風（the Bora）。

布拉風一般發生在寒冷陡坡高原平台與溫暖平原分離地區，例如亞得里亞海（Adriatic）東北部海岸。

1-12 龍捲風

範圍較小（典型大小直徑約300m）且風速極為強勁之渦流旋風（vortex wind），一般稱為龍捲風（tornado）。依據韋氏（Webster）字典定義：龍捲風係一股自積雨雲（cumulonimbus）底向地面伸展之劇烈旋轉空氣柱，或係一種快速旋轉且瘦長之漏斗狀雲（funnel cloud）。其上端與雲相接，而下端則與地面或海面相接，整體狀似一枝擎天巨柱。若發生在陸地上者，稱為陸龍捲（landspout），而形成在海面者，稱為水龍捲（waterspout）。

以風速威力而言，龍捲風遠遠超過颱風。在所有各種型式之風，龍捲風之能量及威力最為驚人。水龍捲威力比不上陸龍捲。中國古代將龍捲風稱為羊角風，因為它上大下尖，恰似一支由天上到插下來之大羊角。參閱圖1-28。

龍捲風大多在已有強風暴雨的大環流背景下形成，其為暴風雨之系統渦度（vorticity）突然集中之結果，中心為極低氣壓區，典型風速在每秒120公尺以上，甚至可達200公尺／秒。移動速度為30～100 km/h，破壞範圍介於200至700公尺之間。在龍捲風捲成羊角狀的雲（稱為漏斗雲）之前會有個前兆，稱為牆雲（wall cloud）。在牆雲附近可以看到略似圓形布幔的雲開始轉動，而且逐漸下降，接著黑雲接地，捲起地上物，然後上升進入空中。

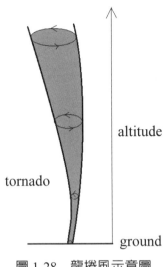

altitude

tornado

ground

圖 1-28　龍捲風示意圖

　　由於龍捲風中心之氣壓極低（可低至 25 hPa），使得周圍空氣瘋狂地往中心吹去，且立刻上升膨脹（因為氣壓降低之故）而冷卻，使原有水氣凝結成雲。該過程由高處開始，因此先看到漏斗雲之上部，然後逐漸地下部的空氣也依樣膨脹冷卻而成雲。因此漏斗雲像是由天上逐漸往下伸的一根大指頭，但頭內之風速卻是急速往上吹。龍捲風依風速大小分為 F0 至 F5 六級，如表 1-7。

表 1-7　Fujita 龍捲風等級

等級	風速（km/h）	說明
F0	＜117	輕微災害（Light damage）
F1	112-180	中等災害（Moderate damage）
F2	180-252	相當大的災害（Considerable damage）
F3	252-331	嚴重災害（Severe damage）
F4	331-418	毀滅性災害（Devastating damage）
F5	418-511	不可置信災害（Incredible damage）

　　龍捲風之運動可視爲低壓中心之氣流渦流（vortex of air）。由於渦流運動強勁（中心氣壓極低），因此離心力（centrifugal force）遠大於科氏力（Coriolis force）。作用力僅爲離心力 $m\dfrac{U^2}{r}$ 與壓力梯度力（pressure gradient force）$\dfrac{m}{\rho}\left|\dfrac{dp}{dr}\right|$，利用該二力之平衡（如下式），可獲得氣流渦流之旋衡風速（cyclostrophic wind velocity）$U(r)$，r 爲距離渦流中心之距離：

$$\frac{m}{\rho}\left|\frac{dp}{dr}\right| = m\frac{U^2}{r} \tag{1-42}$$

$$U(r) = \sqrt{\frac{r}{\rho}\left|\frac{dp}{dr}\right|} \tag{1-43}$$

　　龍捲風威力驚人，尤其是強烈龍捲風，其所到之處，無一倖免，全部夷爲平地。陸龍捲多發生在美國中南部，盛行於春夏之間，每年 4、5 月間，龍捲風出現數目最高，多發生於德克薩斯州、奧克拉荷馬州、堪薩斯州、內布拉斯加州、達科他州等地，5 至 8 月間，中西部、大平原北部、大湖區等地出現龍捲風的頻率最高，造成居民傷亡與財物嚴重損失。水龍捲則發生在美國東岸與墨西哥灣、中國及日本東海岸等地。由於水龍捲係發生於水面，自然會將一部分水往上吸提，因此中國古代有所謂「龍吸水」這個水龍捲之代名詞。水龍捲之強度一般不如陸龍捲強，而風速也只有陸龍捲之一半以下，不過仍舊具有危險性。陸龍捲在我國發生頻率，依據中央氣象局統計約每年 2～3 次（1951～1982），而水龍捲則甚少。但在 1998 年則出現了 14 個龍捲風，或許是聖嬰年（El Nino）之故所造成的。

　　若火災範圍內的空氣流動加速，將造成火場上空對流發展的空間。在一個可能成爲旋風中心的有利位置點，周遭的熱空氣不斷因燃燒而上升，而擠壓到了高空中的冷空氣持續向下填補，在兩者不斷的作用下，以及四周火場隔離開來的眞空環境，形成了巨大的煙囪效應。

　　由於煙囪效應，加上風力協助，使得火災出現如渦流般的旋轉，形成火災旋風。由於形狀有似龍捲風，稱爲火龍捲或火災旋轉風（fire cyclone）。

1-13 雷暴風、下暴風與重力風（下吹風）

一、雷暴風

　　雷暴生成分三階段：(1) 成長、(2) 成熟、(3) 衰退。在成長階段，暖溼空氣急速上升，形成積雲，並很快升到溫度低於凝點（dew point）的高度。此時四周大量的小水滴、冰晶或雪片朝向積雲聚集，造成上升氣流不斷增強，無下降氣流。

　　在成熟階段，由於積雲成長愈變愈大，甚至會上升至平流層。此時水滴及冰晶因過重，開始下墜，同時帶動四周的空氣向下沉降，產生下降氣流。同時出現大雨及雷電與紊流，甚至降雪。此時由高空下降的冷氣流在接近地面時會水平展開，易產生強烈陣風。在衰退階段，由於上升氣流已經逐漸消失，此時雷暴主要受到已變弱的下降氣流影響。積雲裡大部分的水已被釋出，已無法再降雨，故雷暴逐漸衰退消失。

　　雷暴在下降氣流接近地面形成之強風，稱為雷暴風（thunderstorm wind）。圖 1-29 為雷暴風示意圖。

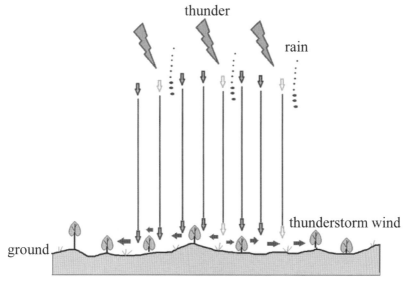

圖 1-29　雷暴風示意圖

二、下暴風

　　在高空中之乾空氣由雷雨或積雨雲中直瀉而下，該氣流急速向下流向地面所形成之強勁風，稱爲下暴風（downburst）。下暴風之氣流急速向下流向地面，其氣流係以發散形式朝外流動，與龍捲風之氣流係圓形聚合收斂形式向內流動不同。因此下暴風造成之風災係呈現出直線式或發散式。參閱圖1-30。

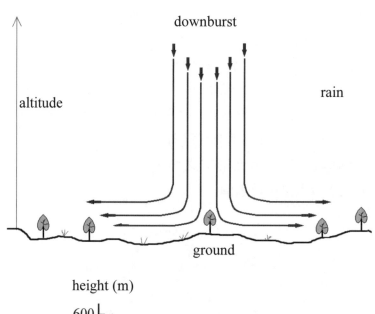

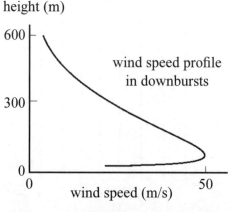

圖 1-30　下暴風與風速剖面示意圖

下暴風水平尺度為 1 公里到 10 公里，影響範圍大則可達數百平方公里。依據藤田哲也分類，下暴風分為：(1) 微下暴風（microburst）。(2) 巨下暴風（macroburst）。影響範圍在 4 公里以內稱做「微下暴風」，4 公里以上稱為「巨下暴風」。下暴風到達地面或靠近地面時平均風速可達 18m/s 以上，甚或更高達 50m/s。

下暴風經常在向下高壓氣團開始沉降之區域產生，沉降時因高壓之效應，將下方之空氣移動並推走。當下降氣流抵達接近地面時，輻射似往四面移動，形成破壞性之直線水平風。下暴風造成之災害有：

1. 對於不穩定或建築物及基礎建設有殺傷力。
2. 對於農作物或植物可能造成連根拔起之傷害。
3. 對於飛機在下降著陸時會造成飛機側向位移，導致飛機墜毀。也會造成飛機升力不足，導致墜機。
4. 對於汽車因側向力作用產生強烈位移。

三、重力風（下吹風）

冷空氣因重力效應驅動，沿著山坡向移動，形成之風謂之重力風（gravity wind）或下吹風（katabatic wind），亦或稱為下坡風（downslope wind）。

經常發生於夜間，在坡地高處由於夜間輻射冷卻，空氣變冷密度增加，因此相較於遠離坡地但高程相同之他處，坡地高處之空氣較重，重力效應使得空氣往下移動，形成了重力風或下吹風。

當重力風或下吹風因空氣較重往下降，由於擠壓變熱，會形成焚風。大尺度之重力風或下吹風若往下降過於快速，空氣將無法變熱，此時單純為下降風（fall wind）。下降風產生時，位於低地山坡處之家園或果園會感受到冷空氣之聚集。

1-14 風災

前述之颱風、颶風、焚風、龍捲風、雷暴風、下暴風等等，由於其強風效應均會造成人命或建築與財物損失，稱為風災。風災有時也不亞於因洪水或地震所造成之損失。風災包括了因為風直接造成之災害以及風間接造成之災害。

一、風直接所造成之災害

常見者例如：

1. 暴風：由於強風之巨大風壓直接吹毀房屋建築物（例如許多散布於台灣郊區各地之中小型工廠，廠房都採用輕鋼架結構，每逢颱風時，常可見被強風吹襲時屋頂或邊角的內外顯著壓差，造成鋼鐵皮被掀起之毀損風災害。），亦或吹毀電訊及電力線路（例如電力輸配電塔，參閱圖 1-31 與圖 1-32），或吹壞農作物如高莖作物，並使稻麥脫粒等。

圖 1-31　1977 年 7 月 25 日賽洛瑪颱風侵襲高屏地區，以其猛烈之風力，將輸電鐵塔摧毀達賽洛瑪颱風吹損鐵塔情形（台電人員提供）

另外強風也容易造成建築物元件之風災損害，主要原因係內外壓差作用，造成局部吸力（負壓）及紊流效應，使得建築物元件毀損。相關常見之建築元件例如：

(1) 屋頂

(2) 黏土磚瓦屋頂

(3) 鐵皮屋頂

(4) 遮雨棚

(5) 屋頂突出物、短煙囪或天窗

(6) 屋頂遮簷

(7) 隔熱防水材質之掀落

(8) 窗戶

(9) 招牌

(10) 百葉窗

和平電廠輸電鐵塔遭尼莎颱風狂風吹垮，推估電力系統將亮出限電紅燈。圖為倒塌的 72 號 345KV 超高壓電塔。（記者花孟璟翻攝）

圖 1-32　2017 年 7 月 29 日晚上和平電廠超高壓輸電塔風災（尼莎颱風）侵襲倒塌（圖片翻攝自《自由時報》電子報新聞）

2. 焚風：焚風災害最明顯的是對農作物傷害之影響，會使樹葉枯乾，造成農作物枯死。而其受傷時間甚爲迅速，因此若能利用氣象預報系統，於焚風來襲時，透過噴水處理，可以將作物之受害率顯著地降低。

3. 鹽風：區域性風系，例如海風含有鹽分，當長期吹至陸上，可使鄰近農作物枯死，甚至有時可導致該區域之輸電系統之電路漏電等災害。

二、風間接造成之災害

因風而引生其他豪雨（例如颱風除強風外也夾帶豪雨）等因素，造成之災害，稱爲間接風災。例如有：

1. 風生暴潮：颱風使海面傾斜，同時氣壓降低，致使海面升高，而導致沿海發生海水倒灌。

2. 風生暴雨及洪水：暴雨引發洪水，摧毀農作物，並使低窪地區淹水。

3. 颱風引生洪水：颱風夾帶豪雨，使得山區洪水暴發，引發河水高漲，甚或河堤潰堤而發生溢淹水災，沖毀房屋與建築物，並使農田毀損。

4. 土石流：風引生暴雨，暴雨沖刷山坡土石，使山坡崩塌，進而發生土石流。土石流擊毀淹沒房屋，引發人畜傷亡。若山區公路發生土石流災害，造成斷路，使得交通阻隔。

5. 病蟲害：颱風帶來豪雨釀成水災，水退後，常發生傳染疾病，例如痢疾、霍亂等。

6. 風生巨浪：因超強風而引生巨浪，強烈颱風所產生的巨浪可高達10～20公尺。在海上造成船隻顛覆沉沒亦時有所聞。此外，巨浪亦將侵蝕海岸，帶走消波塊，造成海岸災變。

7. 暴風使海面傾斜，同時氣壓降低，致使海面升高，故而導致沿海發生海水倒灌。

據估計 [22] 僅在 1990 年，四個冬季暴風使得歐洲損失約 100 億美元保險損失，以及約 150 億美元之經濟損失。美國 [12] 在 1986 年與 1993 年因颶風、龍捲風損失亦達 410 億美元。

　　我國地處颱風路徑上，夏季與秋季經常遭受颱風侵襲，平均每年 3.4 次。因此台灣每年夏秋季因颱風而造成之風災損失，也時有所聞，故對風工程之研究，除可提供風環境相關問題之解答外，亦將有助於結構物獲得合宜之抗風設計，使得在強風時可降低風災損害。

三、風災損害之關聯性與風災損害鏈

1. 風災損害之關聯性（wind damage correlation）

　　建築物屋頂邊緣處受到局部吸力作用，進而被破壞，使得內部壓力增加，亦即抬升力增加。此將造成屋頂表面及底層材質被掀翻，導致整個屋頂結構毀損。

2. 風災損害鏈（wind damage chain）

　　風害可能連續發生，例如飛落屋瓦或屋頂可能擊中或破壞下風處之其他建築物。

四、碎片風飄物片

　　強風（例如颱風）將地面之各式碎片物攜帶揚起，並隨風飄移，稱為碎片風飄物（windborne debris）。

　　該等碎片風飄物隨時可能擊中下風處任何目標物，包括結構物、房子、人、車等。碎片風飄物形同炸彈般，深具危險性。

　　Tachikawa（1983,1988）研究顯示：碎片風飄物之三維確定性軌跡分析（3-D deterministic trajectory analysis），可應用以下之動力方程式模擬。以卡式座標（x, y, z）標示水平面（x, y）及垂直向 z：

$$\frac{du}{dt} = \frac{d^2x}{dt^2} = \frac{\rho}{2}\frac{C_D A}{m}(U_x - u)\sqrt{(U_x - u)^2 + (U_y - v)^2 + (U_z - w)^2} \qquad (1\text{-}44)$$

$$\frac{dv}{dt} = \frac{d^2y}{dt^2} = \frac{\rho}{2}\frac{C_D A}{m}(U_x - v)\sqrt{(U_x - u)^2 + (U_y - v)^2 + (U_z - w)^2} \qquad (1\text{-}45)$$

$$\frac{dw}{dt} = \frac{d^2z}{dt^2} = \frac{\rho}{2}\frac{C_D A}{m}(U_x - w)\sqrt{(U_x - u)^2 + (U_y - v)^2 + (U_z - w)^2} - g \qquad (1\text{-}46)$$

式中 (u, v, w) 與 (U_x, U_y, U_z) 分別為座標（x, y, z）各方向之碎片風飄物飄移速度分量（flight velocity component of debris），以及風速分量（wind velocity component）。t 為時間，ρ 空氣密度（air density），m 碎片風飄物質量（mass），C_D 為阻力係數（drag coefficient），A 為碎片風飄物受風之面積，g 為重力加速度（gravitational acceleration）。$\dfrac{C_D A}{m}$ 為飄移參數（flight parameter）。

今考慮長 L 寬 d 之風飄物，若選用速度 U 與 g 為特性參數（characteristic parameters），將動力方程式無因次化（non-dimensiolize），獲得無因次化之方程式，式中無因次量皆用上標 * 表示：

$$\frac{du^*}{dt^*} = K \frac{C_D A}{Ld}(U_x^* - u^*)\sqrt{(U_x^* - u^*)^2 + (U_y^* - v^*)^2 + (U_z^* - w^*)^2} \qquad (1\text{-}47)$$

$$\frac{dv^*}{dt^*} = K \frac{C_D A}{Ld}(U_x^* - v^*)\sqrt{(U_x^* - u^*)^2 + (U_y^* - v^*)^2 + (U_z^* - w^*)^2} \qquad (1\text{-}48)$$

$$\frac{dw^*}{dt^*} = K \frac{C_D A}{Ld}(U_x^* - w^*)\sqrt{(U_x^* - u^*)^2 + (U_y^* - v^*)^2 + (U_z^* - w^*)^2} - 1 \qquad (1\text{-}49)$$

式中無因次參數（dimensionless parameter）K，稱為 Tachikawa number，以下式表示：

$$K = \frac{\rho U^2 Ld}{2mg} \qquad (1\text{-}50)$$

1-15 風驅雨

風雨作用，亦即雨滴飄落受到水平向橫風驅動影響之降雨稱為風驅雨（wind-driven rain，WDR）（Blocken and Carmeliet, 2004），此現象之探討研究除了在地球科學、氣象學外，對於建築科學或工程設計分析也非常重要。由於濕熱操作效應（hygrothermal performance），雨水潤濕建築表

面後滲入建築裂縫，加上熱脹效應影響建築物壽命。

　　雨滴下降運動軌跡明顯受到受風影響，藉由軌跡可估算雨水潤濕建築表面位置以及濕潤面積。風驅雨軌跡變化受到建築周遭不同位置各種氣流影響，包括正面（迎風面下切氣流渦流）、頂面（分離回流及再接觸）、側面（角隅流）、背面（尾跡流區）等，因此產生風驅雨負載（WDR load）變化，此為建築科學或工程設計分析重要因素。

　　建築物周遭氣流與風驅雨軌跡參見圖 1-33 之示意圖。分析處理風驅雨負載方式有：

　　1.實驗方法（experimental method）。

　　2.半經驗方法（semi-empirical method）。

　　3.數值方法（numerical method），數值風場模擬採用計算流力 CFD。

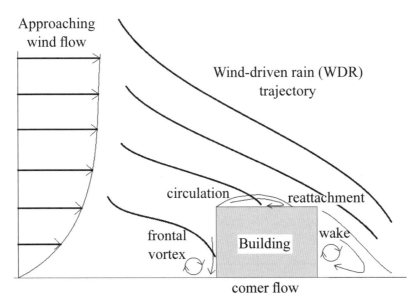

圖 1-33　建築物周遭氣流與風驅雨軌跡示意圖

　　半經驗方法概念基本上源自兩種方式：(1) 風驅雨指標（WDR index）與風驅雨地圖（WDR map）、(2) 風驅雨關聯式（WDR relationship）。

概念上風速與水平降雨量相乘積正比於風驅雨數量,因此計算風速與水平降雨量相乘積作為風驅雨指標(WDR index = 風速 × 水平降雨量),此處水平降雨量係指建築物承受雨水之平面的方向。將各地區計算獲得之風驅雨指標顯示即可建構完成風驅雨地圖。

風驅雨關聯分析,可利用風速與降雨強度獲得關係。當風作用於垂直落下之雨滴,亦即風及雨同時發生時,形成所謂斜降雨(oblique rain),也就是在建築物科學研究及工程設計上所稱之風驅雨(wind-driven rain,WDR)。從雨及垂直建築表面交互作用之觀點來看,風驅雨強度(WDR intensity)R_{wdr} 意指降雨強度向量(rain intensity vector)導致通過建築物承受雨量平面之垂直向雨水通量(rain flux)之分量。相對另一通過建築物承受雨量平面之平行方向雨水通量(rain flux)稱為水平分量 R_h。雨與風作用後之降雨強度向量 R 分解為水平面與垂直面兩分量,參見如下圖 1-34 示意圖:

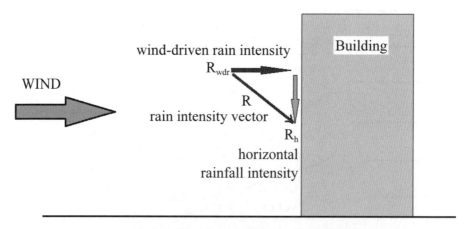

圖 1-34　降雨強度向量 R 與垂直面及水平面相關分量

水平降雨強度 R_h 與風驅雨強度 R_{wdr} 之單位:mm/h。假定所有雨滴粒徑 d 一致,雨滴下降終端速度 V_t,風速 U 穩定均勻且為水平。參閱圖 1-35,沿水平面降雨強度 R_h 與垂直面風驅雨強度 R_{wdr} 二者關係可利用幾何形狀比例,推導獲得下式:

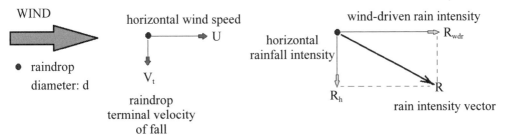

圖 1-35　水平風速 U 及 V_t 雨滴終端速度與水平面降雨強度 R_h 及垂直面風驅雨強度 R_{wdr} 二者向量幾何形狀比例關係

$$\frac{R_{wdr}}{U} = \frac{R_h}{V_t} \tag{1-51}$$

$$R_{wdr} = R_h \frac{U}{V_t} \tag{1-52}$$

上式中 U 為水平風速，單位：m/s；V_t 為雨滴下降之終端速度，單位：m/s。

Hoppestad（1955）依據上式，提出下述關係式，稱呼為風驅雨關聯式（WDR relationship）：

$$R_{wdr} = \kappa U R_h \tag{1-53}$$

式中 κ 為 WDR 係數（WDR coefficient）。在不同城市（Hoppestad, 1955）；Oslo（$\kappa = 0.130$），Bergen（$\kappa = 0.188$），Trondheim（$\kappa = 0.221$），Tromso（$\kappa = 0.148$）。

分析處理建築物風驅雨負載，使用之相關參數：捕捉比例（catch ratio）$\eta_d(d, t)$ 或 $\eta(t)$ 如下：

$$\eta_d(d,t) = \frac{R_{wdr}(d,t)}{R_h(d,t)} \tag{1-54}$$

$$\eta(t) = \frac{R_{wdr}(t)}{R_h(t)} \tag{1-55}$$

式中 $R_{wdr}(d, t)$ 為在雨滴粒徑 d 及時間 t 時之風驅雨強度；$R_h(t)$ 為在雨滴粒

徑 d 及時間 t 時無阻礙水平降雨強度。

實際應用上無論量測或計算在某一段時間 Δt 之特定捕捉比例（specific catch ratio） $\eta_d(d, t_j)$ 與 $\eta(t_j)$，可採用下式處理：

$$\eta_d(d,t_j) = \frac{\int_{t_j}^{t_j+\Delta t} R_{wdr}(d,t)dt}{\int_{t_j}^{t_j+\Delta t} R_h(d,t)dt} = \frac{S_{wdr}(d,t_j)}{S_h(d,t_j)} \qquad （1-56）$$

$$\eta(t_j) = \frac{\int_{t_j}^{t_j+\Delta t} R_{wdr}(t)dt}{\int_{t_j}^{t_j+\Delta t} R_h(t)dt} = \frac{S_{wdr}(t_j)}{S_h(t_j)} \qquad （1-57）$$

式中 $S_{wdr}(d, t_j)$、$S_h(d, t_j)$ 分別為在 t_j 時間時段延時 Δt 之某一雨滴粒徑之特定風驅雨 WDR 數量總和與某一雨滴粒徑無阻礙水平降雨數量總和。而 $S_{wdr}(t_j)$、$S_h(t_j)$ 分別為在 t_j 時間時段延時 Δt 之特定風驅雨 WDR 所有雨滴粒徑數量總和與無阻礙水平降雨所有雨滴粒徑數量總和。

影響捕捉比例參數之因素有：(1) 建築物幾何形狀包含周遭環境地形地物、(2) 量測降雨所在之建築位置、(3) 風速、(4) 風向、(5) 水平降雨強度、(6) 雨滴粒徑分布。

同一場飄雨中，存在著各種不同粒徑之雨滴，一般係選擇統計代表性之雨滴粒徑，亦即中位數雨滴粒徑（median rain drop diameter）大小 $\bar{d}$。Blocken and Carmeliet（2010）採用下列經驗式：

$$\bar{d} = 1.105 r_h^{0.232} \qquad （1-58）$$

式中 $\bar{d}$ 單位為 mm，r_h 為未受阻擾之水平降雨（unobstructed horizontal rain），單位為 $1/m^2$。

在靜止空氣中，雨滴終端速度 V_t 與雨滴粒徑 d 之關係，Blocken and Carmeliet（2010）提出下列經驗式：

$$V_t = -0.1666033 + 4.91844d - 0.888016d^2 + 0.054888d^3 \qquad （1\text{-}59）$$

式中 V_t 單位 m/s，d 單位 mm。

在高度 z 之水平風速 $U(z)$ 大小可依據指數律公式推估，周遭環境地形地物不同由公式中之冪指數 n 來決定：

$$U(z) = U_{10}\left(\frac{z}{10}\right)^n \qquad （1\text{-}60）$$

式中 U_{10} 為標準測站高度 10m 處測得之平均風速。

若增加考慮建築形狀位置與風向，推估在建築物外觀正面之風驅雨沉積（wind-driven rain deposition on facade）r_{bv}，可依下式推算：

$$r_{bv} = DRF \times U(z) \times RAF \times \cos\theta \qquad （1\text{-}61）$$

式中 DRF 為風驅雨經驗係數 0.2～0.25，但在強烈豪雨（intense cloud-burst）時，該係數值減小為 0.15，毛毛雨 (drizzle) 時，該係數值變大為 0.5。RAF 為雨通道函數（rain admittance function），例如在屋頂突出物下方（roof overhang）RAF < 0.20，高建築（> 10m）之頂部邊緣（top and edge）RAF > 1。RAF 函數分布變化，參閱圖 1-36（Straube, 2010）。θ 為牆正交方向與風向之夾角。

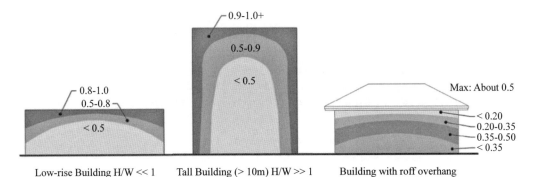

圖 1-36　低矮與高建築以及有屋頂突出物建築之正面之雨通道函數 RAF（Straube, 2010）

問題與分析

1. 參閱下圖，某一氣團質點 M 在水平面以角速度 ω 做半徑為 r 之圓周運動時，試問此時該氣團質點 M 之加速度為何？

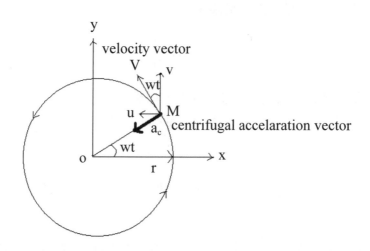

〔解答提示：速度 $V = \dfrac{2\pi r}{T} = \dfrac{2\pi}{T}r = \omega r = r\omega$，

x 方向速度分量 $u = -r\omega\sin(\omega t)$

y 方向速度分量 $v = r\omega\cos(\omega t)$

故 x 方向加速度分量 $a_x = \dfrac{du}{dt} = -r\omega^2\cos(\omega t)$

y 方向加速度分量 $a_y = \dfrac{dv}{dt} = -r\omega^2\sin(\omega t)$

亦即加速度向量大小

$a_c = \sqrt{a_x^2 + a_y^2} = \sqrt{r^2\omega^4[\cos^2(wt) + \sin^2(wt)]}$

故 $a_c = \sqrt{r^2\omega^4} = r\omega^2 = \dfrac{r^2\omega^2}{r} = \dfrac{V^2}{r}$

該加速度 a_c 亦稱向心加速度（centrifugal acceleration），
加速度向量之方向指向圓周運動之中心〕

2. 若某一氣團之質點以每 100 秒旋轉 1 周之速率，繞著半徑 100 m 做圓周
   運動。試問此時該質點之向心加速度大小？

   〔解答提示：$R\omega^2 = 100m \times \left(\dfrac{2\pi}{100s}\right)^2 = 0.395 m/s^2$〕

3. 在北緯 30° 處吹著 5 m/s 之西風時，試問該風速為此處相對於慣性系之運
   動速度之百分比？

   〔解答提示：地球半徑為 R 時，地球表面在緯度 ϕ 處相對於慣性系之運
   　　　　　動速度：$\omega R\cos\phi$，此處 ω 為地球轉動之角速度。

   $\therefore \dfrac{2\pi}{24h} \cdot 6.37 \times 10^6 m \cdot \cos(30^\circ) = 402\dfrac{m}{s}$

   $\therefore \dfrac{5m/s}{402m/s} \approx 1.25\%$

4. 試問乘坐在以時速 300km 東西方向行駛之高速火車上，體重 80 kg 之乘
   客所承受之科氏力大小？火車行駛所在地緯度為北緯 24°。

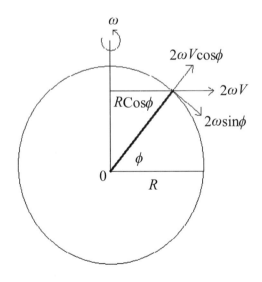

   〔解答提示：科氏力 $F = 2\omega mV = 2 \times 7.292 \times 10^{-5}\dfrac{1}{s} \times 80kg \times 300\dfrac{km}{h}$

   　　　　　$\therefore F = 0.972N$

垂直方向科氏力 $F\cos\phi = 0.972N \times \cos(24^0) = 0.888N$

該乘客體重減少約 0.888N，或約 90 公克重〕

5. 在緯度 30° 處等壓線每 4 hPa 畫一條，試問等壓線間隔為 100 km 時之地轉風速度為何？假定空氣密度為 1.2 kg/m³。

〔解答提示：地轉風 44 m/s〕

6. 在 20° N 處距離颱風中心 50 km 處之氣壓梯度為每向中心 100 km 減少 50 hPa，假定空氣密度為 1.2 kg/m³。試問在該等狀況下之 (1) 地轉風（geostrophic wind）風速大小？(2) 梯度風（gradient wind）風速大小？

〔解答提示：地轉風 801 m/s

梯度風 43.5 m/s

Note：颱風近中心附近之地轉風與梯度風之大小差異非常明顯。〕

7. 在 40° N 處溫帶低氣壓離中心 1000 km 處之氣壓梯度為每 100 km 減少 3 hPa。試問在該等狀況下之 (1) 地轉風（geostrophic wind）風速大小？(2) 梯度風（gradient wind）風速大小？

〔解答提示：地轉風 25.6 m/s

梯度風 20.9 m/s

Note：離中心較遠處（例如大半徑 1000km），其地轉風與梯度風之大小差異較小。〕

8. 30° N 處之龍捲風離中心 100 m 處之空氣旋轉速率為 50 m/s。試問 (1) 單位質量（每公斤）空氣塊所承受之離心力？(2) 單位質量（每公斤）空氣塊所承受之科氏力？

〔解答提示：每公斤空氣塊離心力 $m\dfrac{V^2}{r} = 1kg \cdot \dfrac{(50m/s)^2}{100m} = 25N$

每公斤空氣塊科氏力

$$F_c = m \cdot 2\omega \sin\phi \cdot V$$

$$= 1kg \cdot 2 \times 7.292 \times 10^{-5} \frac{1}{s} \cdot \sin(30^0) \times 50\frac{m}{s} = 0.00365N$$

∴科氏力遠小於離心力

故若不考慮摩擦力效應，則氣壓梯度力與離心力平衡，形成所謂旋衡風（cyclostrophic wind）。〕

9. 夏日氣溫 30℃，在北緯 23° 處海平面某一高壓中心大氣壓力 1027 hPa。試問該處大氣壓力等於多少標準大氣壓 atm？

〔解答提示：$\dfrac{1027hPa}{1013.25\dfrac{hPa}{atm}} = 1.0136atm$〕

10. 冬日氣溫 12℃，在北緯 22° 處海平面某一低壓中心大氣壓力 1002 hPa。試問該處大氣壓力等於多少標準大氣壓 atm？

〔解答提示：$\dfrac{1002hPa}{1013.25\dfrac{hPa}{atm}} = 0.9889atm$〕

11. 龍捲風為強烈渦漩，假定其半徑 $r = 200m$，渦漩半徑外緣與中心之壓差為 300hPa，空氣密度為 $1.2kg/m^3$。試問該龍捲風外緣 $r = 200m$ 處之風速為何？

〔解答提示：$U(r = 200m) = \sqrt{\dfrac{r}{\rho}\left|\dfrac{dp}{dr}\right|} = \sqrt{\dfrac{200m}{1.2\dfrac{kg}{m^3}}\left|\dfrac{300hPa}{200m}\right|} = \sqrt{\dfrac{300 \times 100\dfrac{N}{m^2}}{1.2\dfrac{kg}{m^3}}}$

$= 158.11\dfrac{m}{s}$〕

12. 熱帶風暴（tropical storm, T.S.）是熱帶氣旋的一種，當近中心風速為 63～87km/h（17.5m/s～24.2m/s），達到蒲福風級 9 級烈風程度的風力。在臺灣熱帶氣旋達到這個風力標準，與強烈熱帶風暴兩者統稱為輕

度颱風。假定某一熱帶風暴由天氣圖得知風暴外圍氣壓 $p_\infty = 1008hPa$，中心氣壓 $p_0 = 973hPa$。某一測站距離風暴中心 200km，該測站處之氣壓為 $p = 1005hPa$。試問熱帶風暴區內 (1) 最大風速為何？(2) 最大風速距離中心之距離為何？

〔解答提示：依據藤田公式，$r_0 = \dfrac{r}{\sqrt{(\dfrac{\Delta p_0}{p_\infty - p})^2 - 1}}$

$$r_0 = \frac{200km}{\sqrt{(\dfrac{1008hPa - 973hPa}{1008hPa - 1005hPa})^2 - 1}} = 17.2km$$

最大風速 $U_{max} = 5.7\sqrt{1008hPa - 973hPa} = 33.7m/s$

最大風速距離中心之距離 $r = \sqrt{2}r_0 = \sqrt{2} \times 17.2km = 24.3km$〕

13. 藤原效應（Fujiwara effect）或稱雙颱效應（binary interaction），係日本氣象學家藤原咲平 1921~1931 年間提出其所進行的一系列水工實驗及研究發表，主要解釋當兩個熱帶氣旋同時形成並互相靠近時所產生的交互作用，因而得名。

〔解答提示：藤原實驗研究發現，當兩個的水漩渦靠近時的運動軌跡，會以兩者連線的中心為圓心，彼此繞著圓心互相旋轉。事實上在大氣漩渦也會出現類似情況。

發生藤原效應的現象是有距離的限制，亦即若是兩個氣旋距離太遠，不會發生藤原效應。當兩個颱風彼此相互接近，達到相距約 1000 公里以內，才會出現受彼此相互影響，且以氣旋式螺旋軌跡接近，此時藤原效應生成。但到相距 800 公里左右時，可能出現兩者合併或分離。

依據熱帶氣旋之間的強弱程度不同，藤原效應常見的影響分為兩種：(1) 若兩個熱帶氣旋有強弱差距，則較弱者會繞著較強者的外圍環流做旋轉移動（在北半球為逆時針旋轉，

南半球則是順時針旋轉），直到兩者距離大到藤原效應消失，或到兩者合併爲止。(2) 如果兩個熱帶氣旋的強弱差不多，則會以兩者連線的中心爲圓心，共同繞著這個圓心旋轉，直到有其他的天氣系統影響，或其中之一減弱爲止。西北太平洋海面生成的熱帶氣旋次數較爲頻繁，同一時間可能生成兩個或多個熱帶氣旋，因此比較容易出現藤原效應現象。〕

14. 下暴風（downburst）在近地面處產生強烈風速，對於工程結構物、風力田或工商業飛行引發風災害影響甚大。目前研究方式大抵循三種方式：解析（analytical solution）、數值模擬（numerical simulation）、實驗物理模型模擬（physical simulation）。下暴風生命週期示意圖如下圖：（Hjelmfelt, 1988）

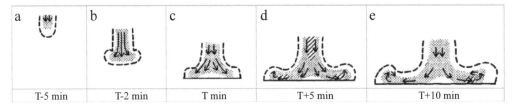

下暴風生命週期示意圖（Life cycle of downburst）(a) 生成前 5min：T-5 min，(b) 生成前 2 min：T-2 min，(c) 生成時：T min，(d) 生成後 5min：T+5 min，and (e) 生成後 10min：T+10min。（Hjelmfelt, 1988）

Fujita（1985）定義微下暴風（microburst）爲之強烈向下氣流（風）撞擊地面後，形成氣流向外流出，範圍半徑小於 4km。微下暴風會產生巨大之風剪（wind shear）以及近地面處形成激烈的風。目前使用之模式模擬有三類：(1) 環渦流模擬（vortex ring modeling），(2) 射流撞擊模擬（impinging jet modeling），(3) 冷卻源模擬（cooling source modeling）。請敘明三種模擬之優劣。

下暴風事件（Downburst event）來源：http://lacasanaranja.wordpress.co

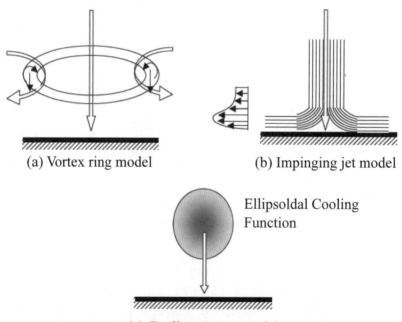

(a) Vortex ring model　　　　(b) Impinging jet model

Ellipsoldal Cooling Function

(c) Cooling source model

模擬下暴風使用之模式示意圖：(a) 環渦流模式（vortex ring model），(b) 射流撞擊模式（impinging jet model），(c) 冷卻源模式（cooling source model）。（Aboshosha et al., 2016）

〔解答提示：環渦流模擬主要聚焦在微下暴風主渦流（primary vortex）四周之流場型態構造與演變過程；而射流撞擊模擬則包含有穩定模式（steady state model）與瞬間特徵模式（transient features model），可以模擬產生合理微下暴風流出之流速度剖面。熱量冷卻源模擬則強調微下暴風的負浮升（negative buoyancy）以及動態發展演變（dynamic development），Vermeire et al.（2011）採用冷卻源方式，建立模擬在風工程應用之下暴風流出（downburst outflows）改良模式。

三種模式各有優點，如下述：(1) 採用穩定射流撞擊模式，可提供在特定臨界位置（例如最大速度位置）合理徑向速度剖面平均流場（averaged flow field with a reasonable radial-velocity profile），但無法獲得時間變化之流場訊息（time-dependent information）。射流撞擊模擬簡易且方便使用於實驗模型准穩定風載重（quasi-steady wind load）測試。(2) 瞬間射流撞擊模式（transient impinging jet model）則可獲得主渦流之動態變化特性，但無法如穩定射流撞擊模式提供特定臨界位置之瞬時徑向速度剖面。該模擬在實驗模型合理縮尺狀況下，相對容易實驗測試。(3) 冷卻源模式對於特定臨界位置瞬時徑向速度剖面可提供好的模擬，也可獲得主渦流合理之瞬時變化。冷卻源模擬之數值模式可以成功的模擬微下暴風，但實驗模擬卻有諸多困難，特別是對於實驗縮尺模型之風載重測試。

因此如何選擇使用微下暴風模擬方式，主要端賴使用標的與目的。

Zhang et. al.（2013）實驗模擬並量測在最大風速位置處 $r/D = 1$ 之風速剖面，以及數值模式（射流撞擊模式與冷卻

源式）模擬徑向速度剖面（radial velocity profiles）之比較，如下圖。〕

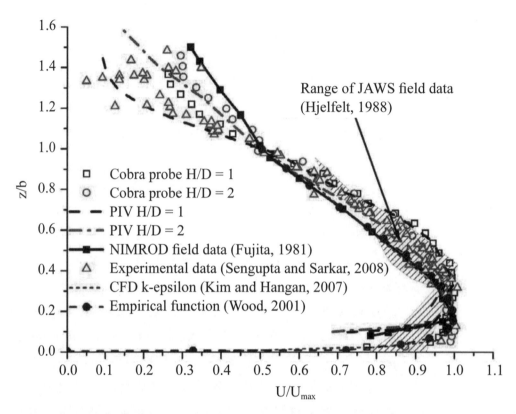

實驗模擬使用眼鏡蛇探針（Cobra probe）以及顆粒影像流速儀（PIV, Particle Image Velocimetry）量測在最大風速位置處 $r/D = 1$ 之風速剖面，並與其他學者實驗與數值模擬結果比較（Zhang et. al., 2013）

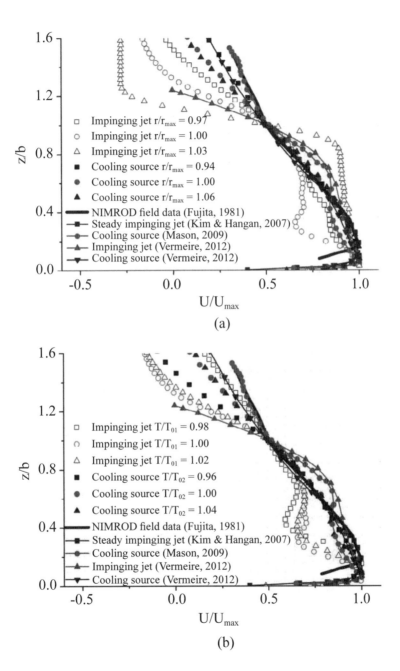

(a)

(b)

數值模式（射流撞擊模式與冷卻源式）模擬徑向速度剖面（radial velocity profiles）
之比較：(a) 在發生最大風速時之最大風速位置鄰近處，(b) 在最大風速時刻鄰近。
（Zhang et. al., 2013）

15. 雷暴（thunderstorm）產生之雷暴風（thunderstorm wind），其風速與伴隨風壓之變化具有瞬間短暫的特性（transient characteristics），亦即非恆定（non stationary）與短暫尺度（short temporal scale）。因此風工程研究採用之方式例如傳統序率關聯（stochastics correlation）、頻譜分析（spectra analysis）、統計技巧（statistical techniques）等，顯然不足以完整處理，特別是對於某些更短促時間之暴跳式事件（ramp-up events）。所謂暴跳式事件之雷暴風係指風速急速暴增後隨之急遽下降至低風速甚或近乎無風速狀況，該事件發生時間不超過 5min，高度 10m 處最大風速（1 秒平均陣風）大於 26m/s，（Lombardo *et al.*, 2014）。下圖為 Lombardo *et al.*（2014）紀錄 8 個雷暴風暴跳式事件之風速時間紀錄。試問在風工程應用時，如何處理非恆定與短暫尺度之雷暴風特性？

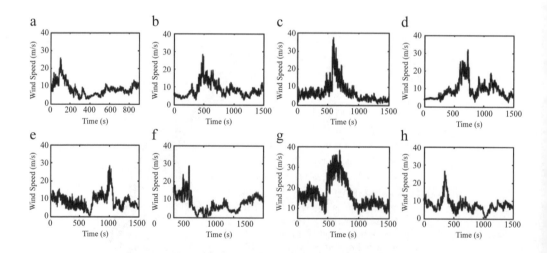

〔解答提示：關於量化非恆定與短暫尺度之雷暴風特性之方法之一，在風速紀錄時距內，可考慮使用時變平均風速（a time-varying mean wind speed），取代使用單一固定不變之平均風速。再由記錄之風速減去該時變平均值，獲得剩餘紊流（residual turbulence），使得紊流速度時間序列成為恆定

（stationary），據此恆定紊流速度時間序列，計算風工程所需之能譜分析（spectral analysis）、陣風因子（gust factor）、紊流強度（turbulence intensity）與其他相關統計參數。該時變平均之方法，在技術上需要引入一個變動時間尺度（varying time-scale）t，做為平均時間，亦即使用所謂移動平均時間窗（moving average time window）。

剩餘紊流（residual turbulence）U'，定義如下：

$$U' = U - \widetilde{U}_t$$

此處 U 為原始時間記錄之風速，$\widetilde{U}_t$ 為選用平均時間 t 之時變平均風速。

分析雷暴風之陣風因子 GF，定義如下：

$$GF = \frac{\hat{U}}{\widetilde{U}_t}$$

式中 $\hat{U}$ 為最大尖峰風速（maximum peak wind speed～1s），為在特定平均時間 t 之最大時變平均風速（maximum time-varying mean wind speed at a specific averaging time, t）。Lombardo *et al.*（2014）分析 8 個雷暴風暴跳式事件之風速時間紀錄，獲得暴跳式事件之陣風因子 GF 與平均時間 t 之關係式如下式：

$$GF = 0.011\ln(t)^3 - 0.072\ln(t)^2 + 0.23\ln(t) + 0.85$$

該關係式可提供協助風工程實務工作者處理雷暴風暴跳式事件時，看待暴跳式事件平均風速值遍及各種平均時間之關係。〕

參考文獻

[1] Aboshosha, H., Elawady, A., El Ansary, A., El Damatty, A., Review on dynamic and quasi-static buffeting response of transmission lines under synoptic and non-synoptic winds, *Engineering Structure*, Vol.112, pp.23-46, 2016.

[2] Blocken, B., and Carmeliet, J., A review of wind-driven rain research in building science, *Journal of Wind Engineering and Industrial Aerodynamics*, Vol.92, pp.1079-1130, 2004.

[3] Blocken, B., and Carmeliet, J., Overview of three state-of-the-art wind-driven rain assessment models and comparison based on model theory, *Building Environment*, Vol.45, pp.691-703, 2010.

[4] Fang, G., Zhao, L., Cao, S., Ge, Y., Pang, W., A novel analytical model for wind field simulation under typhoon boundary layer considering multi-field correlation and height-dependency, *Journal of Wind Engineering and Industrial Aerodynamics*, Vol.175, pp.77-89, 2018.

[5] Fujita, T.T., The downburst: microburst and macroburst, University of Chicago Press, 1985.

[6] Hjelmfelt, M.R., Structure and life cycle of microburst outflows observed in Colorado, *Journal of Applied Meteorology*, Vol.27, No.8, pp.900-927, 1988.

[7] Holland, G.J., An analytical model of the wind and pressure profiles in hurricanes, *Monthly Weather Review*, Vol.108, No.8, pp.1212-1218, 1980.

[8] Hoppestad, S., and Slagregn i Norge (in Norwegian), Norwegian Building Research Institute, Rapport Nr.13, Oslo, 1955.

[9] John H. Seinfeld, and Spyros N. Pandis, Atmospheric Chemistry and Physics-From Air Pollution to Climate Change, 2nd Edition, John Wiley and Sons, Inc., 2006.

[10] Li, XL, Pan, ZD, Yu, J., An adjustment method for typhoon parameters. *Journal of Oceanography Huang hai and Bo hai Seas*, Vol.13, No.2, pp.11-15, 1995.

[11] Lombardo, F.T., Smith, D.A., Schroeder, J.L., and Mehta, K.C., Thunderstorm char-

acteristics of importance to wind engineering, *Journal of Wind Engineering and Industrial Aerodynamics*, Vol.125, pp.121-132, 2014.

[12] McLean, D.D., Chairman's Report to the Annual Meeting, First Annual Meeting of Insurance Institute for Property Loss Reduction, Seattle, October 12, 1994.

[13] Shiau, B.S., Windbreak shelter effect in Taichung harbor, *Journal of Wind Engineering and Industrial Aerodynamics*, Vol.51, pp.29-41, 1994.

[14] Simiu, E. and Scanlan, R.H. Wind Effects on Structure, 3rd edition, John Wiely & Sons, 1996.

[15] Strangeways, I., Measuring the natural environment, Cambridge University Press, 2000.

[16] Straube, J., Simplified prediction of driving rain on buildings: ASHRAE 160P and WUFI 4.0, *Building Science Diagnosis*, Vol.148, pp.1-16, 2010.

[17] Tachikawa, M., Trajectories of flat plates in uniform flow with applications to wind-generated missiles. *Journal of Wind Engineering and Industrial Aerodynamics*, Vol.14, pp.443-453, 1983.

[18] Tachikawa, M., A method for estimating the distribution range of trajectories of windborne missiles, *Journal of Wind Engineering and Industrial Aerodynamics*, Vol.29, pp.175-184, 1988.

[19] Vermeire, B.C., Orf, L.G., Savory, E., Improved modelling of downburst outflows for wind engineering applications using a cooling source approach, *Journal of Wind Engineering and Industrial Aerodynamics*, Vol.99, pp.801-814, 2011.

[20] Wieringa, J., An objective exposure correction method for averaged wind speeds measured at a sheltered location, *Quartly Journal of Royal Meteorology Society*, Vol.102, pp.241-243, 1976.

[21] Wieringa, J., Description requirements for assessment of non-ideal wind station-for example Aachen, *Journal of Wind Engineering and Industrial Aerodynamics*, Vol.11, pp.121-131, 1983.

[22] Winter Storms in Europe-Analysis of 1990 Losses and Future Losses Potential, Munich Reinsurance Company, D-80791, 1993

[23] Wynggard, J.C., Cup, propeller, vane, and sonic anemometers in turbulence research, *Annual Review of Fluid Mechanics*, pp.399-423, 1981

[24] Zhang, Y., Hu, H., Sarkar, P.P., Modeling of microburst outflows using impinging jet and cool source approaches and their comparison, *Engineering Structure*, Vol.56, pp.779-793, 2013.

Sigiriya，斯里蘭卡（SriLanka）　　　　　　　　　　　（*by Bao-Shi Shiau*）

Sigiriya 的名稱來自 sinha（指獅子）及 Giriya（意為咽喉），全名原義是「獅子的咽喉」，整塊巨岩因此被稱作獅子岩，高約 200 公尺。位置在首都可倫坡東北方約 170 公里，是一座構築在橘紅色巨岩上的空中宮殿，它被譽為世界第八大奇蹟。1982 年聯合國科教文組織認可為世界文化遺產，獅子岩以濕壁（Sigiriya frescos）畫聞名於世，壁畫上之仙女體態婀娜多姿，栩栩如生。

塞哥維亞（Segovia）羅馬水道橋，西班牙　　　　　　　　　　　　　（*by Bao-Shi Shiau*）

塞哥維亞（Segovia）位在馬德里北方約 90 公里處，老城區之羅馬水道橋建築
名列聯合國世界文化遺產。西元 1 世紀羅馬人就能用花崗岩蓋出高達 29 公尺
高的水道橋，把 18 公里外的水引到市區內使用，水流的過程中還會濾掉一些
泥沙，完工 2000 年後水道橋還能使用。

第二章

大氣邊界層內風速特性

　　當均勻流（uniform flow）通過一邊界，受到邊界效應之影響，形成一個流速分布與原先之均勻流流速分布相異之範圍，稱為邊界層（boundary layer）；而該層內之流動稱為邊界層流（boundary layer flow），參閱圖2-1。大氣層內之氣體流動謂之風，而當風吹過地表面，受到地表面影響，接近地表面形成一邊界層，稱為大氣邊界層（atmospheric boundary layer）。該大氣邊界層內之風結構特性與變化，將影響在該層範圍內之相關工程問題。本章分別就大氣邊界層內之相關風特性，例如平均風速剖面、紊流強度剖面、雷諾應力、紊流積分尺度、風譜等，做一介紹說明。另外也探討地表面粗糙因素對大氣邊界層之平均風速剖面之影響效應。

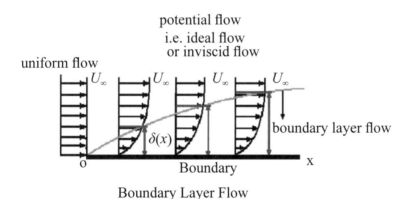

Boundary Layer Flow

$\delta(x)$: boundary layer thickness where velocity is 0.99 U_∞

U_∞: free stream velocity

圖 2-1　邊界層生成與發展示意圖

2-1 大氣紊流邊界層

　　地球表面接受太陽輻射量的不一致造成壓力不平衡乃是形成風之基本因素。此外，由於地球的自轉、雲層之覆蓋、雨水之凝結、地表溫度與粗糙度之差異、地形之變化等非線性因素和大氣流場交互作用的結果，使得大氣近地處，風場變得複雜，基本上流況現象係為紊流（turbulent flow）。

由流體力學理論，可知大氣層內風吹過地表面，使得接近地表面處將形成一薄層，稱為大氣紊流邊界層。該層之風場流力現象，有別於層外之風場氣流。一般而言，由地表至 1000 公尺高度之間的大氣運動是屬於紊流邊界層型態，稱之為行星邊界層（Planetary Boundary Layer; PBL）；而由地表到500 公尺高度之流場，一般稱為大氣邊界層（Atmospheric Boundary Layer, ABL）。

　　當大氣狀況條件為中性（neutral），亦即大氣垂直向之溫度梯度（temperature gradient）等於絕熱傾率（adiabatic lapse rate），且由於地面粗糙摩擦影響，使得吹過地面之風呈現紊流（turbulent flow）流況，同時在地表面形成一邊界層（boundary layer），稱為中性大氣紊流邊界層（neutral turbulent boundary layer）。由於人類活動與相關工程建設，幾乎都在大氣邊界層內範圍進行，因此風工程研究分析探討有關風之特性、風場環境、空氣污染大氣擴散以及風與結構物之互制作用等等，也都侷限於在該邊界層範圍內。

　　由於自然界之風，其流動行為基本上以流體力學觀點來看，係屬紊流（turbulence）現象。由於紊流十分複雜，且在時間與空間上為隨機過程（random process），故需以統計處理分析。一般為簡化處理，中性紊流邊界層之風場均假設為：

1. 在地轉風高度（geostrophic wind height）處，風不受地表粗糙度之影響，流況為水平均勻（horizontally homogeneous），亦即風速風向一致。
2. 風為穩定（stationary）。一般依照國際氣象實作慣例，平均風速計算係採用十分鐘觀測紀錄平均。
3. 風向不隨高度變化。

　　關於中性大氣紊流邊界層之風場特性描述，一般主要包括有平均風速剖面、紊流強度剖面、雷諾應力剖面，及紊流風速頻譜與紊流尺度等，這些風場特性參數在風工程設計、評估、與應用上，均為不可或缺，因此將在以下各節說明。

2-2 平均風速剖面

　　大氣溫度成層（thermal stratification）狀況可分為中性（neutral strati-fication）大氣邊界層條件、穩定（stable stratification）大氣邊界層條件、或不穩定（unstable stratification）大氣邊界層條件。以下分別介紹在不同大氣溫度成層條件下之平均風速剖面。

一、中性大氣溫度成層（neutral stratification）

　　當大氣溫度成層（thermal stratification）狀況為中性（neutral）時，大氣紊流邊界層之主流向平均風速剖面（mean velocity profile），一般採用對數剖面（logarithmic profile）與指數律剖面（power-law profile）兩種方式表示。對數剖面公式可以利用理論推導，而指數律公式則是經驗公式。

　　若在大氣紊流邊界層底部數 10 公尺高度或 0.15δ 範圍內，亦即若探討較接近地表面風場特性，即在邊界層下半部，平均風速剖面採用對數剖面較適切，因此平均風速剖面以對數律表示為佳。而指數律則對於較高風速和距地面 0.1δ 以上邊界層內之平均風速剖面適用性較佳，故探討離地表面較高處，亦即在邊界層上半部，則平均風速剖面使用指數律剖面。Sill（1988）之研究結果也支持了上述說法。

1. 對數剖面

　　選定 x-y-z 卡式座標，假定該近地表面之穩定風場（stationary flow）在主流向（x 方向）與橫風向（y 方向）為均質（homogeneity）。由於較靠近地面（50～100 公尺），地面粗糙度影響較顯著，因此特徵長度尺度選用地面粗糙長度（roughness length）或稱粗糙高度（roughness height），z_0，特徵速度採用摩擦速度（friction velocity），u_*。選用特徵長度 l，與特徵速度 u_*，利用因次分析（dimensional analysis）原理，則垂直向（z 方向）風速變化率：

$$\frac{\partial u}{\partial z} \sim \frac{u_*}{l} \ \text{或} \ \frac{\partial u}{\partial z} \sim \frac{u_*}{l} \tag{2-1}$$

此處特徵長度 $l \sim z$，亦即 $l = \kappa z$，κ 為係數或稱為 von Karman 常數。將 $l = \kappa z$ 代入 2-1 式，且風速僅為 z 之函數，整理得：

$$\frac{du}{u_*} = \frac{1}{\kappa}\frac{dz}{z} \qquad (2\text{-}2)$$

再對 2-2 式積分：

$$\frac{1}{u_*}\int_0^{U(z)} du = \frac{1}{\kappa}\int_{z_0}^z dz \qquad (2\text{-}3)$$

得到平均風速剖面如下式：

$$\frac{U(z)}{u_*} = \frac{1}{\kappa}\ln(\frac{z}{z_0}) \qquad (2\text{-}4)$$

式中 $U(z)$ 為在高度 z 處之平均風速；κ 為 von Karman 常數，$\kappa = 0.4$；z_0 為粗糙長度（高度）；u_* 為摩擦速度，其定義為：

$$u_* = \sqrt{\frac{\tau_0}{\rho}} \qquad (2\text{-}5)$$

式中 τ_0 為地表面剪應力（shear stress）；ρ 為空氣密度。

　　由於 2-4 式之平均風速剖面係為對數函數型式表之，故稱為對數剖面（logarithmic profile）。

例題　某一地區地表面粗糙長度（高度）為 1.50 m，而在高度 20 m 處測得之平均風速為 10 m/s。試估算該地區之摩擦速度。

解答：利用平均風速對數剖面

$$\frac{U(z)}{u_*} = \frac{1}{\kappa}\ln(\frac{z}{z_0})，$$

$$\therefore \frac{10m/s}{u_*} = \frac{1}{0.4}\ln(\frac{20m}{1.50m})$$

故摩擦速度 $u_* = 1.54 m/s$　#

一般說來，粗糙長度（高度）可視爲因空氣與地面摩擦產生之特徵渦流（characteristic vortex）之平均大小，故 z_0 是高於地面某距離，而在該距離處之平均風速爲零。參閱圖 2-1 粗糙長度（高度）之說明示意圖。

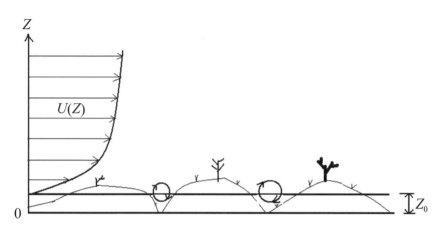

圖 2-2　粗糙長度說明示意圖

經調查統計，表 2-1 爲在各種地形狀況（terrain categories）下典型之粗糙長度（高度）大小。

表 2-1　不同地況之典型之粗糙長度

粗糙長度（高度）z_0（m）	地況分類
10^{-5}	光滑冰表面
10^{-4}	開闊海面且無波浪
10^{-3}	海岸地區，吹向岸風
0.01	開闊地面，間雜稀疏植物或 / 及建築物
0.05	農作區，間雜少部分農舍及防風設施
0.3	村莊與農作區夾雜許多防風設施
1-10	城鎮地區

一般粗糙長度係用來描述地表面粗糙狀況之特徵長度尺度。假若粗糙面各單元較緊密，參考圖 2-3，例如樹林上端風速剖面，基本上可將地表面（零高度，$z = 0$）往上移某個高度，稱為零移位高度（zero displacement），d。此時對數剖面寫成：

$$\frac{U(z)}{u_*} = \frac{1}{\kappa}\ln(\frac{z-d}{z_0}) \qquad (2\text{-}6)$$

在地況上用以產生地面粗糙效應之元素，稱為粗糙元素。對邊界層內之風場而言，該等粗糙元素為增加摩擦阻力，故同時增加風場之風紊流。對於地況上規則排列之粗糙元素而言，Businger（1974）提出一合理近似公式，以計算粗糙長度。計算公式如下：

$$z_0 = 0.5h\frac{A_r}{A_t} \qquad (2\text{-}7)$$

式中 h 為粗糙元素高度；A_r 為粗糙元素之迎風面方向面積；A_t 為每一粗糙元素所影響之地面面積。參閱圖 2-4。

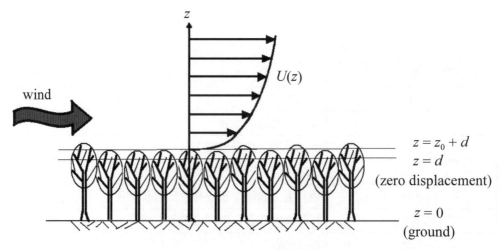

圖 2-3　樹林上端之風速剖面示意圖

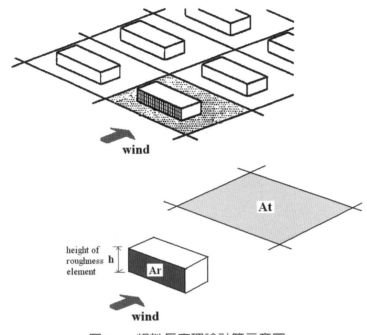

圖 2-4　粗糙長度理論計算示意圖

　　有關平均風速剖面，歐洲規範（Eurocode 1）在高度 200 公尺以內，係採用對數剖面。

例題　某社區規劃相同多棟建築物依規則方式之排列配置，在土地面積每 200 m^2 上興建一棟，而各棟樓房高 15 m，寬度 10 m。試問在此條件下，當風吹過此社區時，依據 Businger 公式推估其對數律之平均風速剖面之粗糙長度 z_0 為何？

解答：$h = 15$ m，寬度 10 m，故迎風面方向面積 Ar = 150 m^2，
　　　At = 200 m^2；代入 Businger 公式
　　　計算得粗糙長度 $z_0 = 5.62$m

2. 修正對數剖面
一般對數剖面使用於離地面 50～100 公尺範圍內。Harris and Deaves

（1980）提出下列修正式，可適用於離地面高度 300 公尺以內：

$$\frac{U(z)}{u_*} = \frac{1}{\kappa}[\ln(\frac{z-d}{z_0}) + 5.75a - 1.88a^2 - 1.33a^3 + 0.254a^4] \qquad （2\text{-}8）$$

式中 a 為實際高度（actual height）或有效高度（effective height），其係為 $z-d$，與梯度高度（gradient height），z_g 之比值，以下式表示之：

$$a = \frac{z-d}{z_g} \qquad （2\text{-}9）$$

$$z_g = \frac{u_*}{6f_c} \qquad （2\text{-}10）$$

此處 f_c 為科氏參數（Coriolis parameter），可參考第一章。

3. 指數律剖面

　　在邊界層上半部，由於較接近邊界層自由流（free stream），因此邊界層高度為較重要之長度尺度，故特徵長度尺度選用邊界層高度；而自由流流速則選為特徵速度。利用該等特徵速度與長度，可組合成一經驗公式，以描述中性大氣邊界層平均風速剖面。該公式示如下式：

$$\frac{U(Z)}{U_\infty} = (\frac{Z}{\delta})^n \qquad （2\text{-}11）$$

上式中，Z、δ 分別表示地表上高度及邊界層厚度。U_∞ 為高度超過邊界層以上之自由流速（free stream velocity）。指數 n 由地表狀況以及大氣穩定度決定。圖 2-5 為不同地況之指數律平均風速剖面示意圖。各國學者與研究機構及學會對於不同地況類別之 n 值與邊界層厚度 δ 建議值，簡述如下：

(1) Counihan（1975）指出，在中性穩定度下，不同地況（例如鄉村（country）、市郊（suburban）、都市（urban））之 n 值與邊界層厚度 δ：

①鄉村型地況：$0.143 \le n \le 0.167$，$\delta = 300$ m

②市郊型地況：$0.21 \le n \le 0.23$

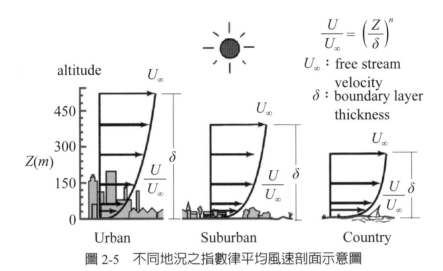

圖 2-5　不同地況之指數律平均風速剖面示意圖

　　③都市型地況：$0.23 \leq n \leq 0.4$，$\delta = 600$ m

(2) Davenport（1965）對於 n 值與邊界層厚度 δ 則提出下列建議值：

　　①鄉村型地況：$n = 0.16$，$\delta = 275$ m

　　②市郊型地況：$n = 0.28$，$\delta = 400$ m

　　③都市型地況：$n = 0.40$，$\delta = 520$ m

(3) 美國國家標準研究所 ANSI（American National Standards Institute）對於 n 與 δ 值建議如下：

　　①海岸平坦海灘：$n = 1/10$，$\delta = 213$ m

　　②開闊平原：$n = 1/7$，$\delta = 274$ m

　　③市郊：$n = 1/4.5$，$\delta = 366$ m

　　④都會中心：$n = 1/3$，$\delta = 457$ m

(4) 美國土木工程師學會 ASCE 7-95 對於 n 與 δ 值建議如下：

　　①海岸平坦海灘：$n = 1/11.5$，$\delta = 213$ m

　　②開闊平原：$n = 1/9.5$，$\delta = 274$ m

　　③市郊：$n = 1/7$，$\delta = 366$ m

　　④都會中心：$n = 1/5$，$\delta = 457$ m

(5) 日本建築研究所 AIJ（Architecture Institute of Japan）在建築物風載重設計規範 AIJ 2004 建議終將地況分爲五類，n 值與邊界層厚度 δ 分別爲：

①地況 I（開闊地形，無明顯障礙物，例如海面或無障礙物之海岸）：$n = 0.10$，$\delta = 250$ m

②地況 II（開闊地形，有些許障礙物，高度不超過 10m）：$n = 0.15$，$\delta = 350$ m

③地況 III（市郊地形，有較密集分布之障礙物，高度不超過 10m；或較稀疏分布之 4 層至 9 層樓建築。例如：郊區住宅、工業區）：$n = 0.20$，$\delta = 450$ m

④地況 IV（都市地形，4 層至 9 層樓建築密集分布。例如中度發展城市）：$n = 0.27$，$\delta = 550$ m

⑤地況 V（都市地形，高於 10 層樓建築緊密分布，比鄰而接。例如大都會城市東京、大阪）：$n = 0.35$，$\delta = 650$ m

(6) 台灣建築耐風設計規範對於地況區分爲 A、B、C 三類。

①地況 A（大城市的市中心，至少有 50% 之建築物高度大於 20m，建物迎風向前方至少 800m 或建物 10 倍高度的範圍（二者取大值）屬於前述狀況。）：$n = 0.32$，$\delta = 500$ m

②地況 B（大城市的市郊或小市鎮，建築高度 10～20m，建物迎風向前方至少 500m 或建物 10 倍高度的範圍（二者取大值）屬於前述狀況。）：$n = 0.25$，$\delta = 400$ m

③地況 C（平坦開闊之地面或草原、海岸、湖岸等地區，其間有零星障礙物高度小於 10m 者）：$n = 0.15$，$\delta = 300$ m

加拿大規範（Canadian code）NBC1990 則使用下列類似指數律公式：

$$\frac{U(z)}{U_{ref}} = (\frac{z}{z_{ref}})^n \qquad （2\text{-}12）$$

式中 $U(z)$ 爲在高度 z 處之平均風速，U_{ref} 爲參考速度，z_{ref} 爲某一參考高度；

n 為指數冪次，係反映各種不同之地物地貌狀況。

　　指數律剖面公式一般廣為使用在表示中性大氣紊流邊界層平均風速剖面，其主要原因係該式簡單容易。

　　圖 2-6 為蕭等人（1998）在環境風洞中所模擬之鄉村地形或地況 C 之中性大氣紊流邊界層之平均風速剖面，該風速剖面以指數律型式表示。

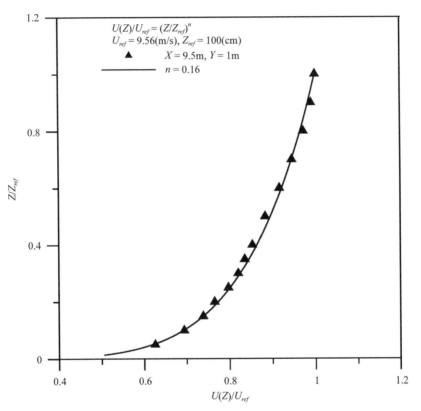

圖 2-6　風洞模擬鄉村地形之平均風速指數律剖面

例題　在郊區之大氣邊界層厚度為 300m，該處之自由流風速為 20m/s，試問該處 60m 大樓頂所承受之平均風速為何？（假定該處之平均風速剖面符合指數律，指數冪次 $n = 0.15$）

解答：將已知相關參數代入指數律平均風速剖面公式，得

$$\frac{U(60m)}{20m/s} = \left(\frac{60m}{300m}\right)^{0.15}$$

故 60m 大樓頂所承受之平均風速

$U(60m) = 15.71$ m/s　#

例題　某塔架在 50m 高處測得平均風速爲 12m/s，該處之大氣邊界層厚度 457m。假若該處之大氣邊界層平均風速剖面符合指數律，並採用美國 ANSI 之建議指數律冪次 $n = 1/3$。試問該處之大氣邊界層自由流風速爲何？

解答：將已知相關參數代入指數律平均風速剖面公式，得

$$\frac{12m/s}{U_\infty} = \left(\frac{50m}{457m}\right)^{1/3}$$

故該處之大氣邊界層自由流風速

$U_\infty = 25.09 m/s$

二、不穩定大氣溫度成層（unstable stratification）

　　眞實大氣狀況較少出現爲中性溫度成層，由於地表面熱通量（heat flux）之效應，將導致不穩定（unstable stratification）大氣邊界層條件。因此中性溫度成層條件下之平均風速對數剖面需要將地表面熱通量影響效應納入，修正以符合不穩定之大氣狀況。

　　定義 Obukhov 長度（Obukhov length），L_*，該長度呈現熱通量與地面摩擦速度（friction velocity）之效應：

$$L_* = \frac{\Theta_v}{\kappa g}\frac{u_*^3}{\overline{\Theta_v' w'}} \tag{2-13}$$

上式中 Θ_v 爲（virtual potential temperature），u_* 爲摩擦速度，κ 爲 Von Karman 常數 $\kappa = 0.4$，g 爲重力加速度 gravity，$\overline{\Theta_v' w'}$ 爲虛位勢溫度熱通量（virtual potential temperature heat flux）。

中性大氣溫度成層時，高度 z 是平均風速剖面唯一的長度尺規（Scaling length）。而在不穩定大氣溫度成層時，除了高度 z 外，Obukhov 長度 L_* 是另外增加的一個長度尺規。將這兩種長度尺規的比值，z/L_*，訂為穩定參數（stability parameter），可判定穩定或不穩定的一個無因次參數。當 z/L_* 為負值時，代表大氣狀況為不穩定溫度成層，而當大氣狀況為穩定溫度成層時，z/L_* 為正值。當 z/L_* 為零時，大氣狀況為中性溫度成層。

在 z/L_* 為小的負值時，邊界層的對數平均風速剖面，Hogstrom（1988）引入一個修正函數：

$$\Psi_m = 2\ln(\frac{1+x}{2}) + \ln(\frac{1+x^2}{2}) - 2\tan^{-1}(x) + \frac{\pi}{2} \qquad (2\text{-}14)$$

上式中 $x = (1 - bz/L_*)^{1/4}$，$b = 16$。因此對數平均風速剖面可寫成：

$$\frac{U(z)}{u_*} = \frac{1}{\kappa}\ln(\frac{z}{z_0}) - \Psi_m(\frac{z}{L_*}) \qquad (2\text{-}15)$$

三、穩定大氣溫度成層（stable stratification）

在大氣為穩定狀況下，熱通量為向下（地面），亦即 Obukhov 長度 L_* 為正值，這種穩定狀況經常出現在夜間。在穩定狀況下，對數平均風速剖面之修正函數，Holtslag and de Bruin（1988）提出如下：

$$\Psi_m(\frac{z}{L_*}) = \begin{cases} -az/L_* & \text{for } 0 < z/L_* \le 0.5 \\ Az/L_* + B(z/L_* - C/D)\exp(-Dz/L_*) + BC/D & \text{for } 0.5 \le z/L_* \le 7 \end{cases}$$
$$(2\text{-}16)$$

上式中 $a = 5$，$A = 1$，$B = 2/3$，$C = 5$，$D = 0.35$。

2-3 地表粗糙與地形改變對平均風速剖面之影響

地表面粗糙度改變或地形高低變化，稱為非均質地形（inhomogeneous terrain）。當大氣邊界層流通過非光滑均質地形時，將受到地表面粗糙度改

變或地形高低變化之影響，使得大氣邊界層產生變化，導致風場之改變，將影響結構物之風載重、空氣污染擴散或風能潛力評估等之工程問題。以下就地面粗糙改變與地形高低變化分別對大氣邊界層之平均風速剖面之影響，做扼要說明。

一、地表粗糙狀況改變

參閱圖 2-7，當氣流由粗糙長度為 z_{01} 地表面流向粗糙長度為 z_{02} 之地表面時，由於粗糙度會影響接近地表面處之風速，引發往下游邊界層構造產生變化。因此從粗糙長度改變位置處（shift of roughness）起算，沿下游之邊界層產生改變，在高度 $h(x)$ 以上之平均風速仍僅由原先地況之粗糙長度為 z_{01} 決定，而高度 $h(x)$ 以下則否。高度 $h(x)$ 以下之邊界層稱之為內邊界層（internal boundary layer），而該高度稱為內邊界層高度（height of internal boundary layer）。在高度 $h_e(x)$ 以下之邊界層之平均風速則完全僅受粗糙長度為 z_{02} 之地況影響，此層稱為平衡層（equilibrium layer）。高度介於 $h(x)$ 與 $h_e(x)$ 之間邊界層內平均風速則受到粗糙長度為 z_{01} 與粗糙長度為 z_{02} 兩種地況之影響。

內邊界層從地況改變點位置開始沿下游逐漸成長增厚，並與平衡層較互

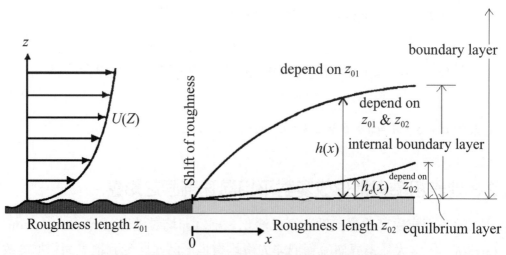

圖 2-7　地表面粗糙長度改變對邊界層之影響示意圖

作用，最終達到完全發展爲僅與 z_{02} 有關之邊界層，亦即由原先 z_{01} 地況之邊界層轉變爲 z_{02} 地況之邊界層。

　　內邊界層之成長之模式，Wood（1982）利用因次分析與量測數據（由光滑轉變粗糙 $S \rightarrow R$（smooth-to-rough）或粗糙轉變爲光滑 $R \rightarrow S$（rough-to-smooth），而獲得下式

$$\frac{h(x)}{z_{0r}} = 0.28 \left(\frac{x}{z_{0r}} \right)^{0.8} \qquad (2\text{-}17)$$

式中 z_{0r} 代表 z_{01} 與 z_{02} 二者中較大者，x 爲從地況改變點位置起算沿下游之距離。惟（2-17）式僅對於在邊界層的壁面區（wall region）有效，一般若探寬鬆方式處理，約略可適用於 $h(x) < 0.2\delta$，δ 爲邊界層厚度。

　　Dyrbye & Hasen（1997）引用 Elliott 所提出內部邊界層高度如下式：

$$\frac{h(x)}{z_{02}} = \left[0.75 + 0.03 \ln \left(\frac{z_{01}}{z_{02}} \right) \right] \left(\frac{x}{z_{02}} \right)^{0.8} \qquad (2\text{-}18)$$

　　由（2-18）式可知，當地面粗糙長度由小變大時，其內部邊界層高度 h 之成長增加，相較於粗糙長度由大變小時爲快。結果可參閱圖 2-8（圖中實線 h，虛線 h_e）。

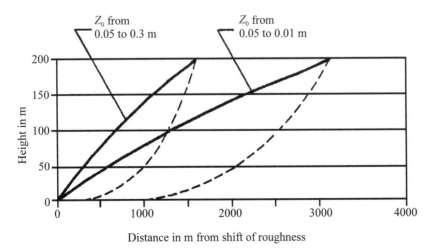

圖 2-8　地面粗糙長度變化對內部邊界層高度之影響

例題 當地面粗糙長度變化分別為 $S \to R$（0.05m 變成 0.3m）以及 $R \to S$（0.05m 變成 0.01m）時，依據 Elliott 所提出公式（2-18），請估算在地況改變點位置起算沿下游之距離 500 與 1000m 處之內部邊界層高度？

解答：(1) 地況為 $S \to R$（0.05m 變成 0.3m）

亦即 $z_{01} = 0.05m$，$z_{02} = 0.3m$

在 $x = 500$ m 處，

代入 $\dfrac{h(x)}{z_{02}} = \left[0.75 + 0.03\ln\left(\dfrac{z_{01}}{z_{02}}\right)\right]\left(\dfrac{x}{z_{02}}\right)^{0.8}$

得 $\dfrac{h(500m)}{0.3m} = \left[0.75 + 0.03\ln\left(\dfrac{0.05m}{0.3m}\right)\right]\left(\dfrac{500m}{0.3m}\right)^{0.8}$

所以 $h(500m) = 79.0m$ #

在 $x = 1000$ m 處，

代入 $\dfrac{h(x)}{z_{02}} = \left[0.75 + 0.03\ln\left(\dfrac{z_{01}}{z_{02}}\right)\right]\left(\dfrac{x}{z_{02}}\right)^{0.8}$

得 $\dfrac{h(1000m)}{0.3m} = \left[0.75 + 0.03\ln\left(\dfrac{0.05m}{0.3m}\right)\right]\left(\dfrac{1000m}{0.3m}\right)^{0.8}$

所以 $h(500m) = 137.5m$ #

(2) 地況為 $R \to S$（0.05m 變成 0.01m）

亦即 $z_{01} = 0.05m$，$z_{02} = 0.01m$

在 $x = 500$ m 處，

代入 $\dfrac{h(x)}{z_{02}} = \left[0.75 + 0.03\ln\left(\dfrac{z_{01}}{z_{02}}\right)\right]\left(\dfrac{x}{z_{02}}\right)^{0.8}$

得 $\dfrac{h(500m)}{0.01m} = \left[0.75 + 0.03\ln\left(\dfrac{0.05m}{0.01m}\right)\right]\left(\dfrac{500m}{0.01m}\right)^{0.8}$

所以 $h(500m) = 45.9m$ #

在 $x = 1000$ m 處，

代入 $\dfrac{h(x)}{z_{02}} = \left[0.75 + 0.03\ln\left(\dfrac{z_{01}}{z_{02}}\right) \right]\left(\dfrac{x}{z_{02}}\right)^{0.8}$

得 $\dfrac{h(1000m)}{0.01m} = \left[0.75 + 0.03\ln\left(\dfrac{0.05m}{0.01m}\right) \right]\left(\dfrac{1000m}{0.01m}\right)^{0.8}$

所以 $h(500m) = 79.8m$ #

二、地形改變

當氣流在地面遇到地形變化，例如山丘，假定邊界層厚度或梯度高度不變，則氣流被迫通過較小斷面積，使得氣流速度增加，稱為增速（speed-up）現象。圖 2-9 所示為該增速現象之示意圖。該氣流速度增加之計量，一般可採用增速比值或地形乘數表示，定義如下：

$$\frac{\text{wind speed at height z above the feature}}{\text{wind speed at height z above the flat ground}}$$

若迎風坡傾斜角度小於 17°，氣流在迫近時速度減弱，在迎風坡面坡腳時，風速最小。隨後沿著坡面風速漸增，當到達斜坡頂面時，氣流速度增加比值呈現最大。之後在背風坡面，再次減速。若迎風坡傾斜角度大於 17°，在迎風坡面與背風坡面，風場將會出現分離現象（flow separation），亦即回流（reverse flow）。

蕭、許（1999）應用風洞，進行實驗量測具有邊界層剖面之風通過堤狀地形物之各處平均風速剖面，證實在堤頂處附近風速有增加現象。結果參閱圖 2-10。

由於圖 2-10 所示為水平向平均風速剖面之變化，若將垂直向平均風速一併考慮，亦即以平均速度向量表示風越過堤狀地形物之風場，其結果繪如圖 2-11。由該圖之速度向量分布顯示垂直向速度分量相較水平向為小，整體而言，增速現象依舊可見。

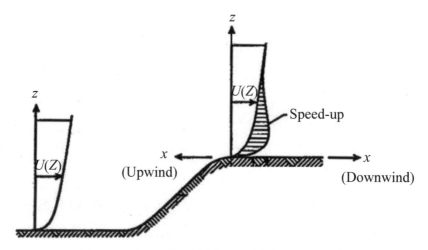

圖 2-9　氣流越過地形產生之增速現象示意圖

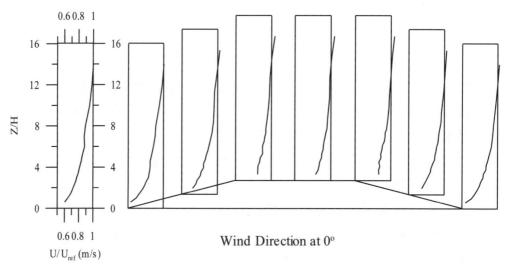

圖 2-10　風通過堤狀地形物之水平向平均風速剖面變化

　　關於氣流通過具有不同堤前傾斜角度之堤狀斜坡地形後，堤狀物地形之風場等變化影響，包括在堤頂上方之速度增加現象變化，可參閱 Shiau & Hsieh（2002）。

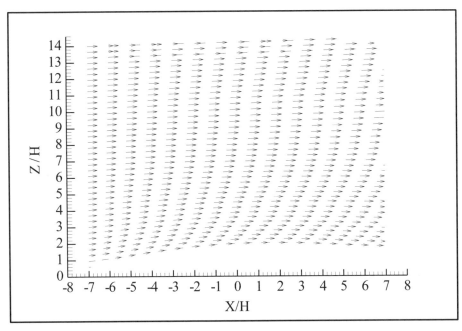

圖 2-11　風越過堤狀地形物之風場（速度向量分布）

　　美國 ASCE7-02（2002）提出風載重（wind load）計算時，所採用之地形因子（topographic factor）K_{zt}，其中也列入地形影響增速效應因子，如下式：

$$K_{zt} = \left(1 + K_1 K_2 K_3\right)^2$$

式中 K_1 依據地形特徵外貌變動之最大增速效應；

　　K_2 係自地形頂部下降之加速效應；

　　K_3 係隨高度下降之加速效應；

　　因此該地形因子 K_{zt} 也考慮了地形粗糙度效應。

2-4 回歸期與再現風速

　　由於風具有紊流現象，具有不確定性（需以機率統計方式處理），因此

風工程風載重問題設計採用之設計風速，經常需要估計考慮回歸期（return period, or mean recurrence interval）與再現風速 U_R，例如 20 年、50 年或 100 年回歸期，以及該等回歸期之再現風速 U_R。

一、回歸期 R

參閱圖 2-12，再現風速 U_R 之回歸期 R 係以最大風速之多年期紀錄值超越風速 U_R 再現之平均時距，可依下式計算：

$$R = \lim_{N \to \infty} \frac{1}{N} \sum_{i=1}^{N} t_i \qquad (2\text{-}19)$$

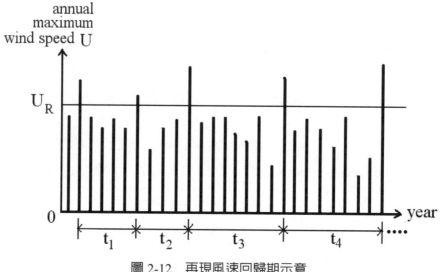

圖 2-12　再現風速回歸期示意

二、回歸期 R 年與該回歸期之風速 U_R 之累積分布函數 $P(U_R)$

若每年超過風速 U_R 之機率（annual probability of exceedence of wind speed U_R）為 $Q(U_R) = 1/R$（此處 R 為回歸期），則風速 U_R 之累積機率分布函數（Cumulative Distribution Function, CDF）$P(U_R)$ 為：

$$P(U_R) = 1 - \frac{1}{R} \qquad (2\text{-}20)$$

在 T_L 年內風速 U_R 之累積機率為：

$$P(U_R : T_L) = \left(1 - \frac{1}{R}\right)^{T_L}$$　　　　（2-21）

所以在 T_L 年內出現超過 R 年再現風速 U_R 之機率：

$$Q(U_R : T_L) = 1 - P(U_R : T_L) = 1 - \left(1 - \frac{1}{R}\right)^{T_L}$$　　　　（2-22）

例題　某建築物設計使用年限為 50 年，試問在使用年限內回歸期 R 超過 50 年、100 年、500 年與 1000 年之再現風速 U_R 之機率分別為何？

解答：在 T_L 年內出現超過 R 年再現風速 U_R 之機率

$$Q(U_R : T_L) = 1 - P(U_R : T_L) = 1 - \left(1 - \frac{1}{R}\right)^{T_L}$$

將 $T_L = 50$，以及 $R = 50$ 年、100 年、500 年、1000 年分別帶入上式，結果如下表：

R (year)	50	100	500	1000
Q (U_R: 50)(%)	63.583	39.499	9.525	4.879

三、回歸期 R 之再現風速 U_R

風速累積分布函數若採用 Fisher-Tippett 類型 I（二重指數分配）

$$P(U_R) = \exp\{-\exp[-a(U_R - b)]\}$$　　　　（2-23）

式中 a 為尺度因子，b 為地點參數。依據 Gumbel 建議，a 與 b 可以下式估算：

$$a = \frac{1}{0.780\sigma}$$　　　　（2-24）

$$b = \mu - 0.450\sigma$$　　　　（2-25）

上式中 μ 為平均值，σ 為標準偏差值。

將 $P(U_R) = 1 - \dfrac{1}{R}$ 代入 Fisher-Tippett 類型 I（二重指數分配）風速累積分布（2-23）式，亦即：

$$P(U_R) = 1 - \frac{1}{R} = \exp\{-\exp[-a(U_R - b)]\} \tag{2-26}$$

求解上式，可獲得回歸期 R 年之再現風速 U_R：

$$U_R = -\frac{1}{a}\ln\left[-\ln\left(1 - \frac{1}{R}\right)\right] + b \tag{2-27}$$

例題　若某地風速長期統計結果，其平均風速爲 5m/s，風速標準偏差值爲 1m/s，若風速累積分布函數採用 Fisher-Tippett 類型 I（二重指數分配）函數，函數中之係數 a 爲尺度因子，b 爲地點參數，選用 Gumbel 之建議公式。試問回歸期 20 年、50 年與 100 年之再現風速分別爲何？

解答：$\because \mu = 5m/s$

$\sigma = 1m/s$

$a = \dfrac{1}{0.780\sigma} = \dfrac{1}{0.780 \times 1m/s} = 1.282\dfrac{1}{m/s}$

$b = \mu - 0.450\sigma = 5m/s - 0.450 \times 1m/s = 4.55m/s$

回歸期爲 R 年之再現風速 U_R 爲：$U_R = -\dfrac{1}{a}\ln\left[-\ln\left(1 - \dfrac{1}{R}\right)\right] + b$

(1) 回歸期 20 年，$R = 20$

$$U_{20} = -\frac{1}{1.282\dfrac{1}{m/s}}\ln\left[-\ln\left(1 - \frac{1}{20}\right)\right] + 4.55m/s = 6.87m/s$$

(2) 回歸期 50 年，$R = 50$

$$U_{50} = -\frac{1}{1.282\dfrac{1}{m/s}}\ln\left[-\ln\left(1 - \frac{1}{50}\right)\right] + 4.55m/s = 7.59m/s$$

(3) 回歸期 100 年，$R = 100$

$$U_{100} = -\frac{1}{1.282\dfrac{1}{m/s}}\ln\left[-\ln\left(1-\frac{1}{100}\right)\right] + 4.55m/s = 8.14m/s$$

2-5 紊流強度剖面

主流向紊流強度（longitudinal turbulence intensity），TI_u 定義為在某一高度 z 量測之主流向風速擾動速度 $u(z)$ 之均方根值 $\sqrt{\overline{u(z)'^2}}$ 與同一位置量測之主流向平均風速 $U(z)$ 之比值，亦即：

$$TI_u(z) = \frac{\sqrt{\overline{u(z)'^2}}}{U(z)} \tag{2-28}$$

相同地，側向紊流強度（lateral turbulence intensity），TI_v 與垂直向紊流強度（vertical turbulence intensity），TI_w 分別定義為：

$$TI_v(z) = \frac{\sqrt{\overline{v(z)'^2}}}{U(z)} \tag{2-29}$$

$$TI_w(z) = \frac{\sqrt{\overline{w(z)'^2}}}{U(z)} \tag{2-30}$$

式中 $v(z)$ 與 $w(z)$ 分別為在某一高度 z 量測之側向及垂直向風速擾動值。

紊流強度係代表風場流速擾動大小的強弱（即紊流動能大小）之一種指標。其與地表粗糙度 z_0，以及距地面高度及大氣穩定度有關；一般而言，隨大氣不穩定及 z_0 值之增加而變大。

關於主流向紊流速度擾動（longitudinal turbulence fluctuation）均方值 $\overline{u^2}$，與摩擦速度，u_* 之關係，可以下式表示：

$$\overline{u^2} = \beta u_*^2 \tag{2-31}$$

其中 β 係數與地表面粗糙長度 z_0 之關係，依據 Bietry 等人（1978）研究，如表 2-2。

表 2-2　β 係數與地表面粗糙長度 z_0 之關係（Bietry et. al., 1978）

z_0(m)	0.005	0.07	0.30	1.00	2.50
β	6.5	6.0	5.25	4.85	4.00

例題　某一地區地表面粗糙長度為 0.30 m，而在高度 20 m 處測得之主流向平均風速為 15 m/s。試依據 Bietry 等人研究，估算該高度之主流向紊流強度。

解答：利用平均風速對數剖面，計算出摩擦速度

$$\frac{U(z)}{u_*} = \frac{1}{\kappa}\ln(\frac{z}{z_0})\ ,$$

$$\therefore \frac{15m/s}{u_*} = \frac{1}{0.4}\ln(\frac{20m}{0.30m})$$

故摩擦速度 $u_* = 1.43m/s$

又 $\because \overline{u^2} = \beta u_*^2$

而查表 2-2，$\beta = 5.25$

$$\therefore \overline{u^2} = \beta u_*^2 = 5.25 \times (1.43m/s)^2 = 10.74(m/s)^2$$

主流向紊流強度 $TI_u(z) = \frac{\sqrt{\overline{u(z)'^2}}}{U(z)} = \frac{\sqrt{10.74(m/s)^2}}{15m/s} = 0.22$　#

根據 Counihan（1975）研究結果指出：

1.縱軸向及垂直向的紊流強度，在 100 公尺的範圍內，皆隨高度增加而減弱；而側向的變化較不明顯。

2.在 20 公尺範圍內

$$\sqrt{\overline{u'^2}} : \sqrt{\overline{v'^2}} : \sqrt{\overline{w'^2}} = 1.0 : 0.73 : 0.46$$

3.在 2～30 公尺高度範圍內

鄉村地況：$0.1 \leq \dfrac{\sqrt{u'^2}}{U} \leq 0.2$

都市地況：$0.2 < \dfrac{\sqrt{u'^2}}{U} \leq 0.35$

圖 2-13 為 Shiau & Hsieh（2002）在環境風洞中模擬鄉村地況之中性大氣邊界層之紊流強度剖面之實驗結果。圖中 $\dfrac{\sqrt{u'^2}}{U}$ 為主流向之紊流強度，$\dfrac{\sqrt{w'^2}}{U}$ 為垂直紊流強度。實驗結果顯示在 2～30 公尺高度範圍內，主流向之紊流強度 $\dfrac{\sqrt{u'^2}}{U}$ 約為 0.16，與 Counihan（1975）結果鄉村地況範圍 0.1～

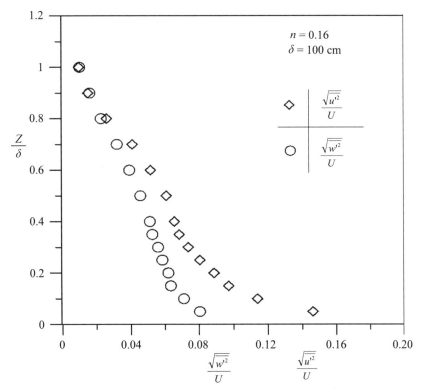

圖 2-13　風洞模擬鄉村型地況之中性大氣邊界層紊流強度剖面

0.2 符合；而垂直向之紊流強度 $\dfrac{\sqrt{w'^2}}{U}$ 約為 0.08。在接近地面處（在 20 公

尺範圍內），主流向之紊流強度 $\dfrac{\sqrt{u'^2}}{U}$ 與垂直紊流強度 $\dfrac{\sqrt{w'^2}}{U}$ 之比值約為 1：

0.5，與 Counihan（1975）結果 1：0.46 接近。

2-6 雷諾應力

　　雷諾應力（Reynolds stress）係為大氣邊界層紊流中之剪應力（shear stress）現象，該應力與地表粗糙度有相當密切的相關性。雷諾應力為任兩向風速分量擾動之相關性（correlation），$-\rho\overline{u_i u_j}$，此處 ρ 為空氣密度，u_i 與 u_j 為任意兩向風速分量擾動，$\overline{(...)}$ 為平均。若採用卡氏座標，分解為主流向風速分量擾動 u'、側向風速分量擾動 v' 與垂直向風速分量擾動 w'，因此雷諾應力分量共計有九個，若略去 $-\rho$，則分別為 $\overline{u'u'}$、$\overline{u'v'}$、$\overline{u'w'}$、$\overline{v'u'}$、$\overline{v'v'}$、$\overline{v'w'}$、$\overline{w'u'}$、$\overline{w'v'}$、$\overline{w'w'}$，此處「─」代表對時間平均（time average）。九個分量中的 $\overline{u'u'}$、$\overline{v'v'}$、$\overline{w'w'}$ 三個相較其他分量為小，另外六個兩兩相同（例如 $\overline{u'v'}$ 與 $\overline{v'u'}$，$\overline{u'w'}$ 與 $\overline{w'u'}$，$\overline{v'w'}$ 與 $\overline{w'v'}$），實際上經常以 $\overline{u'v'}$、$\overline{v'w'}$、$\overline{u'w'}$ 三個代表。不同地形地貌狀況下之大氣邊界層雷諾應力大小，根據 Counihan（1975）之研究：

1. 鄉村地況：$0.002 \leq \dfrac{\overline{u'w'}}{U_{ref}^2} \leq 0.0025$；$U_{ref}$ 為邊界層之自由流速。

2. 都市地況與鄉村地況雷諾應力之比值：（都市地況（$Z_0 = 2.5\text{m}$）之雷諾應力）／（鄉村地況（$Z_0 = 0.1\text{m}$）之雷諾應力）＝ 1.46～1.56

3. 市郊地況之雷諾應力 $\dfrac{\overline{u'w'}}{U_{ref}^2}$，平均約為 0.0025。

　　大氣邊界層內距地面 50～100 公尺高度之內，雷諾應力幾乎為定值（等剪力層），稱為等應力層（constant stress layer）。乃因此時之空氣動粗糙表面（aero-dynamic rough surface）之 Z_0 滿足下列關係：

$$\frac{z_0}{v_0/u_*} > 2.5 \qquad (2\text{-}32)$$

亦即地面 z_0 之效應大過氣流 v_0/u_* 之效應。其中 v_0 表示空氣之運動黏滯係數（kinematic viscosity），u_* 表地表摩擦速度（friction velocity）。

　　等應力層內之平均風速剖面可以對數剖面公式表示，如下推導：
假定剪應力 τ_w，選擇摩擦速度 u_* 與地面粗糙高度 z_0 為特性速度與長度（characteristic velocity and length）。由剪應力定義得下式：

$$\frac{\tau_w}{\rho} \sim \frac{dU(z)}{dz} \qquad (2\text{-}33)$$

而摩擦速度 u_* 可由剪應力求得如下：

$$u_* = \sqrt{\frac{\tau_w}{\rho}} \qquad (2\text{-}34)$$

將（2-33）式加入係數，寫成等式：

$$\frac{\tau_w}{\rho} = v_T \frac{dU(z)}{dz} \qquad (2\text{-}35)$$

式中 v_T 係數為紊流渦流黏滯係數（eddy viscosity）。該係數非為流體常數（not a constant property of the fluid），而係與流有關之變數（variable property of the flow）。採用 Prandtl 之建議，將流之相關變數摩擦速度 u_*、高度位置 z 分別與 v_T 關聯如下：

$$v_T = \kappa u_* z \qquad (2\text{-}36)$$

式中 κ 為 Von Karman 常數，一般 $\kappa = 0.4$。
將（2-35）與（2-36）合併代入（2-33），得：

$$\frac{dU(z)}{u_*} = \frac{1}{\kappa} \frac{dz}{z} \qquad (2\text{-}37)$$

積分上式，獲得邊界層近地面之之平均風速公式（對數分布形式）：

$$\frac{U(z)}{u_*} = \frac{1}{\kappa}\ln(\frac{z}{z_0})$$ （2-38）

圖 2-14 為蕭等人（1998）在風洞進行模擬鄉村地況之中性大氣邊界層的雷諾應力剖面實驗結果。

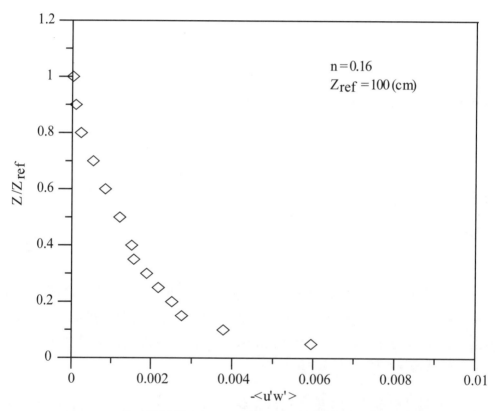

圖 2-14　風洞模擬鄉村地況之中性大氣邊界層的雷諾應力剖面

例題　大氣邊界層內靠近地面為等應力層，今在離地面 10m 高度與 1m 高度處測得平均風速分別為 $U(z = 10m) = 9m/s$，$U(z = 1m) = 6m/s$。試利用等應力層平均風速剖面公式，分別計算摩擦速度 u_* 與地面粗糙高

度 z_0 以及地面摩擦係數 $C_f = \dfrac{\tau_w}{\dfrac{1}{2}\rho[U(z=10m)]^2}$。

解答：等應力層平均風速剖面公式 $\dfrac{U(z)}{u_*} = \dfrac{1}{\kappa}\ln(\dfrac{z}{z_0})$

亦即 $U(z) = \dfrac{u_*}{\kappa}\ln(\dfrac{z}{z_0})$

所以 $\therefore U(10) - U(1) = \dfrac{u_*}{\kappa}\ln\left(\dfrac{10m}{z_0}\right) - \dfrac{u_*}{\kappa}\ln\left(\dfrac{1m}{z_0}\right) = \dfrac{u_*}{0.4}\left[\ln\left(\dfrac{10}{z_0}\right) - \ln\left(\dfrac{1}{z_0}\right)\right]$

$\therefore 9m/s - 6m/s = \dfrac{u_*}{0.4}\ln 10$

得 $u_* = (3m/s)\dfrac{0.4}{\ln 10} = 0.521m/s$

又 $\because U(z=10m) = \dfrac{u_*}{\kappa}\ln\left(\dfrac{10}{z_0}\right)$

$9m/s = \dfrac{0.521m/s}{0.4} \times \ln\left(\dfrac{10}{z_0}\right)$

故 $z_0 = 9.97 \times 10^{-3}m$

摩擦係數 $C_f = \dfrac{\tau_w}{\frac{1}{2}\rho[U(z=10m)]^2} = \dfrac{2\rho u_*^2}{\rho[U(10)]^2} = \dfrac{2 \times (0.521m/s)^2}{(9m/s)^2} = 0.0067$

2-7 紊流積分尺度

　　風之紊流特性，基本上可視為由許多大大小小不同之渦流（eddy）所組成。利用積分方式，求得紊流積分尺度（integral scales），亦即該積分值為大小不同尺寸之紊流渦流之平均值，該平均值代表渦流平均尺寸特性（參閱圖 2-15 示意圖）。

　　積分尺度包括時間尺度及長度尺度，其中積分長度尺度（integral length scale）可當做渦流之平均大小尺寸，而積分時間尺度（integral time scale）則為平均尺寸渦流旋轉一圈所需時間。因此，紊流積分長度尺度

（L）可當作爲紊流風場中渦流之平均尺度大小之一種量度參數，可由下式決定之：

$$L = U \times T_x \qquad (2\text{-}39)$$

式中 U 爲紊流之平均風速；T_X 爲尤拉積分時間尺度（Eulerain time integral scale），可由紊流之速度擾動頻譜（turbulent velocity spectrum）做相關係數分析，亦或由紊流速度（亦即速度擾動）直接做自相關係數計算，求出 $R(\tau)$ 後，再以自相關係數 $R(\tau)$ 對時間積分而得，可由下式得之：

$$T_x = \int_0^\infty R(\tau)d\tau \qquad (2\text{-}40)$$

$$R(\tau) = \frac{\overline{u(t)u(t+\tau)}}{\sqrt{\overline{u^2}}\sqrt{\overline{u^2}}} \qquad (2\text{-}41)$$

上式中，$R(\tau)$ 爲尤拉時間自相關係數（Eulerian time autocorrelation coefficient），$\overline{u(t)u(t+\tau)}$ 爲兩不同時間之風速擾動值自相關之時間平均值，τ 爲時間延遲。

紊流積分長度尺度基本上可視爲量度組成紊流之渦流平均尺寸。若採用卡式座標（主流向 x、側向 y、垂直向 z），以及考慮三方向之紊流速度（主流向 u、側向 v、垂直向 w），則紊流尺度將包含九個分量，例如 L_x^u、L_y^u、L_z^u、L_x^v、L_y^v、L_z^v、L_x^w、L_y^w、L_z^w。

關於中性大氣邊界層內不同高度 z 之紊流尺度，Counihan（1975）建議在 z = 10～240 m 情況下，主流向（x）之主流速度（u）紊流尺度 L_x^u 與高度 z 關係經驗式爲：

$$L_x^u = c(z_0)z^{m(z_0)} \qquad (2\text{-}42)$$

式中係數 c 與 m 爲 z_0 之函數，分別可由圖 2-16 獲得。例如在粗糙長度 z_0 = 0.2m，查表 2-16，求得 $c = 40$，$m = 0.3$。

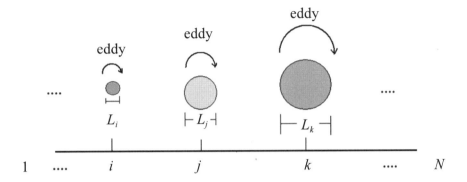

Integral length scale (averagr length L):

$$L = (\cdots + L_i + L_j + L_k + \cdots)/N$$

N: Total numbers of eddies

圖 2-15　積分長度尺度示意圖

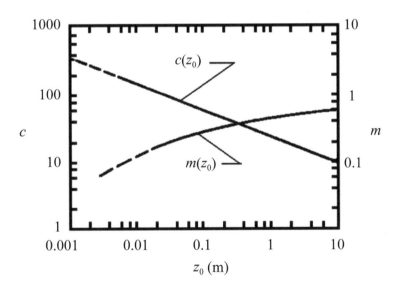

圖 2-16　係數 c、m 與 z_0 之關係（Counihan, 1975）

　　1998 年 10 月 25 日至 27 日巴比斯（Babs）颱風襲台，在基隆海洋大學濱海校區海岸風速測站（示如圖 2-17，測站距離地面約 26 公尺，測站

附近地況為中低密度開發）之風速資料，經分析計算後，獲得颱風期間強風之紊流積分時間尺度與積分長度尺度，結果列於表 2-3（Shiau & Chen，2001）。

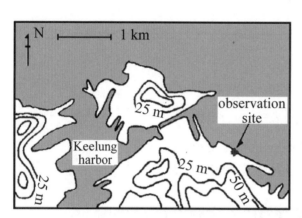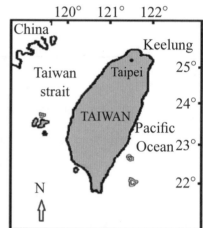

圖 2-17　國立臺灣海洋大學濱海校區風速測站位置示意圖

表 2-3　巴比斯颱風期間強風之紊流積分時間尺度與積分長度尺度

Run	Date	Recording time	Mean wind direction
1	981025	00：10-00：20	WNW
2	981025	01：40-01：50	WNW
3	981026	00：20-00：30	WNW
4	981026	00：30-00：40	WNW
5	981026	00：40-00：50	WNW
6	981026	01：00-01：10	WNW
7	981026	01：10-01：20	WNW
8	981026	01：20-01：30	WNW
9	981026	01：30-01：40	WNW
10	981027	02：20-02：30	WNW
11	981027	02：40-02：50	WNW

Run	Date	Recording time	Mean wind direction
12	981027	07：10-07：20	WNW
13	981027	13：30-13：40	WNW
14	981027	13：40-13：50	WNW

Run	Integral time scale (sec)			$\overline{U}$ mean wind speed	Integral length scale (m)		
No.	T_u	T_v	T_w	m/s	L_x^u	L_x^v	L_x^w
1	2.3	0.7	1.9	9.3	21.1	6.6	17.4
2	5.6	0.9	1.2	9.1	50.7	8.1	11.1
3	3.8	1.3	1.0	9.6	36.1	12.7	9.8
4	2.2	10.7	0.8	10.0	22.1	107.0	7.5
5	4.4	1.1	0.7	10.6	47.0	11.4	7.7
6	2.1	0.9	0.8	13.0	26.9	12.1	9.8
7	3.7	0.5	0.3	11.0	40.2	5.1	3.3
8	2.3	0.9	1.0	11.0	25.4	10.4	10.5
9	17.8	1.0	0.7	10.0	177.2	10.3	7.0
10	8.9	0.4	0.3	10.5	93.2	3.6	2.7
11	11.0	0.4	0.8	8.9	97.9	3.9	6.7
12	51.8	0.5	2.5	8.7	451.3	4.7	22.0
13	5.9	0.8	2.7	11.3	67.0	9.5	30.3
14	12.9	3.6	4.2	9.9	128.4	35.3	41.3
Average	---	---	---	---	91.8	17.2	13.4

2-8 陣風因子

陣風因子（gust factor）表示風場紊流程度或陣風強弱程度，在風工程領域中經常被用來做為建築或結構物抗風之風載重（wind load）分析之用。

陣風因子計算一般採下式定義：

$$G_u(t,T) = \frac{u(t,T)_{max}}{U(T)} \qquad (2\text{-}42)$$

上式中 $u(t,T)_{max}$ 為在風速記錄時距 T 內陣風延時 t 之平均風速最大值，$U(T)$ 為風速記錄時距 T 之平均風速。例如 $G_u(3,600) = 2.5$ 代表最大 3 秒陣風風速為 600 秒平均風速之 2.5 倍。

　　陣風因子大小易受陣風延時 t 以及平均風速的影響。蕭等人（2019）分析國立臺灣海洋大學河海工程系一館頂樓之風速測站紀錄（2019 年 8 月 24 日 09：00～18：00）強風白鹿颱風來襲時之風速與風向資料，探討陣風特性示如圖 2-18。該圖結果顯示陣風因子變動範圍皆在 1～2.5 之間。陣風因子會隨著陣風延時增大（t = 3s 增大為 15s 與 50s）而變小。另外陣風因子亦隨著平均風速增加而降低之趨勢，而 Cao et al.（2015）研究顯示風速低於 20m/s，陣風因子隨風速增加而降低。此與 Cao et al.（2015）結果趨勢一致。

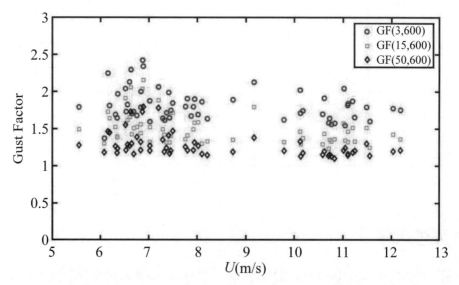

圖 2-18　白鹿颱風之不同延時下陣風因子與平均風速圖；橫軸為平均風速，而縱軸為陣風因子

2-9 風譜

　　自然界之風具有紊流現象，而紊流運動基本上是可視為由許許多多各種不同尺度之渦流（eddies）所組成，而各種尺度可依其頻率高低來代表（參閱圖 2-19）。故理論上可以把紊流能量依不同頻率下能量之分配情形，應用能譜（power spectrum）來加以描述。通常，可將紊流能譜依頻率分為三個部分：

　　1.低頻部分之含能渦流區（energy containing eddies）。
　　2.中頻部分之慣性次階區（inertial subrange）。
　　3.高頻部分之黏滯消能區（viscous dissipation）。

　　紊流之能量傳輸，基本上是由低頻部分之大尺度渦流抽取平均流之動能，再經由慣性次階向高頻部分之消能區傳遞，以提供邊界處黏滯摩擦效應所需損耗之能量。其中低頻部分含最大尺度之渦流，為支撐紊流動亂之主體部分，亦即係能量提供者，此乃頻譜分析研究重點所在。圖 2-20 為紊流能譜分布示意圖。

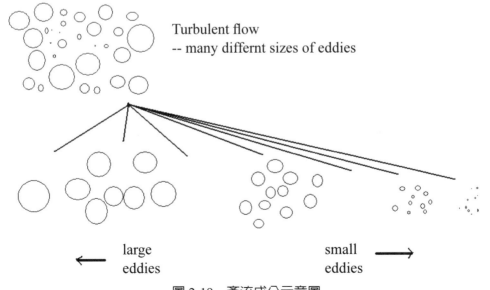

圖 2-19　紊流成分示意圖

　　關於紊流能譜分布，依據 Kolomogrove 理論與假設，可推導出下式：

$$S(n) \sim \varepsilon \times n^{-\frac{5}{3}}$$　　　　　　　　　　（2-43）

式中 $S(n)$ 為能譜密度（power spectrum density）；ε 為紊流能量消耗率
（energy dissipation）；n 為紊流渦流頻率（frequency）。此式也稱為
Kolomogrove 能譜定律（Kolomogrove spectrum law），或稱 -5/3 定律（-5/3
law）。參見問題與分析第 7 題。

　　能譜分布可應用快速傅立葉轉換（Fast Fourier Transform, FFT），將
時域（time domain）之風速時間序列轉換至頻域（frequency domain）而
獲得。風工程應用上，可利用量測之紊流風速擾動時間序列，使用快速傅立
葉轉換運算，求得頻域之能譜密度，進一步算出風譜分布。

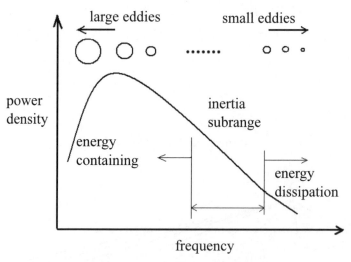

圖 2-20　紊流能譜分布示意圖

　　關於風速之紊流頻譜分布變化情形，圖 2-21 為一例子。該圖為利用環
境風洞模擬鄉村地況之中性大氣邊界層在不同高度下之風譜分布變化（蕭 &
許，1999），其中能譜密度曲線斜率為 -5/3 處即是所謂慣性次階區。

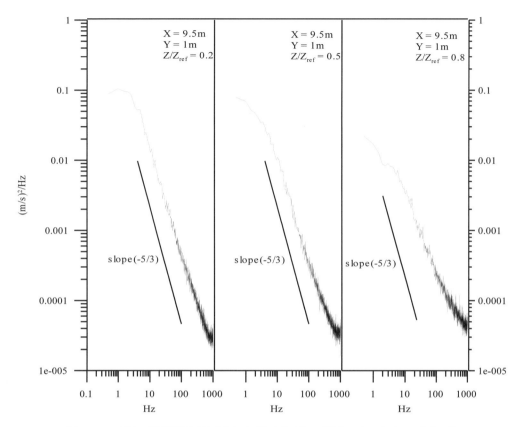

圖 2-21　風洞模擬鄉村地形之中性大氣邊界層在不同高度下之風譜

　　圖 2-22 為環境風洞模擬鄉村地況之中性大氣邊界層高度 $z/z_{ref} = 0.2$ 處之風譜與 Von Karman 理論公式之比較（蕭 & 許，1999），風洞模擬結果與 Von Karman 理論公式吻合。其中 Von Karman 主流向紊流風速之風譜公式為：

$$S_u(n) = \frac{2\overline{u'^2}L^u_x}{\overline{U}\left[1 + (2cnL^u_x/\overline{U})^2\right]^{5/6}}　　　　（2-44）$$

式中 $S_u(n)$ 為能譜密度；n 為頻率；$\overline{U}$ 為平均風速；L^u_x 為主流向積分長度尺度；$\overline{u'^2}$ 為主流向擾動風速之變異量（variance of the longitudinal velocity fluctuation）；係數 $c = 4.2065$。

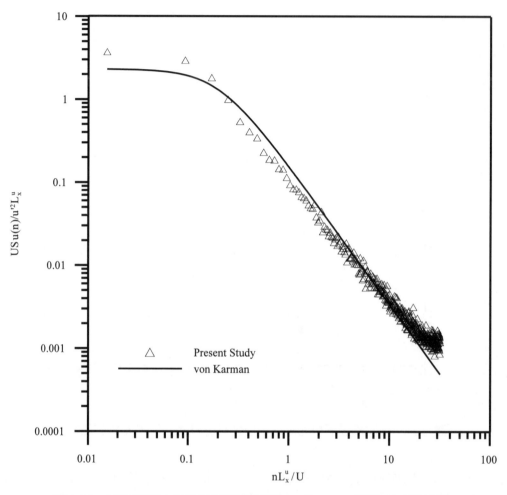

圖 2-22　風洞模擬大氣邊界層之風譜與 Von Karman 理論公式之比較

列舉相關常被使用之主流向（順風向）無因次化風譜公式，例如：

1. Von Karman（1948）風譜公式：

$$R_N(z,n) = \frac{4f_L}{(1+70.8f_L^2)^{5/6}} \tag{2-45}$$

2. Eurocode（1991）風譜公式：

$$R_N(z,n) = \frac{6.8f_L}{(1+10.2f_L)^{5/3}} \tag{2-46}$$

上式中 $R_N(z, n)$ 為無因次化能譜密度函數（non-dimensional power spectral density function），f_L 為無因次頻率（non-dimensional frequency）。分別表示如下：

$$R_N(z,n) = \frac{nS_u(z,n)}{\sigma_u^2(z)} \qquad (2\text{-}47)$$

$$f_L = \frac{nL(z)}{U(z)} \qquad (2\text{-}48)$$

式中 n 為頻率（單位：Hz）；$L(z)$ 為主流向積分長度尺度（單位：m）；$U(z)$ 為平均風速（單位：m/s）；$S_u(z, n)$ 為順風向紊流速度分量能譜密度（單位：$(m/s)^2/Hz$）；$\sigma_u(z)$ 為順風向紊流速度分量之擾動均方根值（單位：$(m/s)^2$）。

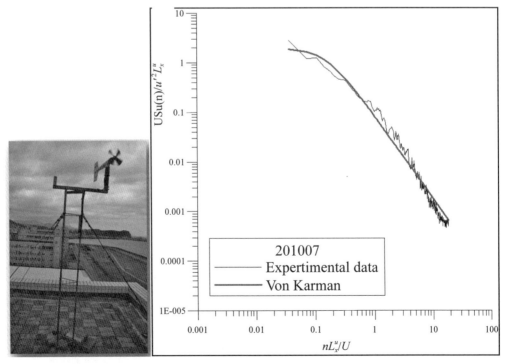

圖 2-23　實場量測（海洋大學河工二館頂樓）之大氣邊界層無因次風譜與 Von Karman 理論公式之比較；2010 年 7 月。

3. Davenport（1967）風譜公式：

$$\frac{nS_u(z,n)}{\sigma_u^2(z)} = \frac{2f_L^2}{3(1+f_L^2)^{4/3}}$$ （2-49）

式中無因次頻率f_L採用之$L \fallingdotseq 1200m$。

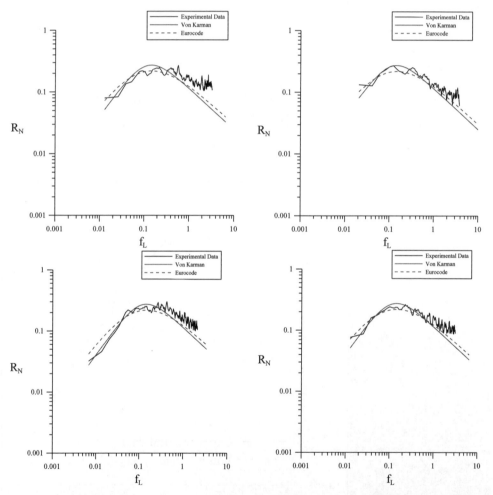

圖 2-24　臺北市南港區中央研究院物理所大樓頂樓 2011 年春、夏、秋、冬四季（左上圖、右上圖、左下圖、右下圖）大氣邊界層無因次風譜與 Von Karman 風譜理論公式及 Eurocode 1 風譜公式之比較。風速計高度約 18 公尺。

4. Harris（1970）風譜公式：

$$\frac{nS_u(z,n)}{\sigma_u^{\,2}(z)} = \frac{2f_L}{3(2+f_L^2)^{5/6}} \tag{2-50}$$

式中無因次頻率 f_L 採用之 L ≒ 1800m。

5. Kaimal & Finigan（1994）風譜公式：

使用於中性穩定（neutral stability）大氣狀況與平坦均勻地形（flat uniform terrain）件下。

$$\frac{fS_{uu}(f)}{u_*^2} = \frac{102n}{(1+33n)^{5/3}} \tag{2-51}$$

$$\frac{fS_{vv}(f)}{u_*^2} = \frac{17n}{(1+9.5n)^{5/3}} \tag{2-52}$$

$$\frac{fS_{ww}(f)}{u_*^2} = \frac{2.1n}{(1+5.3n)^{5/3}} \tag{2-53}$$

式中 f 為頻率（單位：Hz）；S_{uu}、S_{vv}、S_{ww} 分別為主流軸向（longitudinal）、側向（lateral）與垂直向（vertical）風速譜（velocity spectra）（單位：$m^2s^{-2}Hz^{-1}$）；u_* 為摩擦速度（單位：m^2s^{-2}），$n = f(z-d_0)U$；在高度 z（單位：m）之平均速度為 U（單位：ms^{-1}）；d_0 為替代高度（displacement height）（單位：m）。

今以 1998 年 10 月 25 日至 27 日巴比斯颱風襲台，在基隆國立臺灣海洋大學濱海校區海岸風速測站之風速資料，經分析計算後，獲得颱風期間強風主風向之風譜，示如圖 2-25（Shiau & Chen，2001）。量測颱風之風譜並與相關風譜公式比較，發現與歐洲規範公式較接近，而與 Harris 風譜公式相差較大。也就是在基隆海岸地區做結構抗風設計時，風工程師可採用歐洲規範公式，其誤差較小。

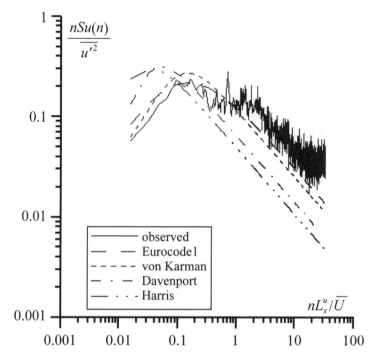

圖 2-25 巴比斯颱風之強風主風向風譜與其他風譜公式之比較

Shiau & Chen（2001）指出：假若紊流風場具有等向性（isotropic tur-
bulence），則其他方向紊流風速之風譜，例如側風向風譜（power spectrum
of lateral turbulent velocity），$S_v(n)$ 或垂直向風譜（power spectrum verti-
cal turbulent velocity），$S_w(n)$ 可利用等向性紊流理論（the theory of iso-
tropic turbulence）推導求得如下式：

$$S_v(n) = S_w(n) = \frac{1}{2}[S_u(n) - n\frac{dS_u(n)}{dn}] \qquad （2-54）$$

由於等向性紊流，因此 $\overline{v^2} = \overline{w'^2} = \overline{u'^2}$，$L_y^v = L_z^w = L_x^u$ 將該等關係帶入（2-44）
式以及（2-54）式，經整理獲得側風向風譜，$S_v(n)$ 或垂直向風譜，$S_w(n)$ 如
下：

$$S_v(n) = \frac{\overline{v'^2} L_y^v \left[1 + (8/3)\left(cnL_y^v / \overline{U}\right)^2 \right]}{\overline{U}\left[1 + \left(2cnL_y^v / \overline{U}\right)^2 \right]^{11/6}}$$ （2-55）

$$S_w(n) = \frac{\overline{w'^2} L_z^w \left[1 + (8/3)\left(cnL_z^w / \overline{U}\right)^2 \right]}{\overline{U}\left[1 + \left(2cnL_z^w / \overline{U}\right)^2 \right]^{11/6}}$$ （2-56）

式中 L_y^v 及 L_z^w 為側向與垂直向積分長度尺度；$\overline{v'^2}$ 與 $\overline{w'^2}$ 分別為側向及垂直向紊流速度變異量（variance of the lateral and vertical turbulent velocity fluctuations）。又等向性紊流，積分長度尺度有下述關係 $L_x^v = L_x^w = 0.5\, L_x^u$，利用此關係式 2-55 與 2-56 式可改寫，並將 L_x^v、L_x^w 換為 L_y^v、L_z^w。因此側風向風譜，$S_v(n)$ 或垂直向風譜，$S_w(n)$ 公式結果如下：

$$S_v(n) = \frac{4\overline{v'^2} L_x^v \left[1 + (32/3)\left(2cnL_x^v / \overline{U}\right)^2 \right]}{\overline{U}\left[1 + 4\left(2cnL_x^v / \overline{U}\right)^2 \right]^{11/6}}$$ （2-57）

$$S_w(n) = \frac{4\overline{w'^2} L_x^w \left[1 + (32/3)\left(2cnL_x^w / \overline{U}\right)^2 \right]}{\overline{U}\left[1 + 4\left(2cnL_x^w / \overline{U}\right)^2 \right]^{11/6}}$$ （2-58）

Shiau & Chen（2001）利用巴比斯颱風實測風速資料，進行側風向風譜，$S_v(n)$ 與垂直向風譜，$S_w(n)$ 之計算。由於該測站風場條件接近等向性紊流，因此實測風速資料分析計算結果與 2-57 及 2-58 式理論推導公式結果比較（參見圖 2-26 與圖 2-27），二者接近。

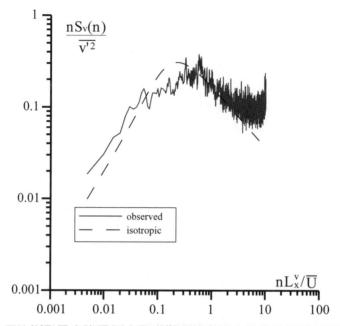

圖 2-26　巴比斯颱風之強風側向風譜觀測值與等向性紊流理論風譜公式之比較

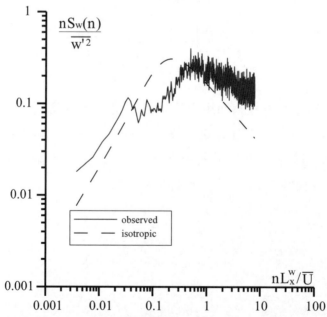

圖 2-27　巴比斯颱風之強風垂直向風譜觀測值與等向性紊流理論風譜公式之比較

　　對於在基隆國立臺灣海洋大學濱海校區海岸風速測站之經常性風速資料（1998 年 8 月至 1999 年 5 月），記錄時間與大氣狀態請參考表 2-4。Shiau & Chen（2002）經分析計算後，相關之風速紊流統計資料顯示，包括紊流統計特性與積分尺度分別列如表 2-5 以及表 2-6。而該等時間之長年風速之主流向、測向與垂直向之實測平均風譜分布，示如圖 2-28、圖 2-29、圖 2-3，其中 Von Karman 型式之風譜方程式，以及等向性風譜方程式，也列於該等圖中，與實測風譜比較，結果相當吻合。顯示基隆海岸地區常年平均風譜，可以 Von Karman 型式之風譜方程式，以及等向性風譜方程式近似模擬之。

表 2-4　基隆國立臺灣海洋大學測站風速記錄日期與時間及大氣穩定度狀態

Run	Date	Time	Stability status
1	1998/08/05	12：20-12：30	unstable
2	1998/08/05	12：40-12：50	neutral
3	1998/08/15	12：00-12：10	unstable
4	1998/08/15	12：10-12：20	unstable
5	1998/08/15	12：20-12：30	unstable
6	1998/08/15	12：30-12：40	unstable
7	1998/11/05	18：15-18：25	unstable
8	1998/11/05	18：30-18：40	unstable
9	1998/11/25	18：00-18：10	unstable
10	1998/11/25	18：15-18：25	unstable
11	1998/11/25	18：30-18：40	unstable
12	1999/03/15	08：00-08：10	unstable
13	1999/03/15	08：15-08：25	unstable
14	1999/03/15	08：25-08：35	unstable
15	1999/03/15	08：35-08：45	unstable
16	1999/03/15	08：50-09：00	unstable
17	1999/05/25	08：40-08：50	neutral

表 2-5 基隆國立臺灣海洋大學測站風速紀錄之平均與紊流統計特性

Run	Longitudinal, U			Lateral, V			Vertical, W			Mean Wind Direction
	Mean (m/s)	Iu (%)	Max (m/s)	Mean (m/s)	Iv (%)	Max (m/s)	Mean (m/s)	Iw (%)	Max (m/s)	
1	3.13	38	6.24	-0.02	27	-3.51	-.01	20	2.79	ESE
2	3.97	41	7.87	0.03	24	-4.96	0.29	19	3.70	ESE
3	3.96	18	5.83	-0.11	18	3.84	0.88	9	3.15	NNE
4	3.67	25	5.82	0.01	22	5.07	0.92	12	3.67	NNE
5	3.70	23	6.15	0.03	20	3.72	0.94	11	3.46	NNE
6	3.70	23	6.88	0.03	21	4.51	0.93	12	3.20	NNE
7	5.80	38	10.90	-0.30	25	6.400	1.20	14	4.80	NE
8	5.90	27	10.60	0.00	24	6.40	1.30	12	5.70	NE
9	6.80	32	12.30	0.00	18	4.80	0.30	14	5.30	ESE
10	9.30	22	16.80	0.10	17	6.20	0.40	12	8.10	ESE
11	7.50	36	15.50	-0.10	25	7.20	-0.10	18	7.60	ESE
12	7.06	23	12.33	0.07	23	8.26	0.66	10	4.97	NNE
13	7.41	18	12.73	0.01	21	9.38	0.69	9	6.40	NNE
14	6.79	23	14.38	-0.03	24	9.22	0.56	10	4.76	NNE
15	7.66	41	14.76	0.14	26	9.40	1.27	15	7.48	NNE
16	7.88	31	14.52	0.08	29	9.46	0.96	13	6.08	NNE
17	2.46	33	3.74	0.01	15	-2.22	0.20	11	1.94	E
Average		28.9						13		

表 2-6 基隆國立臺灣海洋大學測站風速之積分尺度

Run	Integral time scale			Umean (m/s)	Integral length scale		
	Tu (s)	Tv (s)	Tw (s)		L_x^u (m)	L_x^v (m)	L_x^w (m)
1	8.06	1.54	1.27	3.13	25.20	4.81	3.98
2	12.46	0.76	0.31	3.97	49.50	3.02	1.25
3	5.14	5.98	0.92	3.96	20.38	23.71	3.66

Run	Integral time scale			Umean (m/s)	Integral length scale		
	Tu (s)	Tv (s)	Tw (s)		L_x^u (m)	L_x^v (m)	L_x^w (m)
4	10.39	7.31	1.02	3.67	38.11	26.80	3.73
5	8.08	3.69	1.23	3.70	29.92	13.67	4.55
6	13.25	10.30	3.89	3.70	19.00	38.11	14.39
7	6.60	38.00	5.80	5.80	38.00	219.70	33.40
8	5.10	30.10	5.90	5.90	30.10	178.10	35.00
9	28.40	19.30	6.80	6.80	193.00	131.24	46.00
10	2.10	19.40	9.30	9.30	19.40	180.5	86.30
11	4.00	30.20	7.50	7.50	30.2	225.70	56.00
12	3.98	3.87	7.06	7.06	28.08	27.31	12.92
13	6.75	8.37	7.41	7.41	49.98	62.05	13.88
14	11.37	7.16	6.79	6.79	77.25	48.63	31.86
15	3.39	4.15	7.66	7.66	25.95	31.79	17.41
16	6.22	23.28	7.88	7.88	48.97	183.41	65.17
17	22.30	12.72	2.46	2.46	54.87	31.29	1.61

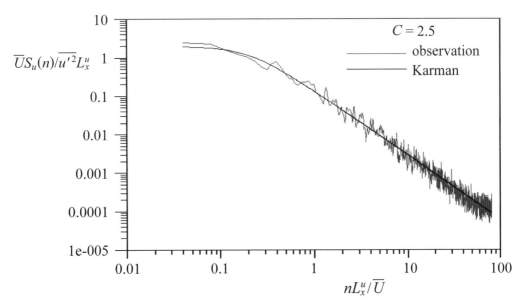

圖 2-28　基隆國立臺灣海洋大學測站常年之主流向平均風譜

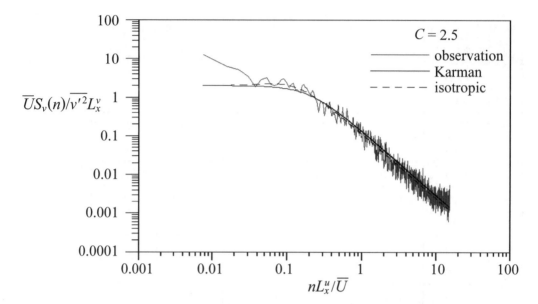

圖 2-29　基隆國立臺灣海洋大學測站常年之側向平均風譜

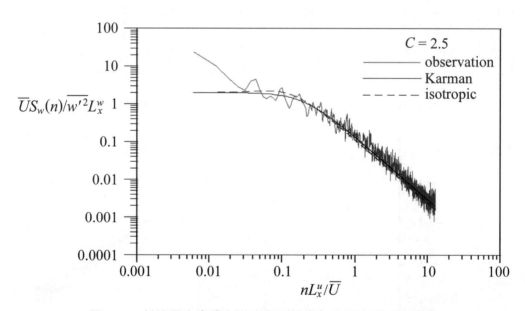

圖 2-30　基隆國立臺灣海洋大學測站常年之垂直向平均風譜

問題與分析

1. 現場量測大氣邊界層之平均風速，在距離地表面 1m 與 5m 處量測之平均風速分別為 2m/s 與 3m/s。假定大氣邊界層之平均風速剖面符合指數律型式（power law profile）。試問該指數律型式之平均風速剖面之指數冪次（power exponent）為何？又在距離地表面 10m 處之平均風速大小？

〔解答提示：指數律型式之平均風速剖面：$\dfrac{U(Z)}{U_\infty} = \left(\dfrac{Z}{\delta}\right)^n$

$$\because \frac{2m/s}{U_\infty} = \left(\frac{1m}{\delta}\right)^n \cdots\cdots(1)$$

$$\frac{3m/s}{U_\infty} = \left(\frac{5m}{\delta}\right)^n \cdots\cdots(2)$$

將 (1) 式除以 (2) 式，亦即 (1)/(2)，可得下式：

$$\frac{2}{3} = \left(\frac{1}{5}\right)^n \cdots\cdots\cdots (3)$$

故平均風速剖面之指數冪次 $n = 0.252$。

$$\because \frac{U}{U_\infty} = \left(\frac{10m}{\delta}\right)^n \cdots\cdots\cdots(4)$$

將 (4) 式除以 (2) 式，亦即 (4)/(2)，可得下式：

$$\frac{U}{3m/s} = \left(\frac{10m}{5m}\right)^n = \left(\frac{10m}{5m}\right)^{0.252}$$

故在距離地表面 10m 處之平均風速大小 $U = 3.57$ m/s。〕

2. 假定不同地面狀況下之高度 y 與平均風速 $u(y)$ 變化關係可採用高度冪次型式（power type）表示：$u(y) \sim y^n$，式中指數冪次（exponent）n 可以反映出地表面狀況。參閱下圖，例如 $n = 0.40$ 代表都會中心地區，$n = 0.28$ 代表都市地區，$n = 0.16$ 則代表空曠海岸地區。今若在空曠海岸地區距離地面高度 4 m 處測得平均風速 7 m/s，試問在距離地面高度 20 m 處之平均風速大小為何？

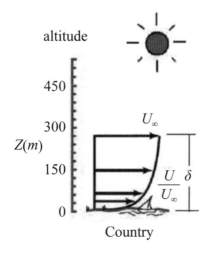

altitude

$\frac{U}{U_\infty} = \left(\frac{Z}{\delta}\right)^n$

U_∞：free stream velocity

δ：boundary layer thickness

〔解答提示：空曠海岸地區 $u(y) \sim y^{0.16}$

$$\therefore \frac{u(y_2)}{u(y_1)} = \frac{y_2^{0.16}}{y_1^{0.16}} = \left(\frac{y_2}{y_1}\right)^{0.16}$$

亦即 $\dfrac{u(20m)}{7\dfrac{m}{s}} = \left(\dfrac{20m}{4m}\right)^{0.16}$

故距離地面高度 20 m 處之平均風速 $u(20m) = 9.06 m/s$〕

3. 假定大氣邊界層之平均風速剖面符合對數律型式（logarithmic law profile），今在距離地表面 10m 與 1m 處測得平均風速分別為 9m/s 與 6m/s。試問該處之地表面粗糙長度 z_0 與摩擦速度 u_* 為何？

〔解答提示：$\because \dfrac{U(z)}{u_*} = \dfrac{1}{\kappa} \ln\left(\dfrac{z}{z_0}\right)$，$\kappa = 0.4$

$$\therefore U(10) - U(1) = \frac{u_*}{\kappa}\ln\left(\frac{10m}{z_0}\right) - \frac{u_*}{\kappa}\ln\left(\frac{1m}{z_0}\right) = \frac{u_*}{0.4}\left[\ln\left(\frac{10}{z_0}\right) - \ln\left(\frac{1}{z_0}\right)\right]$$

$$= \frac{u_*}{0.4}\left[\ln\left(\frac{\dfrac{10}{z_0}}{\dfrac{1}{z_0}}\right)\right] = \frac{u_*}{0.4}\ln 10$$

$$\therefore 9m/s - 6m/s = \frac{u_*}{0.4}\ln 10$$

故摩擦速度 $u_* = 3m/s \cdot \dfrac{0.4}{\ln 10} = 0.521 m/s$

$$\because U(10) = \frac{u_*}{\kappa}\ln\left(\frac{10}{z_0}\right)$$

$$\therefore 9m/s = \frac{0.521m/s}{0.4} \cdot \ln\left(\frac{10}{z_0}\right)$$

故地表面粗糙長度 $z_0 = 9.97 \times 10^{-3} m$〕

4. 假定大氣邊界層之平均風速剖面符合對數律型式（logarithmic law profile），今在某處距離地表面10m測得平均風速為10m/s。若該處之地表面粗糙長度 $z_0 = 0.5m$，試問該處距離地表面 100m 之平均風速為何？

〔解答提示：$\because$ 對數律型式平均風速剖面 $\dfrac{U(z)}{u_*} = \dfrac{1}{\kappa}\ln\left(\dfrac{z}{z_。}\right)$

$$\therefore \frac{10m/s}{u_*} = \frac{1}{\kappa}\ln\left(\frac{10m}{0.5m}\right) \Rightarrow \frac{u_*}{\kappa} = 3.338$$

故該處距離地表面 100m 之平均風速 $U(100)$

$$U(100) = \frac{u_*}{\kappa}\ln\left(\frac{100m}{0.5m}\right) = 3.338\ln\left(\frac{100}{0.5}\right) = 17.686 m/s〕$$

5. 假定某一城鎮都市規劃建築物規則排列，每一建築物占地 $1000m^2$，每一建築物高 5m，該建築物正面長度20m。若風朝向建築物正面吹過，試估算該城鎮之粗糙長度大小？

〔解答提示：$z_0 = 0.5h\dfrac{A_r}{A_t} = 0.5 \times 5m \times \dfrac{20m \times 5m}{1000m^2} = 0.25m$〕

6. 某建築物設計使用年限為 60 年，試問在使用年限內回歸期 R 超過 50 年、100 年、500 年與 1000 年之再現風速 U_R 之機率為何？

〔解答提示：

R (year)	50	100	500	1000
$Q(U_R\text{: }50)$ (%)	55.43	33.103	7.696	3.923

〕

7. 若某地風速長期統計結果，其平均風速爲 6m/s，風速標準偏差值爲 1.5m/s，若風速累積分布函數採用 Fisher-Tippett 類型 I（二重指數分配）函數，函數中之係數 a 爲尺度因子，b 爲地點參數，選用 Gumbel 之建議公式。試問回歸期 20 年、50 年與 100 年之再現風速分別爲何？

〔解答提示：$R = 20$，$U_R = 8.8\text{m/s}$；$R = 50$，$U_R = 9.89\text{m/s}$；$R = 100$，$U_R = 10.71\text{m/s}$〕

8. 某一地區地表面粗糙長度爲 0.07 m，而在高度 20 m 處測得之主流向平均風速爲 15 m/s。試依據 Bietry 等人研究結果，估算該高度之主流向紊流強度。

〔解答提示：主流向紊流強度 17.3%〕

9. 在等向性紊流之能量消耗率 e（energy dissipation in isotropic turbulence）僅與速度擾動之均方根值（root mean square of velocity fluctuation）$\sqrt{\overline{u^2}}$ 以及大渦流長度尺度（length scale of the large eddies）l 二者有關。試以因次分析（dimensional analysis）方法找出能量消耗率 ε 與速度擾動之均方根值 $\sqrt{\overline{u^2}}$ 以及大渦流長度尺度 l 間之關係式。

〔解答提示：假定關係式爲：$\varepsilon \sim \left(\sqrt{\overline{u^2}}\right)^a (l)^b$

式中 a 與 b 分別爲等待決定之係數

將各參數之因次寫出，並帶入上式

$$\left[\frac{\left(\dfrac{L}{T}\right)^2}{T}\right] \sim \frac{L^2}{T^3} = \left[\frac{L}{T}\right]^a [L]^b$$

$$[L]^2[T]^{-3} = [L]^{a+b}[T]^{-a}$$

$$\Rightarrow \begin{cases} 2 = a+b \\ -3 = -a \end{cases} \Rightarrow \begin{cases} a = 3 \\ b = -1 \end{cases}$$

$$\therefore \varepsilon \sim \left(\sqrt{\overline{u^2}}\right)^3 (l)^{-1} \text{]}$$

10. 紊流構成基本上可視爲由許多不同大小尺寸渦流疊合組構而成，而每一種尺寸渦流特性可使用周期性旋轉頻率（a periodic motion of circular frequency）$\omega = 2\pi n$ 亦或周期性波動之波數（wave number）$k = \dfrac{2\pi}{\lambda}$ 來呈現。此處 n 爲頻率（frequency）；λ 爲波長（wave length）。因此相對應的紊流總動能爲將每個渦流能量相加總合。若定義 $E(k)$ 爲紊流能譜（energy spectrum of the turbulent flow），依據 Kolmogorov's 2nd hypothesis，渦流運動之能譜分布在慣性次層（inertia subrange）區段，紊流能譜 E(k) 與流體黏滯性（viscosity）v 無關，僅與能量消耗率（rate of energy dissipation）ε 有關。試應用因次分析（dimensional analysis）方法推導在慣性次層區段之紊流能譜與波數之關係式：$E(k) \sim \varepsilon^{\frac{2}{3}} k^{\frac{-5}{3}}$。該公式又稱爲 Kolmogorov's $k^{\frac{-5}{3}}$ law。

〔解答提示：假定關係式爲：$E(k) \sim \varepsilon^a k^b$

式中 a 與 b 分別爲等待決定之係數

Energy per uint mass：En 之因次 $[L/T]^2$

Wave number: k 之因次 $[1/L]$

Energy dissiation rate：ε 之因次 $[En/T] = [L^2/T^3]$

將各參數之因次寫出，並帶入上式

$$\frac{\left(\dfrac{L}{T}\right)^2}{\dfrac{1}{L}} \sim \left(\dfrac{\left(\dfrac{L}{T}\right)^2}{T}\right)^a \left(\dfrac{1}{L}\right)^b$$

$$[L]^3[T]^{-2} \sim [L]^{2a}[T]^{-3a}[L]^{-b} = [L]^{2a-b}[T]^{-3a}$$

$$\therefore 3 = 2a - b$$

$$-2 = -3a$$

亦即 $a = \dfrac{2}{3}$

$b = \dfrac{-5}{3}$

故 $E(k) \sim \varepsilon^{\frac{2}{3}} k^{\frac{-5}{3}} \Big]$

參考文獻

[1] American Society of Civil Engineering, *Minimum Design Loads for Buildings and Other Structures*, ANSI/ ASCE 7-02, 2002.

[2] Bietry, J., Sacre, C., and Simu, E., Mean wind profiles and changes of terrain roughness, *Journal of Structural Division*, ASCE, Vol.104, pp.1585-1593, 1978.

[3] Businger, J.A., Aerodynamics of Vegetated Surfaces, Chapter 10, pp.139-165, *Heat and Mass Transfer in the Biosphere, Vol.I, Transfer Processes in the Plant Environment*, Scripton Book Co.,Washing D.C., 1974.

[4] Cao, S., Tamura, Y., Kikuchi, N., Saito, M., and Nakayama, I., A Case Study of Gust Factors of a Strong Typhoon, *Journal of Wind Engineering and Industrial Aerodynamics*, Vol.138, pp.52-60, 2015.

[5] Counihan, J., Adiabatic atmospheric boundary layers: a review and analysis of data from the period 1880-1972, *Atmospheric Environment Vol. 9*, pp.871-905, 1975.

[6] Harris, R.I., The structure of the wind, *Seminar on Modern Design of Wind-Sensitive Structures*, C.I.R.I.A. London, 29-55, 1970.

[7] Davenport, A.G., The relationship of wind structure to wind loading, *Proceedings of symposium on wind effects on building sand structures*, pp.53-102, 1965.

[8] Davenport, A.G., Gust loading factors, *Journal of the Structural Division*, (ASCE), 93, 11-34, 1967.

[9] Dyrbye, C., and Hansen, S.O., *Wind Loads on Structure*, John Wiely and Sons, p43, 1997.

[10] Eurocode 1, Basis of design and actions on structures--Part2-4: Actions on structures-wind actions, *European Prestand ENV 1991-1-2-4*, 1991.

[11] Harris R.I. and Deaves, D.M., The structure of strong winds, Wind Engineering in Eighties: *Proceedings of the CIRIA Conference*, 1980.

[12] Hogstrom, U, Non-dimensional wind and temperature profiles in the atmospheric surface layer: a re-evaluation, *Boundary Layer Meteorology*, Vol.42, pp55-78, 1988.

[13] Holtslag, A.A.M. and de Bruin, H.A.R., Applied modeling of the nighttime surface energy balance over land, *Journal of Applied Meteorology*, Vol.27, pp689-704, 1988.

[14] Kaimal, J.C., and Finnigan, J., *Atmospheric Boundary Layer Flows*, Oxford University Press, 1994.

[15] Petersen, E.L., Troen, I., and Frandsen, S., *Vindatlas for Denmark*, Forsogsanlaeg Riso, Denmark, 1980.

[16] Shiau, B.S. and Chen, Y.B., In-situ measurement of strong wind velocity spectra and wind characteristics at Keelung coastal area of Taiwan, *Atmospheric Research*, Vol.57, pp.171-185, 2001.

[17] Shiau, B.S. and Chen, Y.B., Observation on wind turbulence characteristics and velocity spectra near the ground at the coastal region, *Journal of Wind Engineering And Industrial Aerodynamics*, Vol.90, pp.1671-1681, 2002.

[18] Shiau, B.S. and Hsieh, C.T., Wind flow characteristics and Reynolds stress structure around the two-dimensional embankment of trapezoidal shape with different slope gradients, *Journal of Wind Engineering and Industrial Aerodynamics*, Vol.90, pp.1645-1656, 2002.

[19] Sill, B. L., Turbulent boundary layer profiles over uniform rough surface, *Journal of Wind Engineering And Industrial Aerodynamics*, Vol.31, pp.147-163, 1988.

[20] Touma, J.S., Dependence of the wind profile power law on stability for various locations, *Journal of the Air Pollution control Association*, Vol.27, No9, pp.863-866, 1977.

[21] Shiau, B.S., and Hsu, S.C., Measurement of the Reynolds stress structure and turbulence characteristics of the wind above a two-dimensional trapezoidal shape of hill, *Journal of Wind Engineering and Industrial Aerodynamics*, Vol.91, Issue 10, pp.1237-1251, 2003.

[22] Von Karman, T., Progress in the statistical theory of turbulence, *Proc. of Nat. Acad.*

of Sci. 34, 530-539, 1948.

[23] Wood, D.H., Internal boundary layer growth following a step change in surface roughness, *Boundary Layer Meteorology*, Vol.22, pp.241-244, 1982.

[24] 蕭葆羲、許世昌、謝淳泰、莊威男，〈環境風洞基本特性測試及中性大氣紊流〉邊界層之模擬，國立臺灣海洋大學河海工程學系環境風洞實驗室技術報告，共 114 頁，87 年 12 月（1998）。

[25] 蕭葆羲、黃小苊、許泰文，〈近地面強風之風譜及陣風特性分析〉，第 41 屆海洋工程研討會，台南，台灣，2019。

布拉格（Prague），捷克   (*by Bao-Shi Shiau*)

查理大橋（Charles bridge）是捷克首都布拉格市內，跨越伏爾塔瓦河（Vltava river）的著名的歷史橋樑。橋上設有 30 座雕塑，其中多數為巴洛克風格。橋上還可遙望城堡。

哈修塔特（Hallstatt），奧地利　　　　　　　　　　　（*by Bao-Shi Shiau*）

哈修塔特（Hallstatt）位於奧地利哈休塔特湖湖畔，海拔高度 511 米。其名稱中的 Hall 可能源自於古克爾特語的「鹽」，得名於村莊附近的鹽礦，歷史上這一地區就因鹽而致富。1997 年該村被聯合國教科文組織列為世界文化遺產。湖邊矗立著哥德式風格的教堂。

第三章

風力能源——綠色電力

　　風力能源是大自然恩賜人類的一項禮物，該項禮物非常環保，並且只要地球存在一天，這項禮物是永續的。本章係就該項環保禮物——風力能源，或稱為綠色電力，做一介紹。

3-1 永續環保能源——風能

　　風為空氣流動所造成的，由於空氣之流動具有速度，亦即具有動能，而動能可經由各種方式轉換為乾淨之能源（電能），方便使用且不造成空氣污染，一般又可以稱為綠色電力。在講究能源多元化，以及重視環保與永續發展的今天，由於風蘊藏了我們所需要之能源且為乾淨之能源，故風能不失為一種自然環保能源。尤其在未來石化能源的日趨耗竭，風能的取之不盡且具有乾淨環保特性，其將是一項重要能源來源的必然考量。

　　風能具有環保不破壞生態的特色，污染甚低，且在運轉過程中不排放廢棄物，風力機的安裝也比其再生能源系統來得容易，沒有輻射跟殘渣物，無需大興土木，也沒有改變地區生態的疑慮，是乾淨自然的能源。美國風能協指出一部 750 千瓦風力機每年可發 200 萬度電，約可減少 1,500 噸二氧化碳排放量，約相當於 204 甲樹林每年所吸收的貢獻量。因此風力發電的社會環境成本評估每度電僅 0 到 0.1 美分，比燃煤及燃油等傳統能源低了非常多。

　　由於傳統能源對環境破壞及地球溫室效應的惡果下，再生能源的選擇是全世界無法逃避且必須面臨的嚴肅課題。因為經濟效益上的吸引力，因此使得風能被列入再生能源中最優先考慮的開發能源。風能在最近 20 年的發展可說是突飛猛進，風力機國際市場的競爭亦非常劇烈。對於具有風力潛能地區，無論陸域或海域，均值得深入調查分析與開發利用。

　　由於風能分布十分廣泛，幾乎隨處可得，不但沒有化石燃料開挖或核原料等等能源取得的成本，也無須運輸，對於偏遠地區的電力供應，有莫大的幫助。相對於傳統大型、集中式發電機組的能源效率低，分散式發電已成為全球電力系統發展的趨勢，而風力發電機組可分散設置，接近負載端可減少輸電距離，降低輸配電的損失，正是最理想的分散式發電。

　　風力發電場在適當的配置下，可使當地的景觀更有特色，甚至有景觀再造的功效。爲避免妨害自然景觀，風力發電機的外表大都被塗抹成雪白色，且其所占用地面面積極少，況且高達數十層樓高的機組，對於地表生物的影響小。據調查報告指出，在風車下的動物如往常一樣吃草甚至尋找避蔭處，而丹麥的小鳥甚至直接把巢築在風機上。在歐洲發電機與景觀的結合常常爲地方帶來良好的觀光商機，已是不爭的事實。

　　本章除介紹目前世界主要國家與我國之風能狀況外，也分別探討風力機場址之調查選擇與風能潛勢分析方法另外同時解析風力機理論與效率。

3-2 世界其他國家風能歷史狀況簡介

　　世界其他許多國家，例如德國、美國、丹麥、印度等均積極發展風能之開發利用技術，且其風力發電容量亦列居世界前茅。

　　美國由於聯邦政府大力鼓勵，不少州政府響應配合。例如 1998 年 7 月德州大泉（Big Spring）風力發電廠開始興建，該廠設有 600 千瓦 46 座，1650 千瓦 4 座，年發電總量 1.17 億度。

　　德國風力發電大多集中在北部平原區的農村，並大量發展小規模之裝置。德國銀行提供風力發電之低利貸款，而在德國建築法中原規定鄉間曠野地區不得興建任何建築物，現也修法將風力機排除在外。

　　丹麥在利用風力發電方面稱得上是獨步全球。由於丹麥國土涵蓋日德蘭半島和 407 個島嶼，在地理上屬於風力強勁之地帶。故從私人宅院後院到寬廣之田野，丹麥人都設置了大大小小的風車（風力渦輪機），甚至在沿岸淺水海域搭建一整排之巨型工業用風力發電機。

　　其實風力能源已成爲丹麥人維持生計之一項重要來源，該國出口風車至 35 個國家，而且在西元 2000 年時之風車生產量占全球之 50%。預計在 2030 年，風力能源將占該國電力消耗之 50%，可見丹麥人之重視該項自然環保能源──風能。

　　1999 年全世界裝置總量已達 13,932MW，其中歐洲總裝置爲

9,737MW，美國 2,704MW，亞洲 1,363MW，其主要分布在中華人民共和國、日本、印度 [1,2]。目前正加速增長中，預期歐洲的風力發電將達40,000MW，丹麥預期在 2030 年風力發電達 5,500MW，其中離岸型風力機將占 4,000MW[2]。

3-3 台灣之風能歷史簡介

　　我國目前的能源生產，主要仰賴核能、燃煤及燃油，不僅原料受制於外國，因能源開發而造成的環境污染也始終無法克服。如核電廠之核廢料處理及儲存、燃煤及燃油火力發電所產生的空氣污染及所引起的酸雨問題至今都尚未找出妥善的解決方法。我們應減少對核能和石化燃料的依賴並發展替代的能源，應該積極開發再生能源，做為明日的電力，來代替核電和火力發電，同時兼顧工業發展與環境生態的保護。風力發電是目前技術最成熟、最具經濟效益的再生能源發電，現今發電成本已降至 3.5 至 7.5 美分 /kWh 之間（約新台幣 1.1 至 2.4 元 /kWh），接近市價，因此世界各國均積極推動。

　　我國風能條件優良，尤其西海岸及海域在東北季風季節，風力強勁，蘊藏豐富風能。依目前風力機技術重新評估我國風能發展潛力，台灣本島陸上即使考慮土地及廠址評選考量因素，仍有 1000 MW 開發潛力，而在海域進行離岸型風力發電之風力潛能則有 2000 MW。保守估計，我國可開發之風力潛能共可達 3000 MW 以上。目前彰濱海域之離岸式（offshore）風力田（wind farm）已積極開發。

　　在離島地區，例如澎湖，每年東北季風強勁之風勢，帶來豐沛之風力能源。若能妥適規劃，對於該離島之能源供給，應該有相當正面之意義。1997 年台灣電力公司在澎湖七美島興建 2 部各 1 百千瓦之先導型風力機組，算是台灣對於風力能源利用之一種宣示與起步。台電接著於民國 90 年 10 月完成澎湖中屯風力發電廠，該廠位於澎湖白沙鄉中屯村海濱，占地約長 800公尺寬 120 公尺，廠址附近地勢平坦，地形空曠，無其他建物設施，且風速強勁（依據附近瓦硐氣象測站長期資料顯示，在距地面 30 公尺高度處之平

均風速爲 7.8 m/s），因此土地利用之限制少及環境安全佳。且距離台電地下配線電路近，並聯電力系統施工容易，是優良之風力發電廠址。該廠採用 4 部德國 ENERCON E40 風力機，每部風力機額定容量 600 W，葉輪直徑 43.7 m，風力機塔高 46 m，啓動風速 2.5 m/s，關機風速 25 m/s，最大耐風速 70 m/s，轉速爲 18～38 rpm。風力機採用無齒輪箱設計，由電腦自動控制。

　　台電公司石門風力發電站在 2003 年 12 月 15 日開工（參見圖 3-1 照片），這是台電在台灣本島第一座商業運轉的風力發電站，共設置 6 部發電機組，每部機組容量爲 660 千瓦，台電預估這 6 部機組年平均發電量達 959 萬度，每年可節約替代燃油約 3260 公秉或燃煤 3819 噸，同時減少二氧化碳排放量 8624 噸。石門風力發電站機組塔架高度 45 m，葉片長度 23.5 m，風車基座可隨著風向 360 度旋轉，風車在風速達 4 m/s 時即可啓動發電，風速達 24 m/s（10 級風）內時仍能發電運轉；此外，因應颱風及強風威脅，機組可承受 70 m/s 以上的風速。

圖 3-1　台電石門風力發電站之風力機群

　　另外台電台中港風力發電站在台中港北側高美濕地旁建置 18 部風力機組，單機葉片直徑 70.7 m，額定風速 13m/s，額定容量 2MW，18 部總額定容量 32MW。參見圖 3-2。

圖 3-2　台電台中港風力發電站風力機群

　　此外臺塑重工公司在雲林麥寮台塑六輕興建 4 座風車（參見圖 3-3 照片），每座發電量為 660 千瓦，於 2000 年 12 月 27 日開始啓用發電。該麥寮風力發電廠位在六輕北側，亦即在濁水溪出海口南岸，由經濟部能源會補助。風力機組係購自丹麥，機型為 VESTAS V47-660，耗資新台幣 1 億多元，每座風車塔高約 45 m，葉輪直徑 47 m，轉速為 28.5 rpm，有效風速為 4 m/s ～ 25 m/s，亦即啓動風速為 4 m/s，關機風速為 25 m/s；最大耐風速為 70 m/s。當風速為 15 m/s 時，輸出電力為 660 千瓦，4 部合計為 2640 千瓦。圖 3-4 為鹿威公司在彰濱工業區設置之風力機群。

圖 3-3　台塑麥寮風力發電風力機實場照片

圖 3-4　鹿威公司彰濱工業區濱海之風力機群

　　由於台灣海峽被評定爲全世界最優良的離岸海上風場廠區，風況極佳，相較於陸域風力機平均年滿發時數（約 2400 小時），離岸風場可高達 3400 小時。因此，離岸風力發電成爲綠色能源開發重點。未來風力能源之

發展，經濟部能源局更規劃於 2030 年完成海域裝置容量達 3GW，加上海岸陸域裝置容量達 1.2GW，合計海陸域總裝置容量達 4.2GW。

風力發電產業要在台灣推廣應用，仍然有很多挑戰性的問題需要面對與克服。這些重要問題包括有：

1. 風力機技術本土化。
2. 發電場址的細部分析評選。
3. 離岸型風力發電技術研究與開發。
4. 相關法規的研擬，例如環保法規、電業法規、土地使用法規以及土地規劃和風力發電環境影響評估。
5. 發電市場成本之經濟分析。
6. 與風力機廠商執世界牛耳之歐盟國家，例如德國、丹麥等之國際合作窗口之建立等。

鑑於風力發電技術漸趨成熟，且台灣亦富藏風能，因此我國風能發展應有目標與策略因應。短期發展目標為示範階段，中長期目標則為推廣與普及階段。

示範階段包括透過示範風力電廠實際運轉，驗證在台灣風力具有可行性，並輔導建立電廠建置及維護運轉技術，發揮展示教育功能，建立國人對風力發電技術之信心。同時引進商業化風力機技術，扶植建立國內風力發電產業，降低發電成本，提高經濟效益。

在推廣階段則係透過政府激勵措施來進行，推廣策略除擴大陸上風力電廠之推廣應用外，也同時應積極引進海域離岸式風力電廠技術。

普及階段則係透過政府宣導與獎勵措施來提高普及率與應用，策略上應擴大海域離岸式風力發電。

3-4 平均風速統計特性分析

由於風速是決定風力大小唯一重要因子，而它卻又是一隨機變量（random variable）。所以，必須加強對它的科學分析，亦即使用統計方法，

研究各地不同條件下風速的變化規律。因此欲評估某地區之風能蘊藏潛勢（wind energy potential），首先必須對該地區之風速做統計分布，亦即使用統計方法對於風速之機率密度分布進行分析。

　　風力計算取決於風速估值是否合理可信。由於氣候、地理因素的複雜性，形成各地風速分布多變的事實，也充分展現了各地區風速分布將由不同理論概率分布來近似及描述。這其中最爲困難的是無法從成因上和理論上證明某地區風速該屬於何種分布。國內外對風速分布曾有不少的研究，也採用了各種理論分布描述之。通常用於描述風速的理論分布有：瑞利（Rayleigh）分布、伽瑪（Gamma）分布、偉布（Weibull）分布、三參數偉布分布、皮爾遜（Pearson）Ⅲ型分布、對數正態又稱高爾登（Gortan）分布，以及耿貝爾（Gumbel）或極值 1 型分布。這些風速機率密度函數分布，一般可以下述通式表示之：

$$p(U) = \frac{\beta^{\alpha}}{b\Gamma(\alpha)}(U-\delta)^{\frac{\alpha}{b}-1}\exp(-\beta(U-\delta)^{\frac{1}{b}}] \quad (\delta \leq U < \infty) \qquad （3\text{-}1）$$

式中 U 爲風速；δ、α、β、b 分別爲風速機率密度函數分布之位置、形狀、比例與變換等參數。α、b 均大於零，而 d 爲分布之下界。

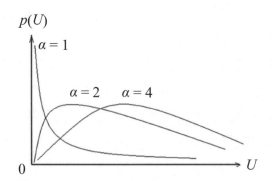

圖 3-5　機率密度函數分布；$\delta = 0$、$\beta = 1$、$b = 1$

　　前述之函數分布，其中偉布分布（雙參數）係目前認爲是一種形式較簡單且較能接近實際風速分布的機率模型。目前，在國內外風力能源分析計算

中，它是被普遍採用的一種機率分布。

一、偉布機率密度分布

在風工程（wind engineering）上，有關風速之機率分布，一般係以偉布（Weibull distribution）函數近似，可獲致良好的結果。偉布機率密度函數分布，係爲 3-1 式之一特例，可使用下式表示之：

$$p(U; c, k) = \frac{k}{c}\left(\frac{U}{c}\right)^{k-1} \exp\left[-\left(\frac{U}{c}\right)^{k}\right]\qquad（3-2）$$

式中 U 爲平均風速（單位：m/s）；c, k 爲參數；其中 c 爲尺度參數，其單位爲 m/s；而 k 爲形狀參數（shape parameter），爲無因次參數，控制該機率密度分布曲線之形狀。

偉布機率密度函數（Weibull probability density distribution）分布顯示，若尺度參數固定 c = 1m/s，則形狀參數 k 增加，機率密度函數曲線出現突出尖峰，亦即風速較爲集中，其變化較小。參閱圖 3-6。

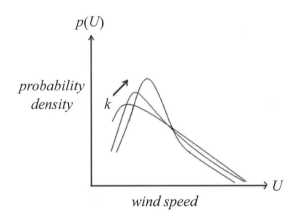

圖 3-6　不同形狀參數之偉布機率密度函數分布；c = 1m/s

二、偉布累積機率分布

對於超過某種風速以上發生之可能性，一般經常使用累積機率分布函數

之方式處理。將機率密度函數積分後,即可求得機率分布曲線(probability distribution)或稱爲累積機率分布曲線(cumulative probability distribution)。

　　風速小於等於 U_a 之機率,係將偉布機率密度函數積分之,獲得:

$$P(U \le U_a) = \int_0^{U_a} p(U)dU = 1 - \exp\left[-\left(\frac{U_a}{c}\right)^k\right] \tag{3-3}$$

而風速大於 U_a 之機率,則爲:

$$P(U > U_a) = \int_{U_a}^{\infty} p(U)dU = 1 - P(U \le U_a) = \exp\left[-\left(\frac{U_a}{c}\right)^k\right] \tag{3-4}$$

今以風速 U_a 爲中央值則每 $\Delta U = 1\,\text{m/s}$ 爲間距以內之風速機率(頻率):

$$
\begin{aligned}
P(U_a - 0.5 \le U \le U_a + 0.5) &= \int_{U_a-0.5}^{U_a+0.5} p(U)dU \\
&= \int_{U_a-0.5}^{\infty} p(U)dU + \int_{\infty}^{U_a+0.5} p(U)dU \\
&= \int_{U_a-0.5}^{\infty} p(U)dU - \int_{U_a+0.5}^{\infty} p(U)dU \\
&= \exp\left[-\left(\frac{U_a - 0.5}{c}\right)^k\right] - \exp\left[-\left(\frac{U_a + 0.5}{c}\right)^k\right] \\
&\approx p(U_a)\Delta U \\
&= p(U_a) \tag{3-5}
\end{aligned}
$$

三、利用偉布統計參數 c 與 k 計算平均風速

　　將某一風速與該風速相對應偉布機率密度函數相乘,並考慮風速由零至無窮大積分之,積分結果代表平均風速 $\overline{U}$:

$$\overline{U} = \int_0^\infty U p(U;c,k) dU = \int_0^\infty U\left\{ \frac{k}{c}\left(\frac{U}{c}\right)^{k-1} \exp\left[-\left(\frac{U}{c}\right)^k\right]\right\} dU \qquad (3\text{-}6)$$

令

$$\frac{U}{c} = U^* \qquad (3\text{-}7)$$

故

$$dU = c dU^* \qquad (3\text{-}8)$$

則上式改寫為：

$$\overline{U} = kc \int_0^\infty \left(U^*\right)^k \exp\left[-\left(U^*\right)^k\right] dU^* \qquad (3\text{-}9)$$

再令

$$\left(U^*\right)^k = q \text{ , } U^* = q^{\frac{1}{k}} \qquad (3\text{-}10)$$

則

$$dq = k\left(U^*\right)^{k-1} dU^* \qquad (3\text{-}11)$$

上式改寫成：

$$\overline{U} = kc \int_0^\infty \left(U^*\right)^k \exp(-q) \frac{dq}{k(U^*)^{k-1}}$$

$$= c \int_0^\infty q^{\frac{1}{k}} \exp(-q) dq \qquad (3\text{-}12)$$

又 Gamma 函數：

$$\Gamma(z) = \int_0^\infty t^{z-1} \exp(-t) dt \qquad (3\text{-}13)$$

且

$$\Gamma(z+1) = z\Gamma(z) \qquad (3\text{-}14)$$

故獲得平均風速：

$$\overline{U} = c\Gamma\left(1 + \frac{1}{k}\right)$$　　　　（3-15）

風速之變異量，也可以 c、k 兩參數之函數表示，示如下式：

$$\sigma_U^2 = c^2\left[\Gamma\left(1 + \frac{2}{k}\right) - \Gamma\left(1 + \frac{1}{k}\right)^2\right]$$　　　　（3-16）

例題　假定某地區長期風速分布機率密度函數爲偉布分布，$c = 3\text{m/s}$，$k =$ 1.5。試問該地區風速介於 5m/s～6m/s 之機率（頻率）爲何？

解答：因爲 $P(U_a - 0.5 \leq U_a \leq U_a + 0.5) = p(U_a)$

$P(5m/s \leq 5.5m/s \leq 6m/s) = p(5.5m/s)$

又機率密度函數 $p(U;c,k) = \dfrac{k}{c}(\dfrac{U}{c})^{k-1}\exp[-(\dfrac{U}{c})^k]$

故機率 $p(5.5m/s) = \dfrac{1.5}{3m/s}(\dfrac{5.5m/s}{3m/s})^{1.5-1}\exp[-(\dfrac{5.5m/s}{3m/s})^{1.5}] = 0.0566$

亦即一年約 8760 h/year *0.0566 = 496 h 風速介於 5m/s～6m/s

例題　同上題，假定某地區長期風速分布機率密度函數爲偉布分布，則該地區風速大於等於 10m/s 以上之機率（或頻率）爲何？

解答：$\because P(U > U_a) = \int_{U_a}^{\infty} p(U)dU = 1 - P(U \leq U_a) = \exp\left[-\left(\dfrac{U_a}{c}\right)^k\right]$

故 $P(U > 10m/s) = \exp\left[-\left(\dfrac{10m/s}{3m/s}\right)^{1.5}\right] = 0.00227$

亦即一年內有 8760 h/year *0.00227 = 20 h/year 風速超過 10m/s

　　當然可以利用風速測站風速資料經統計分析求出平均風速與風速變異量，再應用上二式反求計算出雙參數 c、k。

　　另外也可利用測站實測風速資料，進行套配，而決定雙參數 c、k。

一般可使用最大相似法（maximum likelihood method）求解（Stevens & Smulders, 1979; Seguro & Lambert, 2000）。求解如下二式：

$$k = \left(\frac{\Sigma_{i=1}^{n} U_i^k \ln(U_i)}{\Sigma_{i=1}^{n} U_i^k} - \frac{\Sigma_{i=1}^{n} \ln(U_i)}{n} \right)^{-1} \tag{3-17}$$

$$c = \left(\frac{1}{n} \Sigma_{i=1}^{n} U_i^k \right)^{1/k} \tag{3-18}$$

式中 U_i 為第 i 個觀測風速資料，n 為風速資料數目。由於（3-17）式為隱式（implicit），因此可使用試誤法（try and error）進行解出 k，待 k 解出後，帶入（3-18）式，即可算出 c 值。一般（3-17）式 k 之起始猜值（initial guess value）為 2.0。

Shiau（1997）分析中央氣象局鞍部、基隆與新竹氣象測站之風速風向資料，並使用 Weibull 機率密度函數套配，則可求得測站之平均風速、風速變異量以及 Weibull 機率密度函數的兩個參數：尺度參數 c 及形狀參數 k。分析北台灣 3 個氣象局氣向測站（鞍部、基隆與新竹氣象測站）風速資料，分析內容包括年平均風速 $\overline{U}$、風速標準偏差值 σ_U 尺度參數 c 以及形狀參數 k。結果示如下表 3-1。

表 3-1　鞍部、基隆與新竹氣象測站之風速

	$\overline{U}$ (m/s)	σ_U (m/s)	c (m/s)	k
鞍部	4.45	3.25	4.89	1.41
基隆	4.23	2.30	4.77	1.94
新竹	4.09	2.06	4.62	2.00

另外針對台北市南港區中央研究院物理研究所大樓測站 2011 年逐月與基隆海洋大學測站 2011 年 7 月至 2012 年 6 月（Shiau et al., 2013），以及台中港北堤風速測站 1995 與 1996 年資料進行分析，以最小二乘法方式，算出 c、k 並將偉布機率密度函數繪出，如圖 3-7 至圖 3-10。

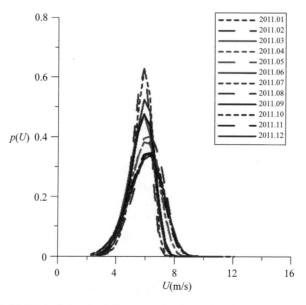

圖 3-7　台北市南港區中央研究院物理研究所大樓測站 2011 年逐月之平均風速 Weibull 機率密度分布圖

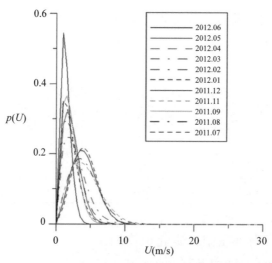

圖 3-8　基隆測站 2011 年 7 月至 2012 年 6 月平均風速 Weibull 機率密度分布圖

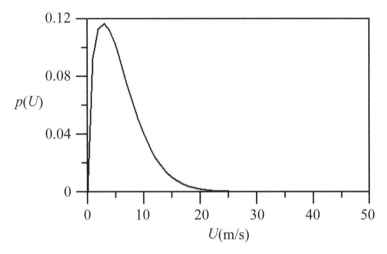

圖 3-9　台中港測站 1995 年全年之平均風速 Weibull 機率密度分布圖

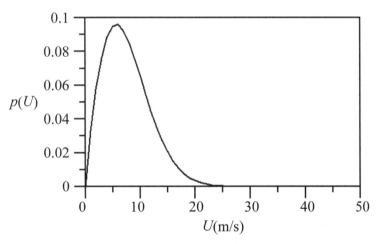

圖 3-10　台中港測站 1996 年全年之平均風速 Weibull 機率密度分布圖

四、平均風速與偉布函數之尺度參數及形狀參數之高度修正

　　由於風速測站設置之高度因其他各種因素限制，一般常採用之標準係在空曠處離地面 10 公尺設置風速計進行記錄。然而風力機高度通常高於此標準，因此標準測站之風速必須進行修正，才可使用於風力機風速之分析。

　　在大氣邊界層內，風速隨距離地面高度增加而加大，二者之關係可以指

數律函數表示：

$$\frac{U(z)}{U(z_{10})} = (\frac{z}{z_{10}})^n \qquad （3-19）$$

式中 z_{10} 為測站高度，一般為 10 公尺，z 則為風力機高度；$U(z)$ 為高度 z 處之風速，$U(z_{10})$ 為測站高度處 z_{10} 量測之風速。而 n 為係數，依不同地形條件而改變。

　　偉布函數為雙參數函數，亦即有參數尺度參數 c 及形狀參數 k。一般來說，由於氣象測站風速計之安裝高度與風力機高度很少一致，因此利用氣象測站風速資料分析求得之偉布函數之尺度與形狀參數，若欲應用風力機風能分析，則該二參數需要修正。

　　由於大氣邊界層之風速之變化，一般來說主要與高度有關，亦即隨著高度增加，風速隨之變大。因風力機高度處之尺度參數可依據下式修正（Justus, 1975）：

$$\frac{c_{z1}}{c_{z2}} = (\frac{z_1}{z_2})^m \qquad （3-20）$$

式中高度為 z_1 時，尺度參數為 c_{z1}；高度為 z_2 時，尺度參數為 c_{z2}。指數 m 與地形地物有關，一般都市地區 m 值採用 0.23（Justus, 1975）。

　　至於形狀參數 k，除非高度差異旋殊，否則 k 值變化不大（Bansal, 2000）。

　　下列表 3-2、3-3、3-4 分別為鞍部、基隆與新竹測站之平均風速及在不同高度下之推估之平均風速與修正之 c、k 值（Shiau, 1997）。

表 3-2　鞍部測站在不同高度時之平均風速、c 與 k

Height (m)	$\overline{U}$ (m/s)	c (m/s)	k
8	4.45	4.87	1.41
20	5.45	5.99	1.54
30	5.98	6.57	1.61

Height (m)	$\overline{U}$ (m/s)	c (m/s)	k
40	6.39	7.02	1.68
50	6.72	7.39	1.76
60	7.01	7.71	1.80
70	7.27	7.98	1.80
80	7.49	8.23	1.79
100	7.89	8.67	1.76
150	8.66	9.52	1.65

表 3-3　基隆測站在不同高度時之平均風速、c 與 k

Height (m)	$\overline{U}$ (m/s)	c (m/s)	k
10	3.18	3.58	1.71
20	3.73	4.20	1.81
35	4.23	4.77	1.94
40	4.37	4.93	1.98
50	4.60	5.19	2.07
60	4.80	5.41	2.13
70	4.97	5.61	2.13
80	5.13	5.78	2.11
100	7.19	8.10	2.07
150	7.88	8.89	1.94

表 3-4　新竹測站在不同高度時之平均風速、c 與 k

Height (m)	$\overline{U}$ (m/s)	c (m/s)	k
13	4.09	4.62	2.00
20	4.50	5.08	2.09
30	6.29	7.10	2.18
40	6.72	7.59	2.28

Height (m)	$\overline{U}$ (m/s)	c (m/s)	k
50	7.07	7.99	2.38
60	7.38	8.33	2.45
70	7.64	8.63	2.45
80	7.88	8.90	2.43
100	8.29	9.37	2.38
150	9.11	10.29	2.23

3-5 風能與風能密度

　　風力發電進行前，首先需對風力機安置地點附近之風場進行評估，以利該地點之風能與風能密度進行計算評估，而決定風力機適切位置之選取。以下分別說明風能與風能密度。

一、風能

　　風能之估算，一般係以通過風力機設置位置處之風速實際觀測值來進行。假設在風能利用的風速範圍內，氣流為不可壓縮，則根據運動力學原理，具有風速為 U 之該氣流的動能 K 為：

$$K = \frac{1}{2}mU^2 \qquad (3\text{-}21)$$

式中 m 為氣體質量，單位為 kg；U 為氣流速度，即風速，單位為 m/s。

　　若考慮氣流的速度為 U，垂直流過截面積為 A（單位：m^2）的假想面，在時間 t（單位：s）內，氣流流過的距離為 L（單位為：m），則流過該截面積的氣流體積 $\forall$（m^3）為：

$$\forall = AL = AUt \qquad (3\text{-}22)$$

而氣體質量 m 為：

$$m = \rho \forall = \rho A U t \tag{3-23}$$

式中 ρ 為空氣密度，kg/m³。

因此，在時間 t 內流過該截面的風所具有的動能為：

$$K = \frac{1}{2} m U^2 = \frac{1}{2} \rho A U t V^2 = \frac{1}{2} \rho A U^3 t \tag{3-24}$$

於是在單位時間內流過該截面的風能，即為風功率 PW（單位為 W）：

$$PW = \frac{1}{2} \rho A U^3 \tag{3-25}$$

方程式 3-25 在風力能源工程中常稱為風能公式。從公式中可見，風能大小與氣流通過的面積、空氣的密度和氣流速度的立方成正比。因此，在風能計算中，最重要的因素莫過於風速，風速取值準確與否，對風能潛能的估計具有決定性作用。

二、風能密度

風能密度（power density）是評估各地區風能潛力最為方便和最有價值的一種參數，而所謂風能密度是氣流在單位時間內垂直通過單位截面積的風能。於是將 3-25 式除以相應的截面積 F 得到風功率密度公式，或稱風能密度公式：

$$PW_d = \frac{PW}{A} = \rho V \frac{1}{2} U^2 = \frac{1}{2} \rho U^3 \tag{3-26}$$

式中為 PW_d 為風能密度，單位為瓦 W/m²；ρ 為空氣密度，單位為 Kg/m³；U 為風速，單位為 m/s。

三、風力發電系統性能與指標參數

風力機設計之各種風速與運轉發電輸出功率之關係，由以下諸性能參數決定，例如：(1) 啟動風速（cut-in speed），一般設計為 3m/s～5m/s；(2) 停止風速（cut-off speed or shut-down speed），一般設計為 25m/s；(3) 額

定風速（rated speed）。

　　當達到啟動風速時，開始運轉發電。隨著風速增加，理論上功率輸出與風速 3 次方成正比。當風速到達額定風速時，風力機所獲得之功率，稱為額定功率（rated power），係表示機組設計之最大輸出功率。此後風速若持續增加，輸出功率皆保持額定功率，不再增加。當風速到達並超過停止風速時，為了保護發電系統，此時發電系統將關閉發電並停止功率輸出。諸性能參數標示於下圖 3-11 之風力機風速與運轉發電輸出功率之關係圖。

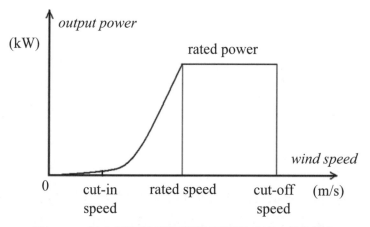

圖 3-11　風力機風速與運轉發電輸出功率之關係圖

風力發電系統指標參數，分述如下：

1. 風力機時間運轉率（availability）：1 年中風力機實際發電之時間比例，{每年實際發電時間 (h)/ 年小時數 (8760h)}*100%

2. 風力機之設備使用率（capacity factor）：1 年中風力機實際發電量占每年以額定功率發電所得總量之比例。{每年實際發電量 (kWh)/[額定功率 (kW) 年小時數 (8760h)]}*100%。容量因子表示風力機系統輸出功率之利用率。

　　時間運轉率用來判斷並指示發電系統利用狀況以及系統之信賴度，而設備使用率則用來指示預期實際上 1 年之間能取得之總發電量。一般風力發電

系統之設備使用率規劃設計皆期望超過 20% 以上，時間運轉率則隨地點之平均風速或地形每年可能都會有變化。

3-6 風能計算模式

　　一地區之風能潛力，一般採用風能密度做爲指標參數，以表示風能潛力之大小。因此本節就風能密度、時間平均風能密度、有效風能密度以及有效風能可利用時間，分別說明與討論，並述及引進不同之風速機率密度函數分布，以進行分析計算時間平均風能密度之模式特性。

一、風速機率密度函數型式爲偉布分布函數之風能密度

　　若以 3-15 式偉布函數所推導出之風速代入，則單位面積之風能，亦即風能密度爲：

$$PW_d = \frac{1}{2}\rho c^3 \Gamma^3 \left(1+\frac{1}{k}\right) \tag{3-27}$$

對於特定地點，當視 ρ 爲常量時，風能密度則僅由風速來決定。所以，只有當風速合理地確定的前提下，才能準確估算風能密度。同時，風能大小與風速的三次方成正比，可見風速取值對風能潛力之估計算具有決定性作用。

二、時間平均風能密度

　　由於風速具有隨機性，必須通過長期觀測資料，進行風況分析，才能了解和掌握其變化規律。因此，在時段 T 內平均風能密度 $\overline{PW_d}$ 可由風能密度公式對時間積分後平均，於是由 3-26 式便得：

$$\overline{PW_d} = \frac{1}{T}\int_0^T \frac{1}{2}\rho U^3 dt \tag{3-28}$$

　　一般風速 U 係隨時間 t 而變化，亦即風速是隨機的（random），無法以一個函數式給出 $U(t)$ 的表述式，因此無法應用 3-17 式求出平均風能密度 $\overline{PW_d}$。於是，只能用實際觀測的離散型式風速值近似求出，亦即：

$$\overline{PW_d} = \frac{\rho}{2N} \sum_1^n U_i^3 \qquad (3\text{-}29)$$

式 3-29 中的 N 為 T 時間內共進行的觀測次數；V_i 為每次的觀測值，觀測次數愈多，也就是觀測時間間隔愈短，$\overline{PW_d}$ 愈接近其眞值。對於計算年平均風能密度來說，這無疑是個非常繁重的統計計算工作。因爲所謂年平均風能密度，並不是僅用一年的觀測紀錄來獲得，而是需要多年的平均值，方才能正確地反映出該地區的風能資源狀況。

　　如果在 T 時段內風速的概率分布 $p(V)$ 決定之後，則平均風能密度便可根據 3-28 式求得。將 3-28 式改寫爲：

$$\overline{PW_d} = \int_0^\infty \frac{1}{2} \rho U^3 p(U) dU \qquad (3\text{-}30)$$

　　Shiau et al.（2013）應用 3-27 式與 3-29 式計算台北市南港區中央研究院物理研究所大樓測站 2011 年逐月之平均風速、風速均方根值、偉布機率密度參數，以及偉布函數與實測風速之風能密度（W/m^2），結果如表 3-5。

表 3-5　台北市南港區中央研究院物理研究所大樓測站 2011 年逐月之平均風速、風速均方根值、偉布機率密度參數，以及使用偉布函數與實測風速計算之風能密度

月份	平均風速 (m/s)	風速均方根值 (m/s)	c (m/s)	k	偉布函數 （Weibull distribution） 計算風能密度	實測風速 （time-series data）風能密度計算值	偉布函數與實測風速計算之風能密度誤差百分比（%）
1	6.32	1.02	6.47	6.07	129.95	143.13	9.21
2	6.25	0.85	6.58	6.83	137.91	150.1	8.12
3	5.76	0.73	5.98	7.67	106.05	113.99	6.97
4	5.74	0.65	6.23	6.47	117.05	127.54	8.23
5	6.25	0.99	6.29	6.88	120.42	131.52	8.44
6	6.05	0.55	6.09	8.71	114.58	120.52	4.93

月份	平均風速 (m/s)	風速均方根值 (m/s)	c (m/s)	k	偉布函數 (Weibull distribution) 計算風能密度	實測風速 (time-series data) 風能密度計算值	偉布函數與實測風速計算之風能密度誤差百分比（%）
7	5.95	0.48	6.04	10.03	113.03	118.97	5
8	5.95	0.50	5.92	10.10	106.64	112.28	5.02
9	5.71	0.35	6.07	7.83	110.82	119.17	7.01
10	5.93	0.63	6.39	5.86	123.76	137.21	9.8
11	5.87	1.15	6.35	5.93	121.7	135.33	10.08
12	6.29	0.95	6.45	5.82	127.06	141.14	9.97

三、風速機率密度函數型式為通式之風能密度

孫濟良、秦大庸與孫翰光（2001）解析風能密度，他們等係假定實際風速的機率密度函數分布是可使用 3-1 式描述，則將 3-1 式代入 3-30 式，得風能密度：

$$\overline{PW_d} = \int_0^\infty \frac{1}{2}\rho U^3 p(U)dU = \int_0^\infty \frac{1}{2}\rho U^3 \frac{\beta^\alpha}{b\Gamma(\alpha)}(U-\delta)^{\frac{\alpha}{b}-1}\exp(-\beta(U-\delta)^{\frac{1}{b}}]dU \quad （3-31）$$

令

$$u = U - \delta \quad （3-32）$$

將 3-32 式代入 3-31 式，得：

$$\overline{PW_d} = \frac{\rho}{2\Gamma(\alpha)}\int_0^\infty \frac{\beta^\alpha}{b}(u+\delta)^3 u^{\alpha/b-1}e^{-\beta u^{1/b}}du \quad （3-33）$$

令

$$x = \beta u^{1/b} \quad （3-34）$$

將 3-33 式代入 3-34 式，得下式：

$$\overline{PW_d} = \frac{\rho}{2\Gamma(\alpha)} \int_0^\infty \frac{\beta^\alpha}{b} \left(\frac{x^b}{\beta^b} + \delta \right)^3 \left(\frac{x}{b} \right)^{b\left(\frac{\alpha}{b}-1\right)} e^{-x} \frac{bx^{(b-1)}}{\beta^b} dx$$

$$= \frac{\rho}{2\Gamma(\alpha)} \int_0^\infty \frac{\beta^\alpha}{b} \left(\frac{x^b}{\beta^b} + \delta \right)^3 e^{-x} x^{\alpha-1} dx$$

$$= \frac{\rho}{2\Gamma(\alpha)} \int_0^\infty \left(\frac{x^{3b}}{\beta^{3b}} + 3\delta \frac{x^{2b}}{\beta^{2b}} + 3\delta^2 \frac{x^b}{\beta^b} + \delta^3 \right) e^{-x} x^{\alpha-1} dx$$

$$= \frac{\rho}{2\Gamma(\alpha)} \left[\int_0^\infty \frac{x^{\alpha+3b-1}}{\beta^{3b}} e^{-x} dx + \int_0^\infty 3\delta \frac{x^{\alpha+2b-1}}{\beta^{2b}} e^{-x} dx + \int_0^\infty 3\delta^2 \frac{x^{\alpha+b-1}}{\beta^b} e^{-x} dx + \int_0^\infty \delta^3 e^{-x} x^{\alpha-1} dx \right]$$

$$= \frac{\rho}{2\Gamma(\alpha)} \left[\frac{\Gamma(\alpha+3b)}{\beta^{3b}} + 3\delta \frac{\Gamma(\alpha+2b)}{\beta^{2b}} + 3\delta^2 \frac{\Gamma(\alpha+b)}{\beta^b} + \delta^3 \Gamma(\alpha) \right]$$

$$= \frac{\rho}{2\Gamma(\alpha)\beta^{3b}} \left[\Gamma(\alpha+3b) + 3\delta\beta^b \Gamma(\alpha+2b) + 3\delta^2 \beta^{2b} \Gamma(\alpha+b) + \delta^3 \beta^{3b} \Gamma(\alpha) \right]$$

$$= \frac{\rho}{2\Gamma^3(\alpha)\beta^{3b}} \left[\Gamma(\alpha+3b)\Gamma^2(\alpha) - 3\Gamma(\alpha+b)\Gamma(\alpha+2b)\Gamma(\alpha) + 3\Gamma(\alpha+b)\Gamma(\alpha+2b)\Gamma(\alpha) \right.$$

$$+ 3\delta\beta^b \Gamma(\alpha+2b)\Gamma^2(\alpha) + 3\delta^2 \beta^{2b} \Gamma(\alpha+b)\Gamma^2(\alpha) + \delta^3 \beta^{3b} \Gamma^3(\alpha) \left. \right]$$

$$= \frac{\rho}{2\Gamma^3(\alpha)\beta^{3b}} \left[\Gamma(\alpha+3b)\Gamma^2(\alpha) - 3\Gamma(\alpha+b)\Gamma(\alpha+2b)\Gamma(\alpha) + 2\Gamma^3(\alpha+b) \right.$$

$$+ 3\Gamma(\alpha+b)\Gamma(\alpha+2b)\Gamma(\alpha) + 3\delta\beta^b \Gamma(\alpha+2b)\Gamma^2(\alpha) - 3\Gamma^2(\alpha+b)\Gamma(\alpha+b)$$

$$- 3\Gamma^2(\alpha+b)\delta\beta^b \Gamma(\alpha) + \Gamma^3(\alpha+b) + 3\Gamma^2(\alpha+b)\delta\beta^b \Gamma(\alpha) + 3\delta^2 \beta^{2b} \Gamma(\alpha+b)\Gamma^2(\alpha)$$

$$+ \delta^3 \beta^{3b} \Gamma^3(\alpha) \left. \right]$$

$$= \frac{\rho[\Gamma(\alpha+b) + \delta\beta^b \Gamma(\alpha)]^3}{2\beta^{3b}\Gamma^3(\alpha)} \times \left\{ \frac{[\Gamma^2(\alpha)\Gamma(\alpha+3b) - 3\Gamma(\alpha)\Gamma(\alpha+b)\Gamma(\alpha+2b) + 2\Gamma^3(\alpha+b)]}{[\Gamma(\alpha+b) + \delta\beta^b \Gamma(\alpha)]^3} \right.$$

$$+ \frac{3[\Gamma(\alpha)\Gamma(\alpha+2b) - \Gamma^2(\alpha+b)][\Gamma(\alpha+b) + \delta\beta^b \Gamma(\alpha)]}{[\Gamma(\alpha+b) + \delta\beta^b \Gamma(\alpha)]^3} + \frac{[\Gamma(\alpha+b) + \delta\beta^b \Gamma(\alpha)]^3}{[\Gamma(\alpha+b) + \delta\beta^b \Gamma(\alpha)]^3} \left. \right\}$$

$$= \frac{\rho[\Gamma(\alpha+b) + \delta\beta^b \Gamma(\alpha)]^3}{2\beta^{3b}\Gamma^3(\alpha)} \times \left\{ \frac{[\Gamma^2(\alpha)\Gamma(\alpha+3b) - 3\Gamma(\alpha)\Gamma(\alpha+b)\Gamma(\alpha+2b) + 2\Gamma^3(\alpha+b)]}{[\Gamma(\alpha+b) + \delta\beta^b \Gamma(\alpha)]^3} \right.$$

$$+ \frac{3[\Gamma(\alpha)\Gamma(\alpha+2b) - \Gamma^2(\alpha+b)]}{[\Gamma(\alpha+b) + \delta\beta^b \Gamma(\alpha)]^2} + 1 \left. \right\}$$

$$= \frac{\rho\left[\Gamma(\alpha+b)+\delta\beta^b\Gamma(\alpha)\right]^3}{2\beta^{3b}\Gamma^3(\alpha)}\left\{\frac{\left[\Gamma(\alpha)\Gamma(\alpha+2b)-\Gamma^2(\alpha+b)\right]^{3/2}}{\left[\Gamma(\alpha+b)+\delta\beta^b\Gamma(\alpha)\right]^3}\right.$$

$$\times\frac{\left[\Gamma^2(\alpha)\Gamma(\alpha+3b)-3\Gamma(\alpha)\Gamma(\alpha+b)\Gamma(\alpha+2b)+2\Gamma^3(\alpha+b)\right]}{\left[\Gamma(\alpha)\Gamma(\alpha+2b)-\Gamma^2(\alpha+b)\right]^{3/2}}$$

$$\left.+\frac{3\left[\Gamma(\alpha)\Gamma(\alpha+2b)-\Gamma^2(\alpha+b)\right]}{\left[\Gamma(\alpha+b)+\delta\beta^b\Gamma(\alpha)\right]^2}+1\right\} \quad\quad (3\text{-}35)$$

對 3-1 式積分取平均，得：

$$\overline{U}=\frac{\Gamma(\alpha+b)}{\beta^b\Gamma(\alpha)}+\delta \quad\quad (3\text{-}36)$$

對 3-1 式進行二階力距計算，則可算出標準偏差係數如下：

$$C_\sigma=\frac{\left[\Gamma(\alpha+2b)\Gamma(\alpha)-\Gamma^2(\alpha+b)\right]^{1/2}}{\Gamma(\alpha+b)+\delta\beta^b\Gamma(\alpha)} \quad\quad (3\text{-}37)$$

對 3-1 式進行三階力距計算，可算出偏敧係數（skewness coefficient）如下：

$$C_s=\frac{\Gamma^2(\alpha)\Gamma(\alpha+3b)-3\Gamma(\alpha)\Gamma(\alpha+b)\Gamma(\alpha+2b)+2\Gamma^3(\alpha+b)}{\left[\Gamma(\alpha)\Gamma(\alpha+2b)-\Gamma^2(\alpha+b)\right]^{3/2}} \quad (3\text{-}38)$$

將 3-36、3-37、3-38 等式代入 3-35 式，整理得：

$$\overline{PW_d}=\frac{\rho}{2}\overline{U}^3\left[C_\sigma^3 C_s+3C_\sigma^2+1\right] \quad\quad (3\text{-}39)$$

上式即為以風速機率密度函數型式為通式，所推導獲得之平均風能密度公式。

　　因此，由 3-39 式可知：平均風能密度而取決於一各地區的大氣密度 ρ、平均風速 $\overline{U}$ 以及風速分布的標準偏差係數 C_σ 和偏敧係數 C_s。換言之，當一個特定地區的 ρ、$\overline{U}$、C_σ、C_s 確定後，$\overline{PW_d}$ 將隨之確定。

四、有效風能密度

若要風力機輸出最爲理想的功率，則必須根據風力機設定的風速運轉，這個設定之風速稱爲設計風速。在風工程中，一般將風力機開始運轉並作功時的風速稱爲起動風速或切入風速（cut-in velocity）；當風速達到某一風速時，風力機速限裝置將限制風輪轉速不再改變，以使風力機風力穩定，稱這個風速爲額定風速（rated velocity）；若風速再增大，達到某一程度，風力機有可能被破壞，於是必須停止運行，這一風速稱之爲停機風速或爲截止風速（cut-off velocity）。

故而，在統計風速資料計算評估風能潛力時，必須考慮起動風速和停機風速。在起動風速和停機風速範圍內的風能稱爲有效風能。顯然，有效風能範圍內的平均風能密度，即稱爲有效風能密度。

根據孫濟良、秦大庸與孫翰光（2001）解析有效風能密度，渠等將之有效風能密度採以下數學式表之：

$$\overline{PW_e} = \int_{U_1}^{U_2} \frac{1}{2}\rho U^3 p'(U) dU \qquad (3\text{-}40)$$

式中 $\overline{PW_e}$ 爲有效風能密度；U_1 爲起動風速；U_2 爲停機風速；$p'(U)$ 爲有效範圍內的條件概率分布，其密度函數爲：

$$p'(U) = \frac{p(U)}{p(U_1 \le U \le U_2)} = \frac{p(U)}{p(U \le U_2) - p(U \le U_1)} \qquad (3\text{-}41)$$

由 3-40 式知，顯然地有效風能密度 $\overline{PW_e}$，係爲兩個隨機變量 ρ 和 U 的函數。因此 $\overline{PW_e}$ 之數學期望值爲：

$$E(\overline{PW_e}) = \frac{1}{2}E(\rho U^3) \qquad (3\text{-}42)$$

因爲空氣密度 ρ 和風速 U 是兩個獨立的變量，因此：

$$E(\overline{PW_e}) = \frac{1}{2}E(\rho)E(U^3) \qquad (3\text{-}43)$$

對於某一具體的特定地點，空氣密度 ρ 的變化不大，可以視為常量。因此，3-43 式可改寫為：

$$E\left(\overline{PW_e}\right)=\frac{1}{2}\rho E\left(U^3\right) \tag{3-44}$$

所以，有效風速範圍內之風速 3 次方的數學期望為：

$$E'\left(U^3\right)=\int_{U_1}^{U_2}U^3 p'(U)dU \tag{3-45}$$

將 3-41 式代入 3-45 式，得：

$$E'\left(U^3\right)=\int_{U_1}^{U_2}U^3\frac{p(U)}{p(U\le U_2)-p(U\le U_1)}dU \tag{3-46}$$

令 $p_2=p(U\le U_2)$，$p_1=p(U\le U_1)$，則：

$$E'\left(U^3\right)=\int_{U_1}^{U_2}U^3\frac{p(U)}{p_2-p_1}dU \tag{3-47}$$

應用積分法求風能概率分布函數小於某個風速 U_k 的累積概率為：

$$p=p\left(U\le U_k\right)=\int_{\delta}^{U_k}\frac{\beta^{\alpha}}{b\Gamma(\alpha)}\left(U-\delta\right)^{\alpha/b-1}e^{-\beta(U-\delta)^{1/b}}dU$$

$$=\frac{\beta^{\alpha}}{b\Gamma(\alpha)}\int_{\delta}^{U_k}\left(U-\delta\right)^{\alpha/b-1}e^{-\beta(U-\delta)^{1/b}}dU \tag{3-48}$$

令

$$v'=\beta(U-\delta)^{1/b} \tag{3-49}$$

將 3-49 式代入 3-48 式中，得：

$$p=\frac{1}{\Gamma(\alpha)}\int_{0}^{\beta(V_k-\delta)^{1/b}}v'^{\alpha-1}e^{-v'}dv' \tag{3-50}$$

假設

$$p_1 = \frac{1}{\Gamma(\alpha)} \int_0^{\beta(U_1-\delta)^{1/b}} v'^{\alpha-1} e^{-v'} dv' \tag{3-51}$$

$$p_2 = \frac{1}{\Gamma(\alpha)} \int_0^{\beta(U_2-\delta)^{1/b}} v'^{\alpha-1} e^{-v'} dv' \tag{3-52}$$

將式 3-51 式與 3-52 式代入 3-47 式中，得：

$$
\begin{aligned}
E'(U^3) &= \int_{U_1}^{U_2} U^3 \frac{\dfrac{\beta^\alpha}{b\Gamma(\alpha)}(U-\delta)^{\alpha/b-1} e^{-\beta(U-\delta)^{1/b}}}{p_2 - p_1} dU \\
&= \frac{\beta^\alpha}{b\Gamma(\alpha)} \int_{U_1}^{U_2} U^3 \frac{(U-\delta)^{\alpha/b-1} e^{-\beta(U-\delta)^{1/b}}}{p_2 - p_1} dU
\end{aligned}
\tag{3-53}
$$

3-53 式可通過數值積分求得，所以有效風能密度為：

$$\overline{PW_e} = \frac{1}{2}\rho E'(U^3) = \frac{\rho\beta^\alpha}{2b\Gamma(\alpha)} \int_{U_1}^{U_2} U^3 \frac{(U-\delta)^{\alpha/b-1} e^{-\beta(U-\delta)^{1/b}}}{p_2 - p_1} dU \tag{3-54}$$

有效風能密度的具體計算，可將上列相關公式寫成軟體，直接在個人電腦上執行程式即可，並可將程式軟體視窗化，讓使用者操作更容易且人性化。

五、有效風能可利用時間

為了更合理地利用風能資源，一般在風資源的規劃中，主要針對有效風能，必須估算出風能的可利用時間。孫濟良、秦大庸與孫翰光（2001）分析當風速概率分布確定之後，在有效風速範圍內，可利用風能的時間 T 可由下式計算：

$$T = N \int_{U_1}^{U_2} P(U) dU = \frac{N\beta^\alpha}{b\Gamma(\alpha)} \int_{U_1}^{U_2} U^3 (U-\delta)^{\alpha/b-1} e^{-\beta(U-\delta)^{1/b}} dU \tag{3-55}$$

令

$$v' = \beta(U-\delta)^{1/b} \tag{3-56}$$

將式 3-56 式代入 3-55 式，得：

$$T = N \int_{\beta(U_1-\delta)^{1/b}}^{\beta(U_2-\delta)^{1/b}} \frac{\beta^{\alpha}}{b\Gamma(\alpha)} \left(\frac{v'^b}{\beta^b} \right)^{\alpha/b-1} e^{-v'} \frac{bv'^{b-1}}{\beta^b} dv'$$

$$= \frac{N}{\Gamma(\alpha)} \int_{\beta(U_1-\delta)^{1/b}}^{\beta(U_2-\delta)^{1/b}} v'^{\alpha-1} e^{-v'} dv'$$

$$= N \left[\frac{1}{\Gamma(\alpha)} \int_0^{\beta(U_2-\delta)^{1/b}} v'^{\alpha-1} e^{-v'} dv' - \frac{1}{\Gamma(\alpha)} \int_0^{\beta(U_1-\delta)^{1/b}} v'^{\alpha-1} e^{-v'} dv' \right] \quad （3-57）$$

聯立式 3-51 式、3-52 式和 3-57 式解得風能資源可利用時間：

$$T = N(p_2 - p_1) \quad （3-58）$$

3-58 式中 N 為統計時段總時間。例如計算年風能資源可利用小時數，N 即為全年總時數。

3-7 陸域或海岸之風力機位址選擇與注意事項

為了獲得較多之風能，在陸域或海岸地區適當風力機位址之選擇首先應就風之相關特性分布大小等為主要考慮因素，例如：

1. 風之分布：局部地區，例如山區、或海岸地區之風速分布與變化。
2. 風之特性：例如風之紊流強度、陣風、風向、季節性。
3. 位址選擇：一般合適之位址特徵包括有：
   (1) 具有較大之平均風速。
   (2) 風車之上風地區無較高大之障礙。
   (3) 在緩坡平滑之坡頂，此處具有氣流加速（speed-up）現象，參閱圖 3-12。
   (4) 平坦開闊：例如空曠之海岸地區。
   (5) 兩座山之間隙所產生之風速加速現象：例如隧道效應（tunnel effect），參閱圖 3-13。
4. 風之測量勘察。由於局部地區地形之變異性，需對該局部區域做更詳細量測勘察比較。

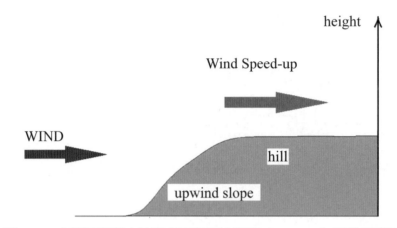

圖 3-12　在緩坡平滑之坡頂處具有氣流增速（speed up）特性示意圖

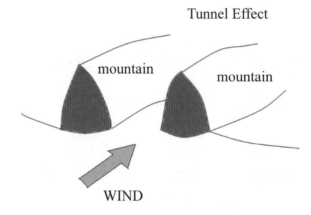

圖 3-13　兩座山之間隙所產生之風速加速現象──隧道效應（tunnel effect）示意圖

　　為求得更詳盡確實之評估計算，對於具有風能潛力地區位址，進行測站設置，以量測風速資料。量測風速之測站應包括：

1. 儀器設置，例如風速計安裝。
2. 風速、風向數據資料儲存系統。
3. 風速資料型式（例如每小時平均風向、風速大小）。
4. 風速、風向資料整理分析報告，例如每日、每週、每月之風速風向頻率曲線。

配合其他因素考量，整體風力電廠設置一般需要考慮以下主要因素如下：

1.風力條件與地形暴露性佳。

2.與住宅保有足夠距離，避免噪音。

3.有無相關法規限制，例如航高限制，或避免雷達站無線電台。

4.生態環保因素，例如候鳥棲息或主要遷徙路線。

5.地質交通及施工條件。

此外進行評估計算時，必須考慮之資訊包括有：風場參數（風速、風向、紊流狀況、風場頻率等）、調整機組控制的電腦程式、監測電力輸出的情況、確立機組的安全性及發電量分析等的操作經驗。

對於風力田（wind farm），亦即風力機群，各風力機之間需以某些距離相隔配置，以避免各風力機彼此間相互干擾氣流（包括平均風速、紊流強度等），從而影響各風力機之風力獲取。因此各風力機配置之間距大小，為實際上風力田風力機布置設計考慮重點之一。為避免機組間有氣流嚴重擾動情況影響，一般風力機配置方式是依照風吹的方向機動調整。在設置機組時，如果風車葉片機組與主風向垂直時，則各機組間應該至少相距葉輪直徑的 2 到 3 倍；如風車葉片機組與主風向平行，則各機組間應該至少要相距 5 到 6 倍以上。較保守之設計一般係以至少 6 倍葉輪直徑之距離為各風力機之間距，而以 6～8 倍葉輪直徑之距離為最理想間距。

蕭、藍（2016）風洞模擬量測及觀察在海岸市郊地況之大氣邊界層流作用下，以 3 行 3 列交錯方式排列 8 具之風力機之風場特性（參閱圖 3-14）與雷射光頁煙流可視化（參閱圖 3-15），風力機之 2 種間距（S）為 1.76H 及 2.64H，H 為風力機輪轂中心到地面之垂直距離。風速量測結果如圖 3-16，分析顯示：2 種間距之錯列式風力機配置，隨著間距（S）變大，第 3 排風力機前方風速降低幅度變小。又等值風速分布顯示風力機布置間距加大，有助於尾跡流之恢復，因此使得在第 2 排與第 3 排風力機前後之風速增加。圖 3-17 之風速剖面結果比較，錯列式布置無論風力機間距為 S/H = 1.76 或 S/H = 2.64，風力機後方尾跡流之平均風速分布剖面，皆具有尾跡流相似性（wake flow similarity）。

　　另外風力機位址對於鳥類生態之影響，也應列入環保生態考慮因素。一般來說，風力機轉速不快，約 2 秒鐘轉 1 圈，因此不太容易成為飛鳥殺手機，且鳥類本能也會主動避開風力機所在位置。不過站在保育生態立場，規劃風力機選址時，還是應考慮預留候鳥遷徙之飛行航道，提供候鳥過境，以順利道達遷徙地。此外，也應設定鳥類棲息地為保留開發區，棲息地周圍某一距離內限制開發，可有效避免鳥類生態受到風力機之影響。

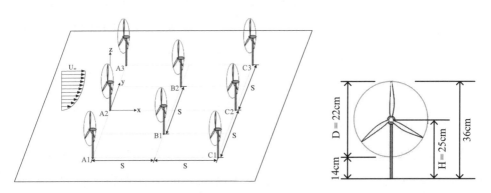

圖 3-14　風洞風力機模型試驗布置圖與風力機單機模型尺寸（幾何縮尺選用 1/350）

圖 3-15　風力機間距 S/H = 1.76，在高度 Z/H = 1 之水平面雷射光頁煙流可視化

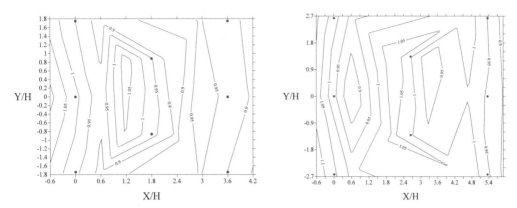

圖 3-16　在高度 $Z/H = 1$ 處整體風力機群之等值風速分布；左圖 $S/H = 1.76$，右圖 S/H
　　　　 $= 2.64$

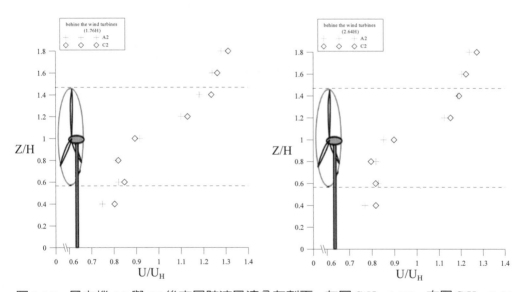

圖 3-17　風力機 A2 與 C2 後方尾跡流風速分布剖面；左圖 $S/H = 1.76$，右圖 $S/H = 2.64$

3-8 海域離岸風力環境特性、開發注意事項與開發實例

　　一般來說，海域離岸之風比陸地上強勁穩定，較少紊流及垂直風剪
（wind shear）或稱風切。且由於某些海域饒富風能，因此更值得進行開發

風力發電。本節分別就海域離岸之風力環境特性、發展海域離岸風力發電時可能遭遇之困難處，以及開發實際案例等，做一簡要說明如下。

一、海域離岸風力環境特性

至於選擇在海域上之進行離岸型風力發電時，由於海面相較陸地，係屬光滑平坦。故因爲粗糙效應（roughness effect），以及由於粗糙因素形成風剪效應（wind shear）、高紊流強度（turbulence）等影響因素，在海域幾乎可忽略。亦即風場狀況在海域離岸型風力分析，情況較爲單純。一般海面上之風速均較陸地上大（參閱圖 3-18），而且在海上隨著風速增加，紊流強度急速下降。超過一定大小風速時，紊流強度變化不大（參閱圖 3-19）。在海面上紊流強度隨高度增加，紊流強度幾乎呈現線性下降趨勢（參閱圖 3-20）。

由於海域波浪作用以及鹽分等因素，因此離岸型風力機（wind turbine）之規劃設計，對於機座之基礎抗波浪作用力之設計，以及風力機葉片材質之抗鹽分腐蝕，均爲研發之重點。

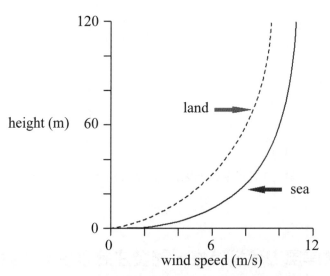

圖 3-18　典型離岸海域與陸地之平均風速剖面差異

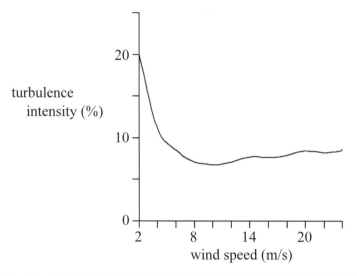

圖 3-19　典型離岸海域之海面上在不同風速下之紊流強度變化

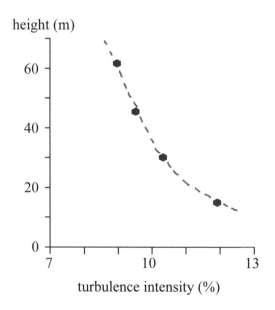

圖 3-20　典型離岸海域之海面在不同高度下之紊流強度

二、海域離岸風力機布置

　　海域離岸風力田之風力機群布置，目前工程設計常使用兩種方式：

1. 矩形之布置，風力機以列陣形式排列設置（參閱圖 3-21 布置示意圖）：
   (1) 可配置較多之風力機組，但布置較密集緊湊。
   (2) 安裝風力機組以及維護管理之條件較不利。

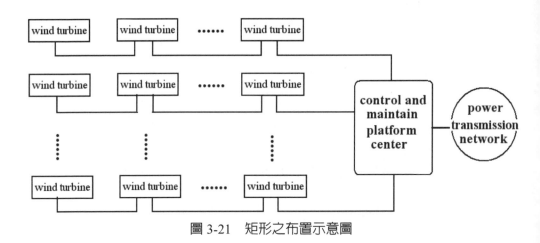

圖 3-21　矩形之布置示意圖

2. 圓形之布置，風力機以圓弧形排列設置（參閱圖 3-22 布置示意圖）：
   (1) 風力機組之間之尾跡流影響效應較小。
   (2) 風力機組以及維護管理之條件較有利。

三、海域離岸風力能源開發應注意事項

在海域上，由於海上狀況與海象條件均迥異於陸域上，因此如何安裝（installation）巨大尺寸之風力機本體與葉片，在實務施作技術上，實有別於在陸地上之施工，困難度必然升高，因而是一項工程技術挑戰。另外如何藉由適宜與巧妙之輸配電系統，將海域上之離岸型風力機產生之電力輸送回陸上，也是一項海事工程與技術之考驗。風力機安裝完成後，開始商業運轉，如何有效操作與管理及維護，以達成最佳效率，也將是一項重要工作與課題。

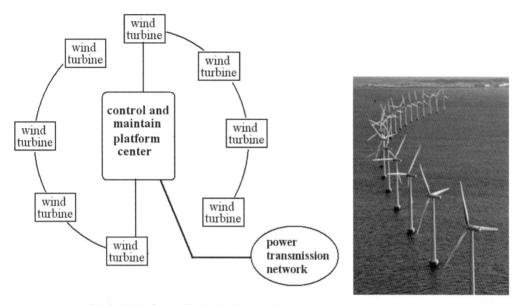

圖 3-22　圓形之布置示意圖（照片場景為哥本哈根附近 Middelgrunnden wind farm，
照片來源為 Danish Wind Turbine Manufactures Association, 2001）

　　以上注意事項係就工程面而言，其他方面，例如開發案之策略評估、經濟與財務之評估等，也是進行海域離岸式風力能源開發時，應注意且為必要之手段。

四、海上環境對風力機之影響

海上自然環境對海域離岸式風力機組之重要影響因素：

1.海上鹽霧腐蝕。

2.颱風之影響：例如：葉片或塔柱之斷裂。

3.海浪之載重：例如：海浪對基礎之週期性沖刷。

4.漂浮物之撞擊：例如：海上浮冰、維修船舶停靠之撞擊。

海域離岸風力機組預防腐蝕方式：

1.結構性防腐蝕，避免兩種不同金屬（混合結構）直接接觸。

2.使用防腐蝕塗料層。

3.使用耐腐蝕金屬材料。

4.使用鍍鉻膜塗層。

5.使用耐鹽霧密封材料。

6.定期保養維護。

海域離岸風力機組預防腐蝕措施：

1.機組內部：藉由空調系統保持內部空氣之乾燥。

2.機組外部：增加腐蝕容許量、鍍層、噴塗、電極防護。

預防腐蝕特別應注意機組之部位：基礎、塔柱（筒）、齒輪箱、發電機、葉片及支撐軸承。

海域離岸風力機組件密封措施：防止海上鹽霧腐蝕，下列組件密封措施為必須。(1) 機艙罩、導流罩。(2) 齒輪箱。(3) 主軸軸承。組件密封基本要求包括：密封性好、安全可靠、壽命長、構造緊湊簡單、製造維修便利、成本低。

颱風破壞海域離岸風力機組件：

1.巨幅速度擾動之高強度紊流強度與頻繁風向變化。

2.低週波疲勞應力導致塔柱、葉片、基礎毀損斷裂。

3.葉片極細微之裂紋。

4.葉片發生共振，葉片之自然頻率與颱風方向變化頻率接近，導致共振。

五、波浪對海域風力機塔柱之作用力分析與風力機組基礎防撞措施

海域離岸風力機塔柱海浪載重力學分析，工程應用上常被採用者有：

1. Morrison 公式

波高 H，波長 L，週期 T 波浪作用於柱體時，波力 F 分為阻力慣性力 F_D 和慣性力和 F_I。

$$F_D = \frac{1}{2}\rho C_D u|u|D \qquad (3\text{-}59)$$

$$F_I = \rho C_M \frac{\partial u}{\partial t} A \qquad (3\text{-}60)$$

式中 F_D 為波浪力之速度分力（kN/m），D 為柱體直徑（m），C_D 為速度力係數（圓形時 $C_D = 1.2$），ρ 為海水密度（kg/m^3），u 為水質點運動水平速度（m/s），A 為柱體橫斷面積（m^2）。

$$u = \frac{\pi H}{T} \frac{\cosh\left(\frac{2\pi z}{L}\right)}{\sinh\left(\frac{2\pi D}{L}\right)} \cos(\omega t) \tag{3-61}$$

$$\frac{\partial u}{\partial t} = -\omega \frac{\pi H}{T} \frac{\cosh\left(\frac{2\pi z}{L}\right)}{\sinh\left(\frac{2\pi D}{L}\right)} \sin(\omega t) = -\frac{2\pi^2 H}{T^2} \frac{\cosh\left(\frac{2\pi z}{L}\right)}{\sinh\left(\frac{2\pi D}{L}\right)} \sin(\omega t) \tag{3-62}$$

$$\omega = \frac{2\pi}{T} \tag{3-63}$$

2. 驗公式：美國海岸工程研究中心提出碎波力

$$F \approx 1.5\rho g D H_b^2 \tag{3-64}$$

式中 ρ 為海水密度（kg/m^3），H_b 為碎波波高。

海域離岸風力機組基礎防撞措施，包括有：
1. 基礎增設防撞承台。
2. 基礎加裝護套設計。
3. 基礎周圍設置漂浮式護欄。

六、離岸式風力發電之運轉與維護

海域離岸風力發電工程之艱難面，包括有：
1. 電力輸送之海底電纜敷設工程，例如：需精確定位、費用高、電纜種類。
2. 風力機組基礎施工。
3. 風機組安裝，例如：風大且機組巨大，組裝式安裝、一體式安裝。

4.各機組之電力聯網。

海域離岸式風力發電之運轉與維護特點有：

1.維護頻率相對高，例如：海上鹽霧腐蝕、颱風、巨浪等惡劣海象環境引發機組故障。

2.維修需使用大型工程船與吊裝設備。

3.維護費用較高。

由於海上風力機組維護費較高，因此對於低故障率與高度可靠性之要求更高。海域離岸式風力機組故障分析如下述：

1.轉子系統之常見故障，如：轉子不平衡、機械元件鬆動、共振、軸承偏心。

2.齒輪箱之故障，如：齒輪（最常見）、軸承、軸。

3.液壓系統故障，如：液壓油污染、洩漏、壓力失控、油溫升高、速度失控導致油混入空氣或液壓泵磨損。

海域離岸式風力機驅動發電設計型式區分為：

1.高速（有齒輪箱、增速比大）。

2.中速（有齒輪箱、增速比小）。

3.半直驅式（有齒輪箱、增速箱雙級行星齒輪）。

4.直驅式（無齒輪箱）。

七、離岸風力機之基礎

海域離岸風力機組常見之基礎設計型式：

1.重力式基礎。

2.單樁式基礎。

3.三角架式基礎。

4.導管架式基礎。

5.混凝土樁群樁式基礎。

6.鋼管樁群樁式基礎。

7.漂浮式基礎。

不同基礎型式適用之水深狀況：

1. 重力式基礎：使用於較淺水深。

2. 大口徑單樁基礎：使用於較深水深。

3. 三腳基礎及塔架式基礎：使用於更深水深。

海域離岸風力機之基礎設計考慮因素：

1. 地理位置要求，例如：潮間帶、沙洲、淺海、近海。

2. 地質條件要求，例如：強度穩定性、壓縮及沉降性、地基滲漏量。

八、離岸式風力發電之展望

海上風力發電之未來發展趨勢：

1. 風力發電場規模越來越大。

2. 風力機組製造集中化。

3. 成本降低。

4. 離岸淺海區（0～30m）延伸至深海區（30～200m）。

5. 管理系統與制度更完善。

海上風力機組製造之未來展望：

1. 風力機組發電功率大型化。

2. 風力機葉片碳纖維化。

3. 葉片朝向高速翼尖速度（tip velocity）方向設計。

4. 高壓直流（HVDC）技術與機組功率輸出控制技術。

5. 智慧電網

九、離岸風力田開發實例

目前丹麥於 1991 年由 SEAS 公司在面臨波羅的海海域上興建離岸式風力發電，該風力田（wind farm）共有 11 座 450kW 風力機，在 Vindeby 附近 Lollland 島北面海域離岸約 1.5 至 3 公里範圍內。另外也於 1995 年在 Tunoe Knob 建立 5MW 之海域離岸風力發電廠。其他國家，例如瑞典於 1997 年底在 Gotland 南方完成由 5 部丹麥製 600kW 之風力機群組成之離岸式風力發電廠。荷蘭於 Ijselmeer 淺海離岸不到 100 公尺深處，也建有 2 個

離岸式風力發電廠。

　　圖 3-23 為 Horns Rev 風力田之部分實景照片（摘自 International Herald Tribune, Sept.23, 2003），其為當時世界上最大之風力田。該風力田為於丹麥 Esbjerg 附近海域（離岸約 22km），占地面積約 20 km²，包含 2MW 風力機 80 座。

圖 3-23　2003 年時世界上大之風力田部分實景照片（摘自 International Herald Tribune, Sept.23, 2003）

3-9 海域離岸式風力發電在臺灣之未來推展分析探討

　　由於臺灣西海岸海域之風力潛能豐沛，尤其以桃園、新竹、苗栗、台中、彰化等海域處尤佳，故而有開發之潛力。未來開發之工程與技術及風力機相關問題，以世界在離岸風電之成熟開發技術，基本上是沒太大問題。倒是在法令、民眾接受度、相關團體之利益衝突以及海洋環境景觀等方面之問題，將存在一些困難，有待克服解決。

在法令方面，目前國內尚無一適切之相關法規，以規範管理近岸地區海域離岸式之風力發電廠建造等施工問題，包括風力機基礎基座結構物、風力機，以及輸送電力纜線等建造或拆除。

民眾接受度問題，除召開公聽會外，應讓民眾，尤其近岸地區之居民能有參與感之策略，更是不可或缺。例如對當地影響地區民眾進行回饋，諸如丹麥係採部分開放於當地受影響民眾入股方式進行開發。

由於近岸海域活動使用頻繁，因此在交通、漁業、海運、通訊、鳥類保育團體、開礦、海下考古等等，在在多可能相互衝突，如何折衷，也是極需努力之處。

因巨大風力機之設置，對於近岸之海域景觀視覺，有正面也有負面，謹慎評估，藉由各種方法降低負面影響，而強化正面效果。一般風力機設置離岸 8 公里，對景觀視覺之影響，將非常微小。另外避免影響低空飛行之小飛機，風力機彩色宜鮮明且應裝設警示燈。不過海域離岸風力機群組，有時也甚是壯觀，這也將是另一種風光與景點，可引來觀光，屬於正面效益。

3-10 風能轉換分析

當一氣流柱（a column of air）通過風力機葉片旋轉掃過之圓形面積時，該氣流柱之每單位時間之動能為：

$$\frac{\frac{MU^2}{2}}{t} = \frac{MU^2}{2t} \tag{3-65}$$

式中 M 為氣流質量，U 為該氣流移動速度亦即風速，t 為時間。而該氣流柱質量為：

$$M = \rho(\frac{\pi D^2}{4}L) \tag{3-66}$$

上式中 L 為該氣流柱長度，D 為風力機葉片直徑，ρ 則為空氣密度。

將 3-66 式代入 3-65 式，可得該氣流柱之每單位時間之動能為：

$$\frac{(\frac{\pi D^2}{4}L\rho)U^2}{2t} \tag{3-67}$$

又因為風速

$$U = \frac{L}{t} \tag{3-68}$$

所以將 3-68 式代回 3-67 式，則得到：

$$\frac{\frac{\pi D^2}{4}L\rho(\frac{L}{t})^2}{2t} = \frac{\pi D^2 \rho U^3}{8} = \frac{\pi D^2}{4}\frac{1}{2}\rho U^3 \tag{3-69}$$

此即氣流柱以速度 U 在單位時間通過直徑為 D 之風力機葉片之總能量。
此處有幾點應注意：

1. 實際上只有該氣流柱總動能之一部分可以被轉換。部分動能仍需保留，如此氣流方可繼續流動通過葉片。
2. 設若全部總動能均被葉片轉換，則氣流在通過葉片後，將停止流動，整個過程也將停止。
3. 總動能之理論最大轉換率為 59.3%，亦即為 $0.593\frac{\pi D^2}{4}\frac{1}{2}\rho U^3$。該最大轉換率之推導可參考風力機理論效率分析之章節。
4. 實際上，風力渦輪機其具有之特殊性質為低風速、高面積比，以及長時間之運轉操作，此係有別於一般螺旋槳之操作。

3-11 風力機構造與特性及性能參數

一、風力機構造與特性

風力機設計形式繁多，從較早荷蘭沿海地區農莊之傳統式到現代螺旋槳

式，不一而足。由於近年來空氣動力學理論分析、數值計算與製造技術等科技的大幅快速進步，使得現今商業化主流風力機（wind turbine）設計大多為：水平軸、三葉式翼形之風力發電機。其主要由葉片轉子（rotor blade，俗稱葉輪）、傳動鏈（增速齒輪箱及發電機）、控制系統以及塔架等單元所組構而成。圖 3-24 為水平軸與垂軸不同造型之風力機葉片設計示意圖。

　　單就風力機之輸出性能而言，葉片轉子為風力機轉換利用風能最重要系統之一，葉片鎖定於輪轂（hub），受風吹之氣動力作用，繞軸旋轉，擷取風之動能，藉由發電系統，將此動能轉換為電能。葉輪受風吹而轉動，乃係源於氣動力之特性包括升力及阻力對於葉片產生轉動扭矩。葉輪氣動力性能好壞，將關係著風力機發電電能之輸出效率，該效率最大值理論上為 59.3%（推導細節請參考風力機理論效率分析之章節）。目前葉片設計採用飛機機翼段面之水平軸翼型風力機之氣動力轉換效率最高可達 50%。

　　風力機之輸出係與葉輪面積成正比，一般任何形式葉輪最大輸出均不超過 500 W/m^2。風力機大小一般以葉輪直徑計算，目前由 60 cm（50W）至 60 m（3MW）均有。通常葉輪直徑 20m 以下者，稱為小型風力機，而直徑

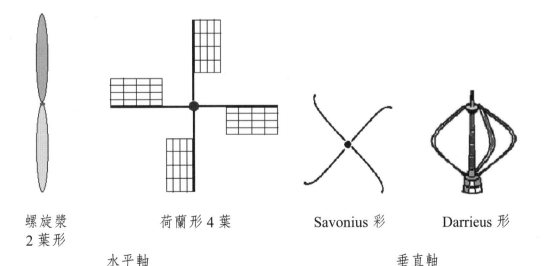

螺旋槳 2 葉形	荷蘭形 4 葉	Savonius 彩	Darrieus 形
水平軸		垂直軸	

圖 3-24　水平軸與垂軸不同造型之風力機葉片設計示意圖

20 m（200 kW）至 40～50 m（500～800 kW），稱爲中型風力機，至於直徑超過 50 m（1MW）者，稱爲大型風力機。

　　風力機構造類別可依旋轉軸結構、推動發電類型、轉子葉片位置以及轉子葉片受力類別情形有不同類型設計，表 3-6 爲風力機構造之類型整理。

表 3-6　風力機構造之類型（John F.Walker, Wind Energy Technology, John Wiley & Sons Inc., 1997）

構造類別	敘述	類型名稱
旋轉軸結構	主軸與地面相對方向	水平軸式（Horizontal-axis type） 垂直軸式（Vertical-axis type）
推動發電類型	發電機類型	同步發電機（Synchronous generator） 感應發電機（Asynchronous generator）
轉子葉片位置	轉子相對於風向之位置	上風式（Up wind） 下風式（Down wind）
轉子葉片受力類別情形	轉子葉片之工作原理	升力型（Lift） 阻力型（Drag）

1. 風力機旋轉軸結構，其主軸與地面相對方向之設計不同，可區分爲水平軸式與垂直軸式。參見圖 3-25。

　　水平軸式與垂直軸式風力機之比較如下：

　　(1) 水平軸式風力機：

　　　　① 適用於風力較大，而且風向較固定，紊流較小的處所。

　　　　② 風能轉換效率相較垂直軸式爲高。

　　(2) 垂直軸式風力機：

　　　　① 適用於風力較小的場合。

　　　　② 轉子葉片爲對稱結構，適合在風向較不固定的地點。

　　　　③ 風能轉換效率相較水平軸式風力發電機低。

2. 風力機發電機類型不同，可區分爲同步發電機與感應發電機兩類型。

　　風力機推動發電之類型比較：

(1) 感應機型特性

　　當利用風力推動發電時，風力機之葉片轉子必須先連接至增速齒輪箱，先將旋轉的速度提升至某一程度後，再行驅動發電機轉子進行發電。

(2) 同步發電機特性

　　① 發電機轉子直接安裝於風力機葉片轉軸中心，當葉片轉動時，直接驅動發電機轉子。

　　② 不須增速齒輪箱，可改善感應式風力機因快速轉動機件部分所造成噪音及機械磨損的缺點。

　　③ 若風速超過滿載風速時，可利用旋角控制（Pitch Control）系統改變葉片受風角度，降低葉片受風力量，以限制轉子速度及功率輸出，避免造成過載情形發生。

 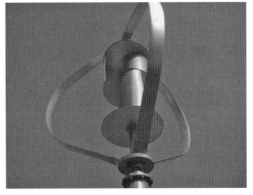

水平軸式風力機　　　　　　　　　　　垂直軸式風力機

圖 3-25　水平軸式風力機與垂直軸式風力機

3. 依據風力機轉子葉片位置不同（轉子相對於風向之位置）區分為：上風式與下風式（參見圖 3-26 示意圖）。

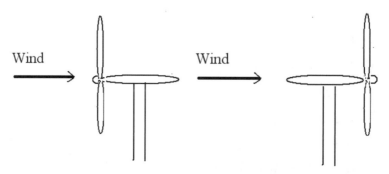

圖 3-26　上風式風力機（左）與下風式風力機（右）示意圖

4. 依據風力機葉片受力類別情形差異，亦即葉片之工作原理不同，區分
　為升力型以及阻力型。

　阻力型風力機與升力型風力機轉子葉片轉動工作原理及比較如下：

　(1) 阻力型風力機
　　　① 利用阻力產生轉動
　　　② 轉速慢、轉矩大
　　　③ 傳統的風車屬於此類

　(2) 升力型風力機
　　　① 利用升力產生轉動
　　　② 轉速快、轉矩小
　　　③ 目前一般風力機屬於此類

　　若因自然風之不穩定性，使得風力機輸出也變的不穩定。因此為了保持
穩定之輸出以及避免超額輸出，必須對輸出做控制，以確保輸出穩定。而輸
出控制即是所謂之額定輸出（rated power）。因為過度超額之輸出，將會
造成齒輪箱及發電機之損壞。

　　在定轉速風力機控制設計，其係採用以下兩種方式：(1) 葉片俯仰角控
制（pitch control），利用可變旋翼構造在高風速時調整葉片角度，以降低
風之推力，達到減速目的。(2) 失速調節（stall regulation），係利用固定旋
翼藉由翼形葉片在較高風速下，氣流產生分離導致失速現象，使得風之推力

減少，而達到輸出降低之功效。

　　以葉片俯仰角控制之方式屬於較先進之設計，係使用感測監控與液壓驅動系統，可配合風速自動調整葉片俯仰角，減少推力，避免過高輸出，或自動調整葉片俯仰角，降低風力機之啓動風速。此皆爲該方式設計之優點。但該方式設計之系統機構較複雜，成本較高，且機組維修保養較繁複，則爲其缺點。而固定旋翼式葉片根部係直接鎖固於輪轂上，簡單可靠，成本較低，皆是優點。但調控降低推力，減少過高輸出等之能力，則不若葉片俯仰角控制之方式靈敏快速準確。

　　風力機設計除上述之氣動力性能外，各構件與整體結構需強固牢靠、能耐久運轉，以長期發揮運轉發電效益，也是設計時之重要考量因素。目前商業化之風力機設計，以 20 年爲設計基準，其可用率（即風力機眞正運轉時間與風力機應可運轉之時間比值）約可達到 97～99%。

二、風力機性能參數與討論

1. 性能參數

評估風力機的性能參數，敘述如下：

(1) 功率係數（power coefficient）

　　風力機從風能中實際取得功率之比例。

　　例如：理想風力機功率係數爲 0.593；高效率螺旋槳風力機爲 0.45；阻力型桶型風力機爲 0.15～0.20。

(2) 扭矩係數（torque coefficient）

　　風力機實際扭矩與風力機葉片半徑爲力臂獲得之扭矩比例。

　　例如：升力型風力機在葉片旋轉面產生升力所形成之力矩爲風力機實際扭矩；阻力型風力機在葉片旋轉面產生阻力所形成之力矩爲風力機實際扭矩。

(3) 推力係數（thrust coefficient）

　　實際作用於風力機推力與理想作用於風力機推力之比例。

(4) 翼尖速度比值（tip speed ratio）

風力機葉片尖端速度（切線速度，tangential velocity）與風力機上游為受擾動處之風速比例。

例如：升力型風力機葉片翼尖速度比值約為 5～10；在相同比值下，大型風力機轉速低，小型風力機轉速高。

(5) 風力機實心度（solidity）

風力機轉子及葉片投影面積占葉片旋轉所掃過面積之比例。

例如：葉片較多之風力機稱為高實心度（high solidity）；葉片較少之風力機稱為低實心度（low solidity）。

2. 性能參數討論

風力機性能參數討論如下：

(1) 為更有效率取得風能，風力機葉片必須與通過葉片掃過面積內之風有更多之作用接觸。因此高實心度（較多葉片）之風力機葉片以較小之翼尖速度比值與風作用，然而低實心度（較少葉片）之風力機葉片，為了填補以掃過相同面積，則需較大之翼尖速度比值與風作用。

(2) 翼尖速度若過低，風通過風力機卻來不及與葉片作用。若翼尖速度過高，則風與葉片作用之阻力增加，容易造成部分風在葉片周圍打轉。

(3) 單槳葉片風力機之翼尖速度比值為相同葉片之雙槳風力機最佳翼尖速度比值（optimum tip speed ratio）的兩倍。

(4) 目前低實心度風力機之最佳翼尖速度比值為 6～20。

(5) 理論上，風力機葉片越多，風能取得效率應該越高。然而過多葉片彼此會干擾流場，減低效率。總的來說，高實心度風力機之效率均較低實心度風力機低。

(6) 低實心度風力機，以三槳葉片之設計之能源取得效率最多，二槳葉片效率次之。

(7) 風力機之葉片增加，容易引發空氣動力噪音（aerodynamic noise），亦即咻咻聲（swishing sound）。

(8) 若欲取得某一固定量風能，風力機轉動角速度越小，所需扭矩越

高；反之角速度越大，所需扭矩越低。

3-12 風力機理論效率與風力機發電系統效率分析

一、風力機理論效率分析

1. 升力型風力機理論效率分析

應用流體力學原理進行分析風力機之理論效率，理論分析時使用之各相關參數參閱圖 3-27。

氣流對風力機之推力為：

$$F = \rho Q(V_1 - V_4) = \rho AV(V_1 - V_4) \qquad （3-70）$$

又因為推力 F 為葉片前後兩面所受力量之差值，故：

$$F = p_2 A - p_3 A \qquad （3-71）$$

應用柏努力定律（Bernoulli equation），可列出下列關係式：

$$p_1 + \frac{1}{2}\rho V_1^2 = p_2 + \frac{1}{2}\rho V_2^2 \qquad （3-72）$$

$$p_3 + \frac{1}{2}\rho V_3^2 = p_4 + \frac{1}{2}\rho V_4^2 \qquad （3-73）$$

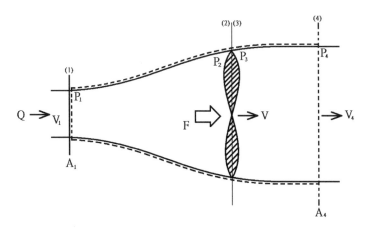

圖 3-27　風力機理論效率分析示意圖

又各斷面面積與流量關係為：

$$A_2 = A_3 = A \qquad (3\text{-}74)$$

$$\rho A_2 V_2 = \rho A_3 V_3 \qquad (3\text{-}75)$$

故

$$V_2 = V_3 = V \qquad (3\text{-}76)$$

又

$$p_1 = p_4 = p_{air} \qquad (3\text{-}77)$$

將 3-76，3-77 式帶入 3-78 式，得：

$$p_2 - p_3 = (p_1 + \frac{1}{2}\rho V_1^2 - \frac{1}{2}\rho V_2^2) - (p_4 + \frac{1}{2}\rho V_4^2 - \frac{1}{2}\rho V_3^2) = \frac{1}{2}\rho(V_1^2 - V_4^2) \quad (3\text{-}78)$$

再將 3-78 式代回 3-71 式，得推力 F：

$$F = (p_2 - p_3)A = \frac{1}{2}\rho(V_1^2 - V_4^2)A \qquad (3\text{-}79)$$

比較 3-70 式與 3-79 式，得推力 F：

$$\rho A V(V_1 - V_4) = F = \frac{1}{2}\rho(V_1^2 - V_4^2)A \qquad (3\text{-}80)$$

上式經化簡，得：

$$V = \frac{1}{2}(V_1 + V_4) \qquad (3\text{-}81)$$

由於風力機為固定之構造物，因此輸入功率，P_i 為氣流對風力機之推力 F 與通過風力機葉片之氣流速度 V 之乘積，故 P_i：

$$P_i = FV$$
$$= \rho Q(V_1 - V_4)V$$

$$= \rho AV(V_1 - V_4)V$$

$$= \rho AV(V_1 - V_4)\frac{1}{2}(V_1 + V_4)$$

$$= \frac{\rho AV}{2}(V_1^2 - V_4^2) \qquad （3\text{-}82）$$

此式說明了斷面 1 與斷面 4 之能量差異。

當氣流柱通過葉片時，風力機葉片其所能獲取之最大能量爲：

$$P_a = \dot{m}\frac{1}{2}V_1^2$$

$$= \rho Q\frac{1}{2}V_1^2$$

$$= \frac{1}{2}\rho AV_1 V_1^2$$

$$= \frac{1}{2}\rho AV_1^3 \qquad （3\text{-}83）$$

而理論效率則爲輸入功率與獲取最大能量之比值，故理論效率：

$$e_t = \frac{P_i}{P_a}$$

$$= \frac{\frac{1}{2}\rho AV(V_1^2 - V_4^2)}{\frac{1}{2}\rho AV_1^3}$$

$$= \frac{\frac{V_1 + V_4}{2}(V_1^2 - V_4^2)}{V_1^3}$$

$$= \frac{1}{2}(1 + \frac{V_4}{V_1})[1 - (\frac{V_4}{V_1})^2] \qquad （3\text{-}84）$$

再令

$$\frac{V_4}{V_1} = x \qquad （3\text{-}85）$$

則

$$e_t = \frac{1}{2}(1+x)(1-x^2)$$
$$= \frac{1}{2}(1 + x - x^2 - x^3) \tag{3-86}$$

若欲獲得最大理論效率值，則可令

$$\frac{\partial e_t}{\partial x} = 0 \tag{3-87}$$

亦即

$$\frac{\partial e_t}{\partial x} = \frac{1}{2}(1 - 2x - 3x^2) = 0 \tag{3-88}$$

此方程式之解包含兩根，即：

$$x = -1 \text{ or } x = \frac{1}{3} \tag{3-89}$$

因為 V_1 與 V_4 均為正值，因此根 $x = -1$，與物理事實不符合，應捨去該根。所以方程式之解為：

$$x = \frac{V_4}{V_1} = \frac{1}{3} \tag{3-90}$$

將該根代回，得：

$$(e_t)_{max} = \frac{1}{2}[1 + \frac{1}{3} - (\frac{1}{3})^2 - (\frac{1}{3})^3]$$
$$= \frac{16}{27}$$
$$\approx 0.593 \tag{3-91}$$

因此，該最大理論效率值為 16/27 或 0.593，該數字又稱之為 Betz 係數（Betz coefficient），乃係紀念德國物理學家 Albert Betz。他於 1919 年首

先提出該定律,亦即所謂貝茲定律(Betz law)。該定律爲:風之動能最多僅能有 16/27 或 59.3% 能夠被風力機轉換爲機械能。

又由 3-90 式,得知 $V_4/V_1 = 1/3$,故可知:在理想狀況下,風力機可將吹向葉片之風速值降低 2/3。

事實上,由於流體黏滯性作用,經過風力機葉片氣流摩擦,以及其他能量損失,故風力機最大效率約僅可達 50% 左右。而具有大葉片之荷蘭傳統風車之最大效率僅約爲 15%。

2. 阻力型風力機理論效率分析

若物體承受風速 V_0 之風作用,物體受風作用面積爲 A,受到風之推力爲 F,則該物體單位面積承受力爲:

$$\frac{F}{A} = C_D \frac{1}{2} \rho V_0^2 \tag{3-92}$$

式中爲 C_D 爲風車阻力係數。

若是阻力型風車,參閱圖 3-28,該阻力型風車承受風速 V_0 之風作用,風車後方受到風速 V。風車承受之作用推力 F,作用於在風車之相對風速爲 $V_r = V_0 - V$,A 爲面積,風車功率 $P = FV$,因此風車單位面積之風車功率 P/A 爲:

$$\frac{P}{A} = \frac{FV}{A} = C_D \frac{1}{2} \rho V_r^2 V = C_D \frac{1}{2} \rho (V_0 - V)^2 V \tag{3-93}$$

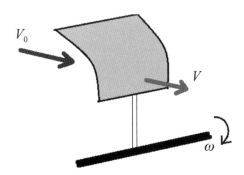

圖 3-28　阻力型風車受力轉動模型示意圖

欲獲得功率最大值，需將上式對 V 微分後等於零。因此最大功率出現在當：

$$\frac{V}{V_0} = \frac{1}{3} \qquad (3\text{-}94)$$

因此在此條件下，獲得阻力型風車最大功率係數為最大功率與風車取得功率之比值：

$$C_{p\max} = \frac{P_{\max}}{\frac{1}{2}\rho A V_0^3} = \frac{AC_{D\max}\frac{1}{2}\rho\left(V_0 - \frac{1}{3}V_0\right)^2\frac{1}{3}V_0}{\frac{1}{2}\rho A V_0^3} = \frac{4}{27}C_{D\max} \qquad (3\text{-}95)$$

亦即阻力型風車之最大功率係數為 4/27 或 0.148。而前述分析之升力型風車最大功率係數則為 16/27 或 0.593。

二、風力機發電系統效率分析

風力機發電基本上係將各相關元件（包括風力渦輪機、齒輪箱、發電機等）組合後獲致完整系統，而整體系統效率分析計算，如下式：

$$\eta = \eta_{turbine} \times \eta_{gearbox} \times \eta_{generator} \qquad (3\text{-}96)$$

上式 $\eta_{turbine}$ 為風力渦輪機效率：

　　大型風力機（100kW～3MW）40%～50%

　　小型風力機（1kW～100kW）20%～40%

　　微型風力機（1kW 以下）35%

　$\eta_{gearbox}$ 為齒輪箱效率：

　　大型風力機（100kW～3MW）80%～95%

　　小型風力機（1kW～100kW）70%～80%

　$\eta_{generator}$ 為發電機效率：

　　大型風力機（100kW～3MW）80%～95%

　　小型風力機（1kW～100kW）60%～80%

一般設計上，大型風力機發電系統效率遠較高於小型風力機發電系統效率。

例題　有一渦輪風力機設計產生 $W_w = 100KW$ 之電力，假定風力機所承受之平均風速爲 $V_1 = 36km/h$。試問若渦輪風力機之效率爲 $h = 48\%$ 時，計算風力機所需葉片之長度。（假定空氣密度爲 $1.225kg/m^3$）

解答：因爲風速 $V_1 = 36$ km/h $= 36 \times 1000m/3600s = 10$ m/s

輸出功率 100 KW

所以風功率 $Ww = 100$ KW/η = 100 KW/0.48 = 208.33 KW

可用風功率 $W_a = \rho Q \dfrac{1}{2} V_1^2 = \rho A V_1 \dfrac{1}{2} V_1^2 = \dfrac{1}{2} \rho A V_1^3$

$$= \dfrac{1}{2} \times 1.225 \dfrac{kg}{m^3} \times A \times (10 \dfrac{m}{s})^3$$

$$= 612.5 \times A \text{ W}$$

因爲 $W_w = W_a$

所以 208.33 KW = 612.5A W

亦即 2088330 W = 612.5A W

因此 $A = 340.1$ m^2

故葉片直徑 $D = \sqrt{\dfrac{A}{\dfrac{\pi}{4}}} = \sqrt{\dfrac{340.1}{\dfrac{\pi}{4}}} = 20.8m$

若忽略輪軸，則葉片長度 = $D/2$ = 20.8/2 = 10.4m　#

例題　風力機效率分析例

假定風力機葉片直徑 30 ft，若在最小出功風速（cut-in wind speed, i.e. minimum power generation）爲 7 mph 時，其輸出電能功率爲 0.4kW。試問在該狀況下風力機之效率？（假定空氣密度 $1.25kg/m^3$）

解答：$V_{cut-in} = 7mile/h = 7 \dfrac{\dfrac{1600m}{1mile}}{\dfrac{3600s}{1h}} = 3.11m/s$

$$\dot{m} = \rho A V_{cut-in} = 1.25 \frac{kg}{m^3} \times \frac{\pi \left(30 \times \frac{0.3048m}{1ft}\right)^2}{4} \times 3.11 m/s = 255.29 \frac{kg}{s}$$

$$\dot{W}_{max} = \dot{m} \frac{V_{cut-in}^2}{2} = 255.29 \frac{kg}{s} \times \frac{\left(3.11 \frac{m}{s}\right)^2}{2} = 1234.59W$$

效率 $\eta = \frac{\dot{W}_{actual}}{\dot{W}_{max}} = \frac{0.4KW}{1234.59W} = \frac{0.4 \times 1000W}{1234.59W} = 0.324 = 32.4\%$

3-13 風力田單位發電投資成本經濟分析

風力田發電單位發電投資成本經濟分析，其中發電單位成本 g 可依下式計算：

$$g = \frac{CR}{E} + M \qquad (3-97)$$

式中 C：資本成本（the capital cost of the wind farm）

R：成本回收率（the capital recovery factor or annual capital charge rate）

$$R = \frac{x}{1-(1+x)^{-n}} \qquad (3-98)$$

式中 x：每年通膨償還率（the required annual rate of return net of inflation）

n：投資成本回本所需年數（the number of years over which the investment in the wind farm is to be recovered）

E：每年電量輸出（the wind farm annual energy output）

$$E = (hP_r F)T \qquad (3-99)$$

式中 h：1 年總時數（the number of hours in a year = 8760 h）

　　Pr：每一風力機額定功率（以瓦特為單位）（the rated power of each wind turbine in kilowatts）

　　F：風力機淨容量因子（the net annual capacity factor of the wind turbines at the site）

　　T：風力田之風力機數目（the number of wind turbines）

　　M：風力田每年固定輸出電量之操作與維護成本（the cost of operating and maintaining the wind farm annual output）

$$M = \frac{KC}{E} \tag{3-100}$$

式中 K：風力田每年操作成本與總成本比例因子（a factor representing the annual operating costs of a wind farm as a fraction of the total capital cost）。歐洲風能協會（The European Wind Energy Association, EWEA）1991 年定 $K = 0.025$。

3-14 中小型風力發電

　　中小型風力發電一般係指發電功率在數百至數萬瓦特之間。中小型風力發電具有因地制宜，充分利用風能，節能減碳之特性。

　　中小型風力發電具有下述優點：

1. 發電容易。
2. 成本較低。
3. 限制較少。
4. 成本回收快。

中小型風力發電適合設置位置包括：

1. 大都會區、公園與休閒區。
2. 都市大樓頂樓。參閱圖 3-29 與圖 3-30。

3.小型工廠、社區、學校。

4.農村、田園、魚塭、圳溝。

5.道路、橋樑。

圖 3-29　基隆市政府文化中心大樓頂樓之小型風力機

圖 3-30　英國 Bristol 市區建築大樓頂之垂直軸中小型風力機

問題與分析

1. 參閱下圖，假定風力機葉片直徑 90 m，若在為穩定風速 V_1 = 25 km/h 時吹向風力機，(1) 試問此狀況下最大輸出電能功率為何？(2) 若此時風力機之效率為 30%，則風力機實際輸出電功率為何？(3) 離開風力機之風速 V_2？（假定風力機轉動時不考慮空氣摩擦效應，且空氣密度為 $\rho = 1.25\dfrac{kg}{m^3}$）

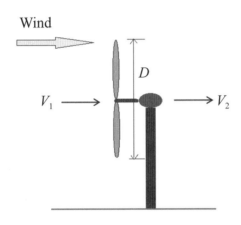

〔解答提示：(1) 最大輸出電能功率 1330 kW

(2) 實際輸出電功率 0.30*1330 kW = 399 kW

(3) 離開風力機之風速

$$\dot{m}ke_2 = \dot{m}ke_1(1 - \eta_{\text{windturbine}}) \rightarrow \dot{m}\frac{V_2^2}{2} = \dot{m}\frac{V_1^2}{2}(1 - \eta_{\text{windturbine}})$$

$\because V_1$= 25 km/h= 6.94 m/s

$\therefore V_2 = V_1\sqrt{(1 - \eta_{\text{windturbine}})} = 6.94 m/s \times \sqrt{1 - 0.30} = 5.81 m/s$〕

2. 假定某一風力機輸出額定功率為 1650kW，而年總發電量為 3600000 kWh。試問該風力機設備 1 年之間設備使用率（capacity factor）為何？

〔解答提示：設備使用率 3600000 kWh/(1650kW*8760h) = 0.249 = 24.9%〕

參考文獻

[1] Bansal, N.K., Wind energy utilization in India，《太陽能、風力及地熱發電——再生能源在台灣》，國際論壇，台北市，9 月 25 日，26 日，2000 年。

[2] Birgitte, D.H., Development in global use of wind energy，《太陽能、風力及地熱發電——再生能源在台灣》，國際論壇，台北市，9 月 25 日、26 日，2000 年。

[3] Danish Wind Turbine Manufactures Associations, 2001，Web site: www.windpower.dk

[4] Fernando, K.S., Lysen, E.H., Piterse, N., and Wieringa, J., Wind resources assessment in Sri Lanka, *Journal of Wind Engineering and Industrial Aerodynamics*, Vol.39, pp.233-241, 1992.

[5] John F.Walker, *Wind Energy Technology*, John Wiley & Sons Inc., 1997.

[6] Justus, C.G., Annual power output potential for 100 KW and 1 MW aerogenerator, *Wind Energy Conservation System, 2nd Workshop Proceedings*, 1975.

[7] Seguro, J.V., and Lambert, T.W., Modern estimation of the parameters of the Weibull wind speed distribution for wind energy analysis, *Journal of Wind Engineering and Industrial Aerodynamics*, Vol.85, pp.75-84, 2000.

[8] Stevens, M.J.M., and Smulders, P.T., The estimation of the parameters of the Weibull wind speed distribution for wind energy utilization purposes, *Wind Engineering*, Vol.3, No.2 pp.132-145, 1979.

[9] Shiau, Bao-Shi, Wind energy potential in northern Taiwan, *Proceedings of the 4th Asia-Pacific Symposium on Wind Engineering*, pp.219-222, Gold Coast, Australia, July 14-16, 1997.

[10] Shiau, B.S., Chen, Y.S., Wang, C.Y., and To, K., Observation on Wind Characteristics and Spectra for Estimation of Wind Energy Potential in City and Coastal Areas of Taiwan, *The 12th Americas Conference on Wind Engineering*, Seattle, WA, USA, June 16-20, 2013.

[11] 孫濟良、秦大庸、孫翰光，《水文氣象統計通用模型》，中國水利水電出版社，北京市，中華人民共和國，2001。

[12] 蕭葆羲，〈海岸及離岸型風力發電在台灣之應用研究（一）〉，行政院國科會專題研究報告 NSC 90-2621-Z-019-002，民國 91 年 8 月，2006。

[13] 蕭葆羲、藍文基，〈大氣邊界層內三行三列錯列式風機之風力田風場風洞煙流視現與量測研究〉，第 38 屆海洋工程研討會論文集，P588～P593，民國 105 年 12 月，台灣大學，台北，台灣，2016。

佛羅倫斯（Florence），義大利　　　　　　　　　　　　　　　　(*by Bao-Shi Shiau*)

佛羅倫斯（Florence）又名翡冷翠，是歐洲文藝復興運動的誕生地，藝術與建築的搖籃。也是歐洲中世紀重要的文化、商業和金融中心，並曾一度是義大利統一後的首都（1865～1871 年）。翡冷翠的由來是徐志摩在度假時，飽覽當地的湖山之勝，因而觸發了內心美的悸動，故而將義大利語的 Firenze 翻譯成翡冷翠，並寫下《翡冷翠的一夜》及《翡冷翠山居閒話》兩篇散文。

巨石陣（Stonehenge），英國　　　　　　　　　　　（*by Bao-Shi Shiau*）

巨石陣（Stonehenge）位於英國離倫敦大約 120 km 的 Avebury。建立於 4500 年前之史前神廟，是聯合國教科文組織（UNESCO）認可之世界文化遺產。

第四章

風蝕、防風及風對蒸發
與波浪之影響

4-1 風蝕

　　風沙傳輸（aeolian sand transport）現象造成之結果與影響在土木與環境領域是一個很重要的基本問題。包括風蝕（erosion）、飛沙傳輸（transport）與沉積（deposition）。其中風侵蝕造成土地磨耗劣化或海岸退縮消失，亦或沙漠化。飛沙傳輸包括沙暴（sand storm）或塵暴（dust storm），影響空氣品質與能見度。飛沙沉積形成沙丘，掩埋農地或農作物。

　　本節分別就風蝕之物理現象、風蝕理論分析以及風蝕模式說明如下：

一、風蝕現象

　　在鬆軟土地表面上，當風吹過地表面時，由於風之剪力作用於地表面，於是將土壤細粒捲起上揚移位，因此破壞地表面土壤，稱為風蝕現象（wind erosion）。若有地區在乾旱季節時，遭受嚴重風蝕，則將破壞土壤，影響草木作物生長，進而嚴重衝擊農牧業。沙質海岸地區也因風蝕作用，造成海岸沙丘地形或海岸線之改變。

　　風將土壤顆粒揚起，該等顆粒在氣流中之運動型式種類大致可區分為三種：

1. 懸浮（suspension）：對於較細小顆粒，例如粒徑範圍 0.1～0.5mm 者，被風吹起後，隨風飄送，此類細小顆粒其在氣流中之運動型態，係屬懸浮型式。一般懸浮運動型式，可被風攜至較遠之距離。

2. 跳躍（saltation）：粒徑較大者，被風揚起，但由於粒徑較大，亦即重量較大，因此很快就墜地，之後又被風揚起，再度墜地，其運動形態，有如跳躍。當顆粒墜地時，將對地表面產生撞擊，可能使地表土壤鬆動。

3. 蠕動（creep）：對於較大顆粒，風力不足以將顆粒揚起，但還可以將顆粒推動移行並向前進，此類顆粒受風吹拂之緩慢向前之運動，稱為潛移。

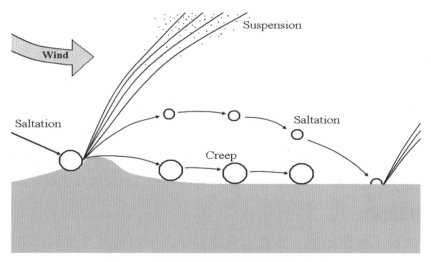

圖 4-1　風蝕過程土壤顆粒運移示意圖

二、風蝕理論分析

一般來說，若風之阻力速度（drag velocity）〔亦稱爲摩擦速度（friction velocity）〕與紊流（turbulence）強度越大，則風蝕程度也將越顯著。若摩擦速度爲 u_*，則風作用於地表面之表面阻力（surface drag），或稱剪力，τ，爲：

$$\tau = \rho_a u_*^2 \tag{4-1}$$

式中 ρ_a 爲空氣密度。

因爲對數律型式之地表面平均風速剖面爲：

$$\frac{U(z)}{u_*} = \frac{1}{\kappa} \ln(\frac{z}{z_0}) \tag{4-2}$$

式中 κ 爲 Karman 常數，約爲 0.4；z_0 爲地面粗糙長度（roughness length）或稱零風速平面（plane of zero wind velocity）之高度。因此摩擦速度可由上式求得如下：

$$u_* = \kappa \times \frac{U(z)}{\ln(\frac{z}{z_0})} \qquad (4\text{-}3)$$

　　當應用 4-2 式、4-3 式估算風輸送之懸浮顆粒所需之摩擦速度時，依據 Rasmussen 等人（1985），以及 Mulligan（1988）指出，風速量測應該在距離地表面 0.2 公尺以內進行。實務上在現場量測平均風速，係採用高度 1m，也多有常見，例如 Sauermann et al.（2003），Parteli et al.（2006）。

例題　沙地風蝕現場調查量測研究，在高度 1m 處測得風速 7.5m/s，且該處之地面粗糙長度推估為 $2.5*10^{-4}$m。試問該處之地面摩擦速度為何？

解答：在高度 z = 1m 處之平均風速 $U(z = 1\text{m})$ = 7.5m/s

地面粗糙長度 z_0 = $2.5*10^{-4}$m

地面摩擦速度 $u_* = \kappa \times \dfrac{U(z)}{\ln(\frac{z}{z_0})} = 0.4 \dfrac{7.5\frac{m}{s}}{\ln\left(\dfrac{1m}{2.5\times10^{-4}\,m}\right)} = 0.36\dfrac{m}{s}$

　　土壤表面受到風蝕，土壤顆粒被風揚起率（rate of detachment）D_f 與摩擦速度關係，經由 Sorensen（1985）、Jensen and Sorensen（1986）之風洞實驗分析，結果如下：

$$D_f \propto u_*^{2.8} \qquad (4\text{-}4)$$

　　但 Willetts & Rice（1988）之實驗指出數據資料太少，尚無法決定上式之冪次數。一般相信該冪次數應介於 2.0 至 3.0 之間。

　　對於風蝕土壤受氣流傳輸之懸浮量，一般學者大都認同：風蝕之傳輸沉降量與摩擦速度（或稱為剪力速度）之 3 次方成正比。

　　基於此觀點，在平坦光滑全由可移動顆粒組成之地面，風對該表面土壤之侵蝕量，Chepil（1945）研究指出，土壤受風吹後風蝕之單位寬度最大沉降量（maximum sediment discharge per unit width），q 示如下式：

$$q = Cd\frac{\rho_a}{g}u_*^3 \tag{4-5}$$

式中 C 爲常數；d 爲土壤顆粒粒徑；g 爲重力加速度。

　　另外 Bagnold（1941）利用風洞實驗研究，觀察風吹沙之運動現象，並採用力學方法分析，考慮例如沙粒顆粒粒徑、摩擦速度等，進而提出下式：

$$q = k\sqrt{\frac{d}{D}}\frac{\rho_a}{g}u_*^3 \tag{4-6}$$

式中 q 之單位爲 $g/(cm\text{-}s)$；$\ln k = 4.97d - 0.47$；d 爲顆粒平均粒徑；D 爲粒徑 0.25mm 之標準顆粒；ρ_a 爲空氣密度；g 爲重力加速度。

　　風蝕沉降量與摩擦速度關係式中之係數 k，該經驗係數 k 值與土壤顆粒粒徑分布有關，Bagnold*（1941）指出 k 之範圍 1.5～3.5。

　　　　1.5 近乎均匀沙粒（for nearly uniform sand）

　　1.5～1.8 典型沙丘（for typical sand dunes）

　　1.8～2.8 中度未篩沙粒（for moderately to poorly sorted sands）

　　2.8～3.5 硬且相對不動之地表面，例如小卵石、滯緩沉積沼澤地或噴出砂土（for over hard, relatively immobile surfaces）（e.g. pebbles, lag deposition swales or blowouts）

　　Hsu（1973）綜合在美國佛州（Florida）、德州（Texas）、阿拉斯加（Alaska）、厄瓜多爾（Ecuador）、利比亞（Libya）等地資料，成功地推導出關於風蝕之單位寬度最大沉降量，q 之關係式如下：

$$q = k(\frac{u_*}{\sqrt{gd}})^3 \tag{4-7}$$

　　對於粒徑爲 d 之地表面塵土顆粒，描述風蝕發生時之阻力速度門檻值（threshold velocity）之公式爲（Chepil, 1951）：

$$u_x = A\sqrt{(\frac{\rho_p - \rho_a}{\rho_a})gd} \tag{4-8}$$

式中 ρ_p 為顆粒之密度；A 為係數，由土壤中之不同顆粒粒徑數目決定。公式中所有單位使用 cm-g-sec 制。若最小粒徑 0.1mm，而最大粒徑為 0.2mm，則 $A = 0.1$。而一般地面土壤，其 A 值均大於或小於 0.1。（4-8）式僅適用於沙粒粒徑 $d > 0.06$mm。

　　Cornelis & Gabriels（2004）提出門檻剪力速度（threshold shear velocity）公式如下：

$$u_{*_t} = \sqrt{A_1\left[1 + A_2\frac{1}{(\rho_s - \rho_f)gd^3}\right]}\sqrt{\frac{\rho_s - \rho_f}{\rho_s}gd} \qquad (4\text{-}9)$$

式中 $A_1 = 0.013$，$A_2 = 1.695 \times 10^{-4}$ N/m，ρ_s 為土壤顆粒密度（kg/m³），ρ_f 為流體（空氣）密度（kg/m³），g 為重力加速度（m/s²），d 為顆粒粒徑（m）。

　　另外風蝕之單位寬度最大沉降量之推估，Chepil（1945）發展另一種關係式表示，亦即考慮風蝕作用強弱係與風速值 u 及阻力門檻速度值 u_x 之差異有關，因此：

$$q = B(u - u_x)^3 \qquad (4\text{-}10)$$

此處風速與阻力門檻速度二者之單位均為 cm/s，且皆係在距地表面 1 公尺處量測；B 為係數。Chepil 計算 $B = 52$，而 Finkel（1959）研究祕魯南部之新月形沙丘（barchan dune），推導得下式：

$$B = \left(\frac{0.174}{\ln(\frac{z}{z_0})}\right)^3 k\left(\frac{\sqrt{d\rho_a}}{Dg}\right) \qquad (4\text{-}11)$$

　　Lettau & Lettau（1978）提出沙通量 q（單位 kgm^{-1}s^{-1}）關係式，如下：

$$q(u_*) = C_L\frac{\rho_{air}}{g}u_*^2\left(u_* - u_{*_t}\right) \qquad (4\text{-}12)$$

式中 $C_L = 4.1$；g 為重力加速度（單位為 m/s^2）；ρ_{air} 為空氣密度（單位為 kg/m^3）；u_{*t} 為沙子傳輸啓動門檻速度（單位為 m/s），$u_{*t} = 0.28 m/s$，若低於該門檻速度，沙通量 $q = 0$。

Sorensen（1991）則提出另一修正型式之關係式估算沙通量 q，如下：

$$q(u_*) = C_S \frac{\rho_{air}}{g} u_* (u_* - u_{*t})(u_* + 7.6 u_{*t} - 2.05 ms^{-1}) \qquad (4\text{-}13)$$

式中 $C_S = 0.48$，u_{*t} 使用單位為 m/s。

Sauermann et al.（2001）推導出連體跳躍模式（continuum saltation model）預測完全迎風面（entire windward side）之沙通量 q，模式如下：

$$\frac{\partial}{\partial x} q = \frac{1}{l_s(u_*)} q \left(1 - \frac{q}{q_s(u_*)} \right) \qquad (4\text{-}14)$$

式中 $q_s(u_*)$ 為飽和沙通量（saturated sand flux）；$l_s(u_*)$ 為跳躍層之飽和動力特性長度（saturation length characterizing dynamics of the saltation layer）。

例題　假定沙丘某位置 $u_* = 0.36 ms^{-1}$，$u_{*t} = 0.28 ms^{-1}$。試分別依 Lettau and Lettau（1978）公式與 Sorensen（1991）公式推估沙通量 q。

解答：Lettau & Lettau（1978）沙通量 q 公式

$$q(u_*) = C_L \frac{\rho_{air}}{g} u_*^2 (u_* - u_{*t})$$

沙通量 $q(u_*) = 4.1 \dfrac{1.25 \dfrac{kg}{m^3}}{9.8 \dfrac{m}{s^2}} \left(0.36 \dfrac{m}{s} \right)^2 \left(0.36 \dfrac{m}{s} - 0.28 \dfrac{m}{s} \right) = 0.00542 \dfrac{kg}{ms}$

Sorensen（1991）沙通量 q 公式

$$q(u_*) = C_S \frac{\rho_{air}}{g} u_* (u_* - u_{*t})(u_* + 7.6 u_{*t} - 2.05 ms^{-1})$$

沙通量

$$q(u_*) = 0.48 \frac{1.25 \frac{kg}{m^3}}{9.8 \frac{m}{s^2}} 0.36 \frac{m}{s} \left(0.36 \frac{m}{s} - 0.28 \frac{m}{s} \right) \left(0.36 \frac{m}{s} + 7.6 \times 0.28 \frac{m}{s} - 2.05 \frac{m}{s} \right)$$

$$= 0.008 \frac{kg}{ms}$$

　　以上各關係式，不必然能完全正確預測風蝕之土壤沉降量。因為實際上，風蝕與地表諸多因素有關，除上述關係式中之參數因子外，還包括例如氣候因子、地表植披狀態等等。因此較完整之地表風蝕量，E，其定性關係可以下列簡單函數式表示敘述之。

$$E = F(I, K, C, L, V) \tag{4-15}$$

式中 I：土壤可蝕度指標（參考表 4-1）；K：土壤表面粗糙度；C 氣候因子，包括風速、土壤溼度；L：防風區域長度；V：地表植披因素。

表 4-1　土壤所含粒徑為 0.84mm 以上所占百分比之可蝕度指標

百分比（%）	5	10	15	20	25	30	35	40	50	60	70
可蝕度指標 I	150	55	36	23	17	12	8.5	6.0	2.8	1.0	0.5

　　風蝕現象揚起地表塵土，之後塵土顆粒落下，掩埋了地表面其他作物與植披。一般塵土粒徑介於 0.10mm 至 0.15mm 之間，是最容易被風揚起之顆粒；而粒徑介於 0.15mm 至 0.5mm 之間則是選擇性地被風揚起。Chepil（1946）研究發現風吹沉積區域，其主要沉積落下顆粒之粒徑為介於 0.30mm 至 0.42mm。當地表面土壤顆粒主要粒徑超過 1mm 時，阻抗風蝕之能力劇增，故若地表面土壤組成中 60% 以上顆粒為粒徑超過 1mm 時，幾乎完全可抗風蝕。

　　風之動能（kinetic energy）也可用來當作風蝕指標之一，該動能 W_{EK} 可定義為：

$$W_{KE} = \frac{\gamma U^2}{2g} \qquad (4\text{-}16)$$

此處 U 為風速，g 為重力加速度，γ 為空氣單位重（specific weight of air），以氣溫及氣壓為定義如下：

$$\gamma = \frac{1.293}{1+0.00367T} \frac{P}{101.3} \qquad (4\text{-}17)$$

此處 T 為溫度，單位是℃，P 為氣壓，單位是 kPa。

例如氣溫 $T = 15℃$，$P = 101.3kPa$，則動能 $= 0.0625U^2 Jm^{-2}s^{-1}$。實際應用上，動能表示方式較為少用。

　　Skidmore and Woodruff（1968）提出一種較為簡單之風蝕度（wind erosivity）指標，其風向為 j 之侵蝕度值 EW_j 如下：

$$EW_j = \sum_{i=1}^{n} V_{t\,ij}^3 f_{ij} \qquad (4\text{-}18)$$

式中 $V_{t\,ij}$ 為 j 風向超越門檻速度（threshold velocity）第 i 個速度群之平均速度；門檻速度選用 19 km/h。f_{ij} 為 j 風向第 i 個速度群之風延時。將所有風向全部加總，得總風蝕度（total wind erosivity），EW。

$$EW = \sum_{j=0}^{15} \sum_{i=1}^{n} V_{t\,ij}^3 f_{ij} \qquad (4\text{-}19)$$

式中 $j = 0 \sim 15$ 分別表示 16 個風向，例如 $j = 0$ 表示 N，依順時鐘方向則 $j = 1$ 代表 NNE，$j = 2$ 代表 NE，依此類推。

三、風蝕模式

　　目前雖然有許多研究從始於物理模式之發展以預測地表土壤砂粒風蝕量，然而也都是在發展階段而已，究其原因乃係在於土壤顆粒被風揚起所顯現之高度複雜性與隨機之機制，使得模式之準確建立更顯困難。而前述之分析所獲得公式，一般僅能使用在許多限制條件下。Hagen（1991）在美國研發一風蝕預測系統（WEPS, Wind Erosion Prediction System），該系統為

日模擬模式（daily simulation system），可應用於一地區或相鄰幾個區域。然而系統還是諸多限制，因此完整可靠之風蝕模式之提出，仍有待未來努力研發。

4-2 風積沙與風吹沙

一、風積沙

　　風蝕運動中因跳躍帶動之沙粒有部分落下沉積於地面，逐漸累積形成風積沙。風積沙終將可形成不同形狀，例如沙條（sand sheets）、沙漣（ripples）或沙丘（dunes）。

　　沙條係指沙堆面稍平坦但具有緩緩起伏之形狀，由不是甚大之沙粒在風蝕跳躍運動下形成。例如在埃及南部至蘇丹北部有一條 Selima Sand Sheet 占面積 60000 平方公里，係世界上最大沙條之一。

　　風吹過沙地表面，若表面形成凸峰及凹谷之波浪狀，即所謂沙漣狀。尺度為 $10^{-2} \sim 10^{-1}$ m。其長軸與風向垂直，且當進行風蝕跳躍運動時，其平均跳躍長度相當於波長或沙漣兩凸峰之距離。在沙漣狀之風積沙，粗顆粒沙粒聚集在凸峰。此與沙丘狀之風積沙中最大顆粒沙粒聚集在凹谷處有明顯之差異。

　　因風蝕揚起之沙粒落下後沉積所形成之小丘狀或尖脊狀之沙堆，該風積沙堆形狀一般為具有上升緩坡之迎風前坡面，以及下降陡坡之後坡面（稱為滑坡面，slip face）。參閱圖沙粒沿前坡面以跳躍或潛移運動型式前進，當沙粒前進至沙堆斷崖處超越安息角度（angle of repose），角度可達約 34°，將崩落並堆積形成滑坡面。如此繼續重複，沙丘將隨著風向遷移變動往前進。

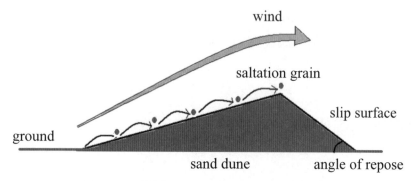

圖 4-2　風蝕作用下之沙丘遷移變動示意圖

二、沙丘遷移速度之分析

沙通量（sand flux）$q(x)$ 沿著空間方向變化，引致侵蝕現象，並使得沙床高度 $h(x)$ 產生變化。利用質量守恆，該變化現象可以下式表示：

$$\frac{\partial h}{\partial t} = -\frac{1}{\rho_{sand}}\frac{\partial q}{\partial x}$$

（4-20）

式中 ρ_{sand} 爲沙丘之沙平均密度。

而沙床高度 $h(x)$ 變化與水平表面速度 $v_s(x)$ 之關係爲：

$$\frac{\partial h}{\partial t} = -v_s(x)\frac{\partial h}{\partial x}$$

（4-21）

假定移動之沙丘形狀不變，則沙丘移動速度 $v_d = v_s(x) =$ constant，因此合併 4-20 式與 4-21 式：

$$-\frac{1}{\rho_{sand}}\frac{\partial q}{\partial x} = -v_s\frac{\partial h}{\partial x} = -v_d\frac{\partial h}{\partial x}$$

（4-22）

故沙丘表面水平移動速度 v_d：

$$v_d = \frac{1}{\rho_{sand}}[(\frac{\partial q}{\partial x})/(\frac{\partial h}{\partial x})]$$

（4-23）

又因為

$$\frac{dq}{dh} = \frac{\partial q}{\partial x}\frac{\partial x}{\partial h}$$（4-24）

所以沙丘移動速度 v_d：

$$v_d = \frac{1}{\rho_{sand}}\frac{dq}{dh}$$（4-25）

Sauermannn 等人（2003）利用上述分析 barchan dune 之風速與沙傳輸。

例題　假定一沙丘處於穩定狀態（steady state），沙丘形狀不變地向前移動。若沙子密度 1650kgm^{-3}，量測沙通量 q 與沙床高度 h 之關係如下表：

h(m)	0	10	20	30
q(kgm^{-1}s^{-1})	0	0.01	0.02	0.03

試問沙丘移動速度 v_d

解答：∵ $\dfrac{dq}{dh} \approx \dfrac{\Delta q}{\Delta h}$　故 $\dfrac{\Delta q}{\Delta h} = \dfrac{0.03\dfrac{kg}{ms} - 0\dfrac{kg}{ms}}{30m - 0m} = 0.001\dfrac{\dfrac{kg}{ms}}{m}$

沙丘移動速度 v_d

$$v_d = \frac{1}{\rho_{sand}}\frac{dq}{dh} = \frac{1}{1650\dfrac{kg}{m^3}}0.001\frac{\dfrac{kg}{ms}}{m}$$

$$= 6.0606\times10^{-7}\frac{m}{s} = 6.0606\times10^{-7}\times365\frac{day}{year}\times24\frac{h}{day}\times3600\frac{s}{h} = 19.12\frac{m}{year}$$

關於風吹沙遷移變動之實驗量測，以英國工程師 Ralph Bagnold 在二次大戰前於埃及進行者較為著名。Bagnold 探討顆粒因風之故在大氣中移

動與沉降之物理特性,他將沙丘形狀分為基本兩大類:其一為新月形沙丘（crescentic dune）或稱為巴坎（barchan）,參閱圖4-3之新月形沙丘（巴坎）形狀示意圖,以及圖4-4祕魯海岸之新月形沙丘。圖4-5照片前方之沙丘為 Herrmann, and Sauermann（2000）於1999年5月在摩洛哥現場調查量測該沙丘左側（slip face）細節（參閱圖4-6）。其二為線性沙丘（linear dune,或稱為 longitudinal dune）。「sief」（Arabic for "sword"）,係指走向大致平行於起沙風,以平直作線狀伸展的沙丘。參閱圖4-7。

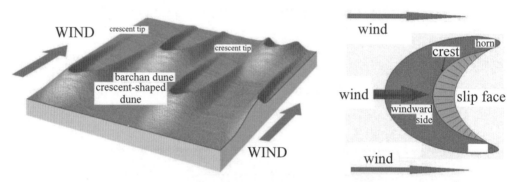

圖4-3　新月形沙丘（巴坎）形狀示意圖

圖4-4　該圖為祕魯海岸之新月形沙丘（crescentic dunes）,沙丘係向左遷移（photograph by John McCauley）

圖 4-5　摩洛哥（Morocco）Laayoune 附近之新月形沙丘（巴坎）（摘自 Herrmann and Sauermann, 2000）

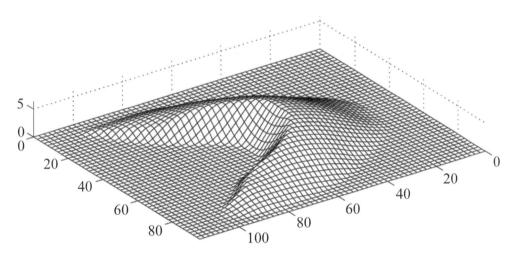

圖 4-6　摩洛哥（Morocco）真實沙丘表面尺寸，座標單位為 m。對稱軸位置長度（Length in the symmetry line）：53 m，兩沙角距離長度（length including horns）：93 m，沙丘高（height）：6.3 m，寬（width）：78 m，沙丘體積（volume）：10800 m³，測量日期（date）：26 May 1999，沙丘位置經緯度 UTM: 678001E3008927N（摘自 Herrmann and Sauermann, 2000）

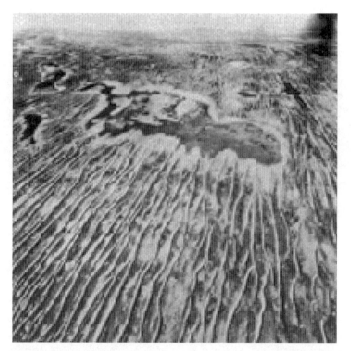

圖 4-7　澳洲中部 Simpson 沙漠之 Lake Eyre 之 Linear dunes（photograph by C. Twidale）

三、風吹沙

在臺灣南部屏東，風吹沙為東海岸鵝鑾鼻與佳樂水兩遊憩區之中間站，長約 500 公尺、寬約 200 公尺，距離鵝鑾鼻約 5 公里。

風吹沙是墾丁的特殊景觀，每年東北季風吹起時，海邊的沙子就會被風吹上路面，經常可看見路面上堆滿了細砂。由於臨近地區皆屬於珊瑚礁岩，惟獨該處因地層為紅土及沙的混合物，經雨水和風力長期的侵蝕，進而成為沙的來源。

當夏天雨季時，窪地雨水匯集，雨水沖沙並順著地形流向海洋而成為沙河，沙子由臺地邊緣垂直滑瀉約 70 公尺至海岸而形成沙瀑。由於河流與風力共同作用形成沙河、沙瀑的特殊地形，因此構成台灣珍貴的風蝕和風積地形景觀之一。

　　當東北季風吹起，捲起陣陣細粒狂沙，將沙粒沿崖坡吹送至崖頂。等到了雨季來臨，這些沙粒又將會隨著雨水順流回歸海岸。

　　數千年來如此反覆上述兩種順、逆向搬運作用，造成風吹沙之特殊地形景觀，此爲墾丁具有特色的風吹沙現象。

4-3 沙塵暴與揚塵及海岸飛沙

一、沙塵暴

　　風蝕過程中部分顆粒爲小者，其運動之型式，係以懸浮方式在大氣中隨風飄送。因此有可能隨著大尺度之大氣環流，將某地區之風蝕懸浮顆粒，經長程輸送至另一地區。沙塵暴即是其中一例。

　　風中塵埃對人類生活影響最大是沙塵暴，所謂沙塵暴係指強風將沙塵從地面捲起，使能見度極度惡化的災害性天氣。地面能見度低於 1 公里者則稱爲「沙塵暴」。強烈沙塵暴甚至可能使能見度小於 50 公尺，破壞力極大，俗稱「黑風」。

　　沙塵暴的形成及其大小，直接取決於風力、氣溫、降水及與其相關的土壤表層狀況。氣溫高、降雨少、大風多是形成沙塵暴天氣的主要原因，生態環境和城市建設中的問題也是重要原因。

　　沙塵暴成因可分爲：

1. 土地荒漠化（持續）。
2. 氣象：強風（地面風）、氣候不穩定、無雨、無雪。
3. 地表：土質鬆軟、乾燥、無植被、無積雪。
4. 不合理人爲活動：採、伐、牧、墾、獵、水資源（過度行爲）、懸浮微粒 $50\text{-}100\text{mg/m}^3$。

二、揚塵、沙塵暴與浮塵的形成與原因

　　揚塵與沙塵暴都是由於特定區域地表塵沙被大氣流劇烈活動帶起造成的。其共同特點是能見度明顯下降，天空混濁。兩者大多在北方春季冷空

氣過境時出現，所不同的是揚塵天氣影響的能見度約在 1 公里到 10 公里之間。而沙塵暴風天氣的能見度甚至小於 1 公里。浮塵則是由於當地或附近地區沙塵暴或揚塵後，塵沙等細粒浮游空中而形成，俗稱「落黃沙」，出現時白晝如同黃昏，太陽呈蒼白色或淡黃色，能見度約小於 10 公里，大致出現在冷空氣過境前後。

三、揚塵力學機制

Blanco & La（2008）指出當顆粒粒徑小於 0.1mm 時，因重量較輕受風作用後容易揚起，形成揚塵。

揚塵（dust emission）之力學機制（mechanism），主要控制力有：

(1) 氣動揚升力（aerodynamic lift）。

(2) 跳躍撞擊力（saltation bombardment）。

(3) 崩解力（disaggregation）。

揚塵率（dust-emission rate）F 與摩擦速度（friction velocity）u_* 關係可依下列回歸經驗式推估計算。

1.未受擾動之天然沙漠（natural undisturbed desert）：

$F \sim u_*^{2.99}$

2.沖積形成區域（sites developed or modified by fluvial processes）：

$F \sim u_*^{3.32}$

3.開發營建區域（construction sites）：

$F \sim u_*^{4.24}$

4.礦區末端區域（mine tailings）：

$F \sim u_*^{2.93}$

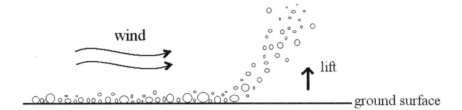

aerodynamic entrainment

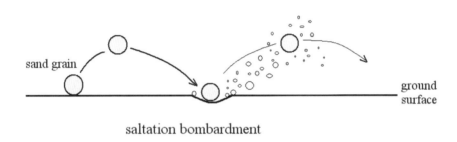

saltation bombardment

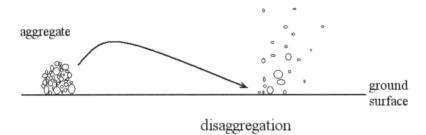

disaggregation

圖 4-8　揚塵之力學機制示意圖

四、海岸飛沙

飛沙作用係海岸或海灘地形變遷（morphology）重要因素之一。對於港口漁港，嚴重飛沙現象，可能導致港區航道淤塞。

影響海岸飛沙量因素：

1. 氣象變化因素（例如風速、風向、溫度、日照、大氣壓力、濕度）。
2. 海象變化因素（例如波浪、潮汐、海流、海床底質）。
3. 沙質特性（例如含水率、沙粒徑、沙密度）。

4-4 防風設施種類與特性

　　藉由人為方式，營建構造物，以抵抗強風，而降低減緩風速，該等構造物概稱為防風設施。

　　一般防風設施之種類及特性簡述如下：

1. 防風林（帶）（Shelterbelt）：
   種植植物樹木，形成一道阻牆方式抗風。
2. 防風柵（fence）：
   以柵欄或籬笆方式，以形成阻風設施。
3. 防風牆（windbreak）：
   以築牆方式抗風。
4. 防風土堤（embankment）：
   興築土堤方式以阻風。
5. 防風網（windscreen）：
   網狀構造物，減風。
6. 人為沙丘：
   以人工方式構築沙丘型式，以抗強風。

　　以上無論那一種類，基本上均是以構造物方式，阻擋抵抗強風之風力，以降低風速，進而使得構造物後方風速減緩，達到防風之功效。例如台灣西海岸沿海地區，種植木麻黃，形成防風林，藉以抵抗強風，減小風蝕，而降低飛沙。澎湖地區就地取材，以咕咾石堆砌成防風牆，藉以減低強烈之東北季風，保護田園農作物。另臺灣北海岸地區，例如石門，東北季風造成海岸飛沙；西部沿海苗栗或東部宜蘭海岸地區，亦可常見到編籬成防風柵，或以建構塑膠網，形成防風網等，以達到減風，防護作物，以及安定沙灘之功效。參見圖 4-9 台灣新北市石門區海岸防風定沙設施，以及圖 4-10 日本濱松市（Hamamatsu）中田島海岸防風定沙設施。

圖 4-9　台灣新北市石門區海岸防風定沙設施

圖 4-10　日本濱松市（Hamamatsu）中田島海岸防風定沙設施

4-5 防風牆（柵）之風場特性

　　依據流場特性變化，可將單一防風牆四周之氣流風速變化，區分為幾種區域，例如未受干擾氣流（undisturbed region）、過渡區（transition region）、空腔區（cavity region）及尾跡流區（wake region）等，如圖 4-11 所示。所謂未受干擾區係指流場風速不受到因防風牆存在而做改變。空腔區則係指該區之流場風速已經因防風牆影響而改變，且風速變為負值，亦即該區為逆流（reverse flow），也就是氣流流向與原風向相反，亦稱逆流區（reverse flow region）；而此時該區域為負壓，故稱之為空腔區。氣流越過防風牆，在牆後方形成空腔區，而在空腔區之後即是所謂尾跡流區。

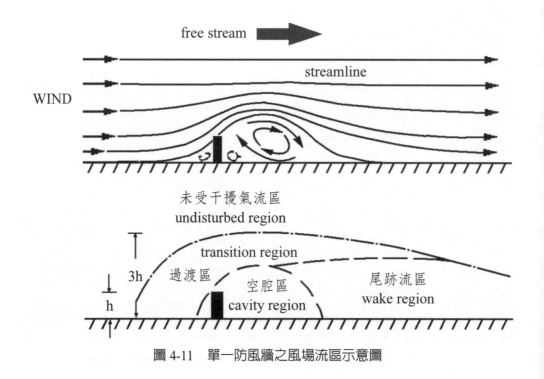

圖 4-11　單一防風牆之風場流區示意圖

　　防風牆一般為實心，但也可能牆面開口打洞，因此防風牆會有不同透孔率（porosity）。不同透孔率下之防風效果可參閱以下諸圖。圖 4-12 為不同透孔率防風牆之平均流線分布情形；該圖之上圖透孔率為 45%～55%，而下圖透孔率為 15%～25%（Kaiser, 1959）。圖 4-13 為不同透孔率防風牆之各種高度之風速百分比（Naegeli, 1953）。

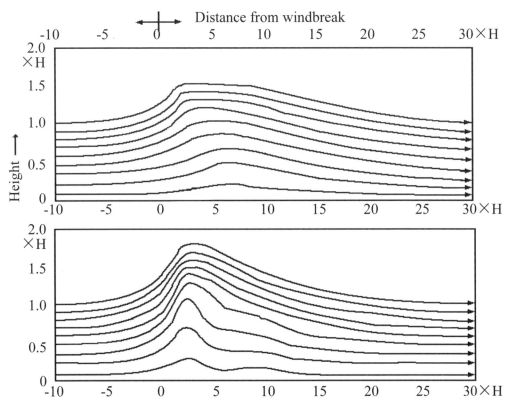

圖 4-12　不同透孔率防風牆之平均流線；上圖透孔率為 45%～55%，下圖透孔率為 15%～25%（Kaiser, 1959）

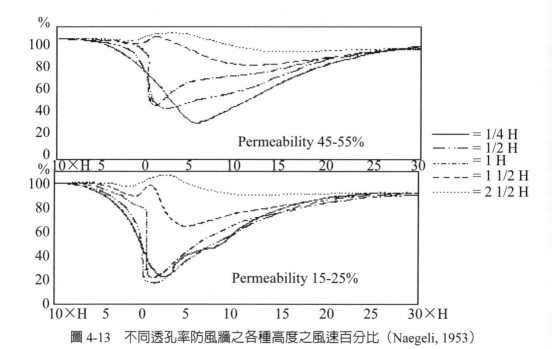

圖 4-13　不同透孔率防風牆之各種高度之風速百分比（Naegeli, 1953）

　　在寒帶地區多天降雪，隨著風吹襲，當飄雪（snow drift）落下後大量堆積在地面上，將會造成生活或交通不便甚或雪災。因此防風柵也經常用來減風防制積雪，以避免影響鐵路交通。圖 4-14 為日本 JR 新青森車站月台旁防風柵，在冬天下雪時減風防積雪堆置在鐵道上，避免影響火車通行，以確保交通順暢。

　　飄雪（snow drift）強度之推估計算可使用飄雪傳輸方程式，亦即風吹雪質通量（mass flux of blowing snow）q（單位：$\mathrm{gm^{-2}s^{-1}}$）表示：

$$q = \rho_{snow} U \qquad (4\text{-}26)$$

式中 ρ_{snow} 為雪密度（單位：$\mathrm{gm^{-3}}$），U 為風速（單位：$\mathrm{ms^{-1}}$）。當防風柵高度降低時，風吹雪質通量將隨之增加。

　　圖 4-15 則為防風柵之上下游之定沙（雪）及防積沙（雪）之特性變化（Kaiser, 1959）。

圖 4-14　防風柵在冬天下雪時減風防積雪（日本 JR 新青森車站）

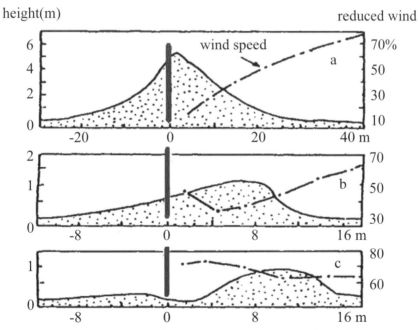

圖 4-15　防風柵之上下游之風速與積沙（雪）高度變化；a 圖為不透孔柵設置 7 年後
　　　　之結果，b 圖為透孔柵設置 2 年後之結果，c 圖為雪柵設置 5.5 個月後結果
　　　　（Kaiser, 1959）

　　若設置多排之防風牆或防風柵，其減風或定沙及積雪之功效，將明顯與
單一排之設置有差異。圖 4-16 爲不同排數之防風柵及各排以不同間距配置

組合，其應用於防風擋雪，防風柵前後之積雪高度剖面之變化（Woodruff，1954）。

　　事實上，對於比較複雜之防風設施之抗風功效，例如許多防風牆（柵）以橫風向不同間距排列方式或不同風向等影響效應，可利用環境風洞進行實驗模擬，以獲得準確結果。

　　Shiau（2000）在環境風洞中進形半圓形薄殼防風牆等間距排列之下，防風牆下游之風場特性風洞模型實驗結果與分析。圖 4-17 為防風牆模型布置示意圖。而圖 4-18 為在風洞中所模擬之迫近流場之平均風速剖面。

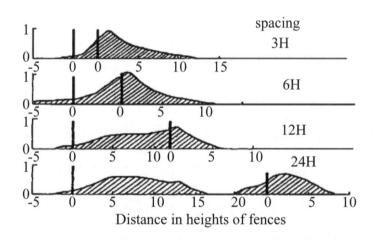

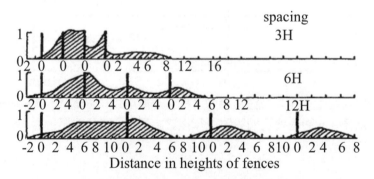

圖 4-16　防風柵組合應用於擋雪之積雪高度變化剖面（Woodruff, 1954）

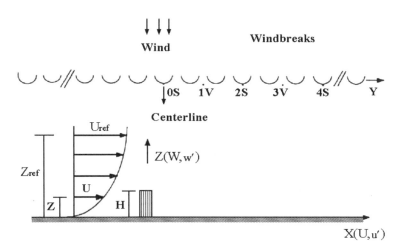

圖 4-17　半圓形薄殼防風牆等間距排列與實驗量測位置之示意圖

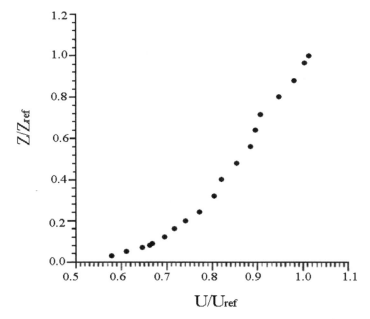

圖 4-18　風洞實驗模擬之迫近流場之平均風速剖面

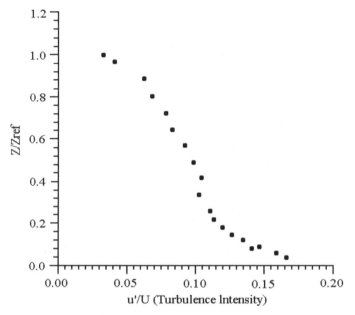

圖 4-19　風洞實驗模擬之迫近流場之紊流強度剖面

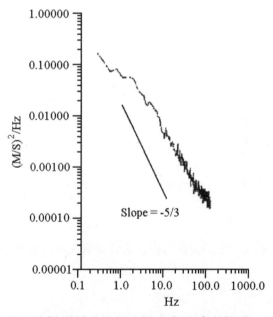

圖 4-20　風洞實驗模擬之迫近流場之紊流速度頻譜；$ZZ_{ref} = 0.2$

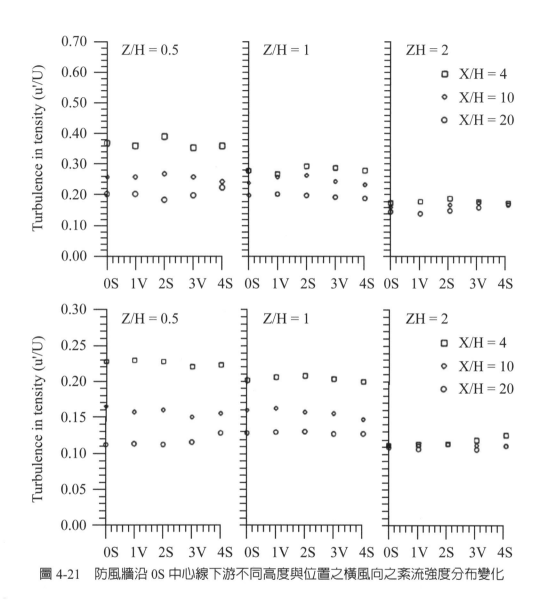

圖 4-21　防風牆沿 0S 中心線下游不同高度與位置之橫風向之紊流強度分布變化

　　圖 4-19 為模擬之迫近流場之紊流速度剖面，圖 4-20 顯示在 $Z/Z_{ref} = 0.2$ 所模擬之迫近流場之紊流速度頻譜，該圖顯示已模擬出紊流慣性次層（斜率 $-5/3$）。而防風牆沿 0S 中心線下游不同高度與位置之橫風向之紊流強度分布變化示如圖 4-21，隨著在橫風向之防風牆或開口狀況，紊流強度大小也隨之起伏變化。圖 4-22 顯示防風牆沿 0S 中心線下游不同高度與位置之橫

風向之雷諾應力分布變化，隨著橫風向之防風牆或開口狀況，與紊流強度大小情況相似，雷諾應力亦隨之起伏變化。

　　至於該等間距排列之薄殼半圓形防風牆後方之減風特性，實驗結果示如圖 4-23。該結果顯示不同下游位置之最大風速減低量 $(\Delta U)_{\max}$，與其下游位置 X/H 之關係，可以下式近似之：

$$\frac{(\Delta U)_{\max}}{U_H} \sim \left(\frac{X}{H}\right)^{-1} \tag{4-27}$$

式中 U_H 為在防風牆上游高度為牆高 H 處之平均風速，X 為防風牆後之距離。因此在下游距離 $X/H = 20$ 處與在 $X/H = 40$ 處，二處之最大風速減低量比值為 $(20/40)^{-1} = 2$。

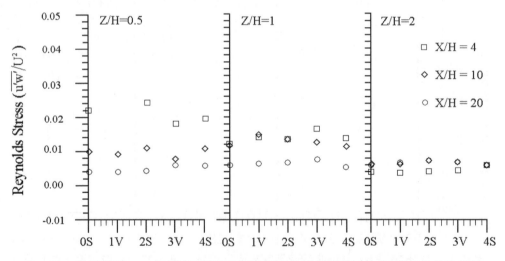

圖 4-22　防風牆沿 0S 中心線下游不同高度與位置之橫風向之雷諾應力分布變化

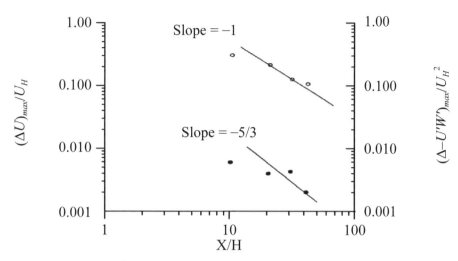

圖 4-23　防風牆中心軸處 0S 各垂直剖面之最大風速減低量與最大雷諾應力減低量沿著下游之變化

　　另外各下游位置之最大雷諾應力減低量沿下游位置之改變，實驗量測示如圖 4-23，結果顯示存在下列關係式：

$$\left(\frac{(\Delta u' w')}{U_H^2}\right) \sim \left(\frac{X}{H}\right)^{-5/3} \tag{4-28}$$

　　依據上式，在下游距離 $X/H = 20$ 處與在 $X/H = 40$ 處，二處之最大雷諾應力減低量比值為 $(20/40)^{-5/3} = 3.175$。

　　比較圖 4-23 之結果，顯示最大諾應力減低量沿防風牆下游之衰減率 $-5/3$ 之絕對值大於最大平均風速減低量之衰減率 -1 之絕對值。以下游距離 $X/H = 20$ 處與在 $X/H = 40$ 處為案例，沿下游方向最大諾應力減低量之比值為 3.175，該比值大於最大平均風速減低量之比值 2。

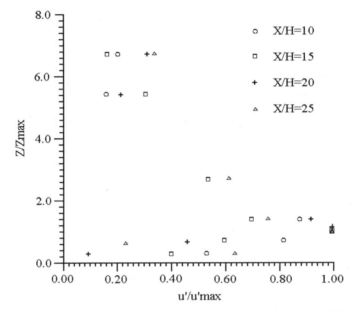

圖 4-24　防風牆中心軸處 0S，不同下游位置之紊流速度剖面

　　圖 4-24 則顯示選擇適當之特性參數（例如為各紊流強度剖面之最大值 u'_{max}，而該最大紊流強度值所對應之高度為 Zmax），防風牆不同下游位置之紊流強度剖面具有相似性（similarity），亦即所有紊流強度剖面線近乎一致。

　　一般主流向紊流積分尺度（longitudinal integral length scale）Lu，可用來代表紊流之平均渦流大小（mean eddy size），而圖 4-25 之結果顯示防風牆沿 0S 中心線下游之紊流強度衰減變化，以及在不同高度位置（$Z/H = 0.5$，$Z/H = 1.0$）之積分尺度變化關係。

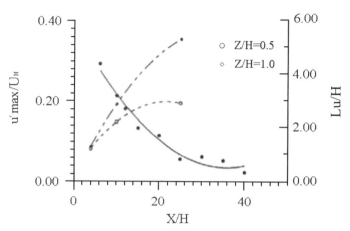

圖 4-25　防風牆沿 0S 中心線下游之紊流強度衰減變化，以及在不同高度位置（$Z/H = 0.5$，$Z/H = 1.0$）之積分尺度變化關係。

　　此外 Shiau（1994）應用風洞模擬海岸地區港口台中港之防風牆之減風模型試驗。圖 4-26 為實驗模型範圍，模型比例為 1/500。單一防風牆形狀分為矩形薄殼與半圓形薄殼，並依照不同間距排列（開孔比），而形成防風牆列陣。圖 4-27 為防風牆模型排列示意圖。

　　減風成效係由減風係數 $R(z)$ 決定，定義減風係數為：

$$R(z) = \frac{U(z)}{U_r(z)}$$　　　　　　　　　（4-29）

此處 $U(z)$ 為在高度 z 之平均風速，$U_r(z)$ 則為在防風牆之前端上游未受到牆干擾處高度為 z 之平均風速。把在同一高度平面之等減風係數連接，則可繪出等減風係數線。由等減風係數線分布，將可判斷防風牆之減風功效。圖 4-28(a) 與圖 4-28(b) 分別為矩形薄殼型式開孔比 50% 防風牆下風處在距離水平面高度 10m 與 20m 之等減風係數線分布。圖 4-29(a) 與圖 4-29(b) 分別為半圓形薄殼型式開孔比 50% 防風牆下風處在距離水平面高度 10m 與 20m 之等減風係數線分布。比較這四張圖，可知半圓形薄殼型式防風牆之減風範圍較廣。另外結果也顯示對於半圓形薄殼型式相較於矩形薄殼型式，其在防

風牆下風處之等減風係數線之分布比較平順。因此有利於在迴船池（turning basin）之操船作業。

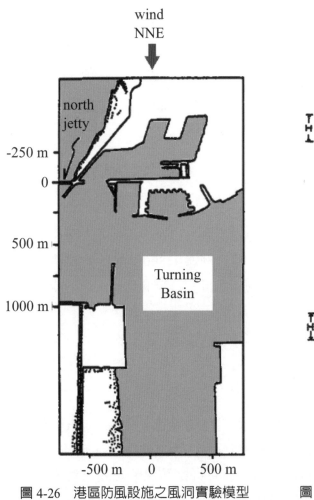

圖 4-26　港區防風設施之風洞實驗模型範圍

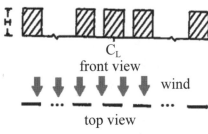

(a) rectangular type

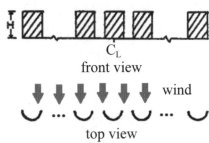

(b) half circular type

圖 4-27　風洞模型試驗之防風牆排列示意圖

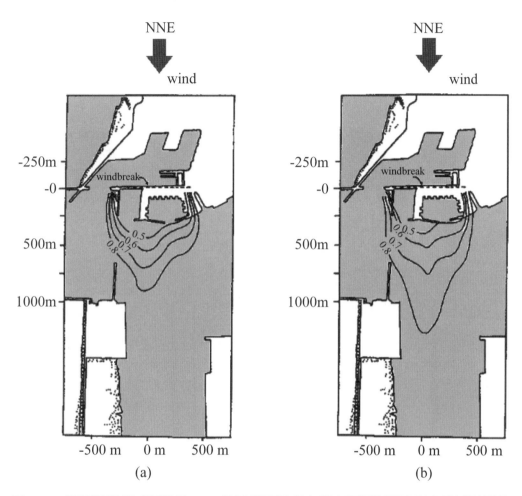

圖 4-28　矩形薄殼型式開孔比 50% 防風牆下風處在離水平面不同高度之等減風係數
　　　　線分布；(a) 離水平面高度 10m，(b) 離水平面高度 20m

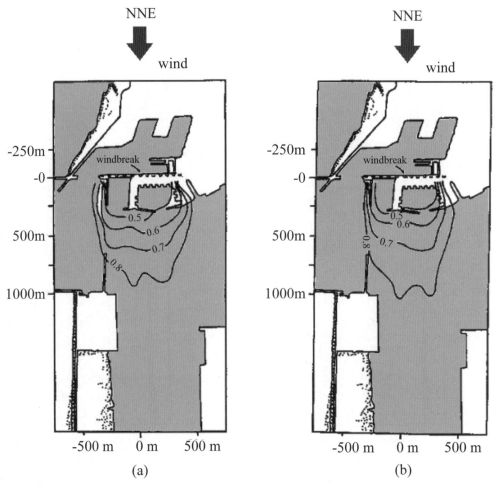

圖 4-29　半圓形薄殼型式開孔比 50% 防風牆下風處在離水平面高度 10m 與 20m 之等
　　　　減風係數線分布；(a) 離水平面高度 10m，(b) 離水平面高度 20m

　　上述模型試驗結果顯示：台中港區若就減風因素而言，半圓形薄殼型式
防風牆相較於矩形薄殼型式防風牆會有較佳之防風結果。另外風洞模型試驗
結果顯示：等減風係數線之分布平順與否，皆直接影響逢風牆後之迴船池之
操船安全性。整體而言，對於局部區域之防風設施之防風功效測試，利用環
境風洞，將可獲得有效之結果，有助於提供防風工程規劃設計之參考。

4-6 防風（林）帶之風場特性

　　防風帶（wind shelterbelts）或防風樹林帶可減風外，保護農田農作物，另外在寒帶冬天飄雪時，防止鐵路被積雪覆蓋，影響火車通行，也可在鐵路旁種植樹林，以達到減風預防積雪。圖 4-30 為日本青森縣野邊地火車站旁防雪林，樹林就在火車站月台附近。

圖 4-30　樹林帶防制積雪，避免妨礙鐵路交通（日本青森縣野邊地車站旁防雪林）

　　防風帶或防風樹林帶周圍風速的分布。依據防風帶周圍之平均風速的變化，可區分成四個不同風速區域：(1) 上風區，是風到達防風帶以前的風速低減區，也是由於氣流到達難以穿透的防風（林）帶，而折返所形成。此區可以伸展到防風（林）帶高度 5 倍至 8 倍的距離，平均風速相當於自由流速風速的 70～80%；(2) 該區正好在防風（林）的後面，是防風最有效的地方。最低風速約見於離風（林）帶約 3 倍高到 4 倍高的地方。屏障愈不容易

穿透，最低風速處相距愈近，減少的風速愈多；(3) 該區在屏障的下風處，距離爲屏障本身高度的 6 倍到 12 倍，爲一風速迅速恢復區。此區內的風速相當於自由風速的 40～80%。這是一個渦流區，通常氣流越過屏障後再向下繞回來；(4) 該區是風速逐漸恢復到離屏障很遠的上風處。在屏障下風高度約 20 至 30 倍處，可以得到 100% 的自由風速（free stream velocity）。圖 4-31 爲不同透孔率之防風帶帶上下游之風速變化，以及圖 4-32 之防風帶具有不同密集程度之上下游之風速變化。

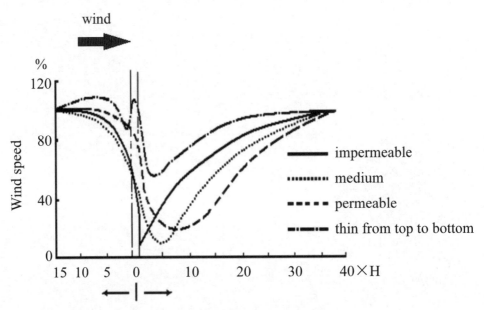

圖 4-31　不同透孔率之防風帶帶上下游之風速變化（Panfilov, 1948）

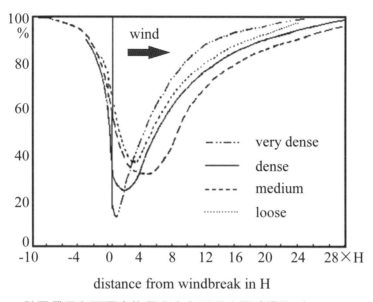

圖 4-32　防風帶具有不同密集程度之上下游之風速變化（Naegeli, 1946）

　　Mastinskaja（1953）研究關於防風帶之樹林密集程度、透孔率以及防風帶排數（8 排）等不同狀況下，防風帶後方沿下游向之積雪高度之變化，結果參見圖 4-33。對於不同排數組合（2 排、4 排、8 排）之透孔式防風帶後方之積雪高度變化剖面，Golubeva（1941）之研究結果如圖 4-34。

　　防風林帶頂部之樹冠（tree canopy）高低排列也會影響防風效果，進而改變防風林帶後方之積雪高度。以圖 4-35 為所示防風林帶具有不同形狀之樹冠為範例，當風吹越防風林時，不同頂部樹冠排列形狀防風林帶之防風效率比較，整體來說，具有不規則防風林帶頂部形狀之防風林，其防風效率最佳，平頭式形狀之防風效率差。原因係不規則防風林帶頂部形狀，造成氣流紊亂消能，使得在樹林後方區域之風速有效降低。而平頭式則讓風平順流過，消能有限，無法明顯降低風速。

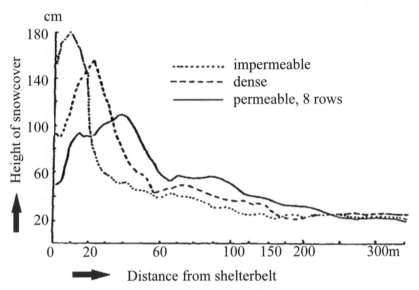

圖 4-33　防風帶在密集程度、透孔率以及防風帶排數等不同狀況下，防風帶後方沿下游向積雪高度之變化（Mastinskaja, 1953）

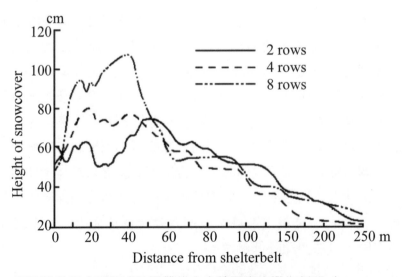

圖 4-34　不同排數組合透孔式防風帶後方之積雪高度變化剖面（Golubeva, 1941）

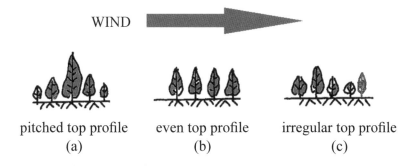

圖 4-35　不同防風林頂部剖面形狀之防風效果比較；(a) 斜頂狀，(b) 平頭式，(c) 不規則

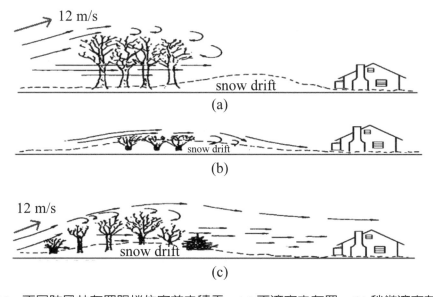

圖 4-36　不同防風林布置阻擋住宅前之積雪；(a) 不適宜之布置，(b) 稍微適宜布置，(c) 非常適宜之布置（Patten，1956）

4-7 防風網下游處之風場特性

　　防風網被廣泛的使用在農業上或工程上，以降低風速，達到保護農作物或工程之標的物。不同之防風網透孔率之防風功效，以及防風網後方之風場

特性之了解皆有助於防風網工程設計之參考。防風網也經常被使用於海岸飛沙之防治，例如圖 4-37 所示為台灣澎湖海岸地區防風網之防海岸飛沙。

圖 4-37　台灣澎湖海岸地區防風網之防海岸飛沙

　　Shiau（1998）提出不同透孔率之防風網風場特性風洞試驗研究，試驗結果如下述。關於防風網風場之起始邊界條件迫近流場基本特性模擬結果示如圖 4-38 與圖 4-39。圖 4-38 為風洞模擬之防風網上游處之迫近流場平均風速剖面，而圖 4-39 則為迫近流場之紊流強度剖面。

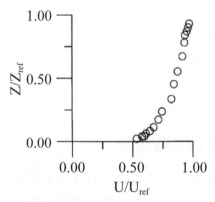

圖 4-38　風洞模擬防風網上游處之迫近流場平均風速剖面

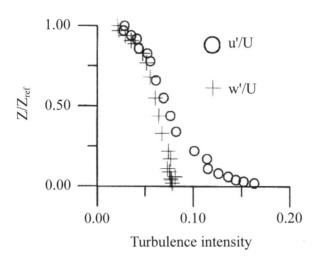

圖 4-39　風洞模擬防風網上游處之迫近流場紊流強度剖面

　　圖 4-40 之結果顯示：在防風風速網下游處（$X/H > 10$），不同透孔率（50%、30%、15%）狀況下，最大風速減低量 $(\Delta U)_{max}$，與其下游位置 X/H 之關係，可以下式近似之：

$$\frac{(\Delta U)_{max}}{U_H} \sim \left(\frac{X}{H}\right)^{-1} \tag{4-30}$$

式中 U_H 為在防風網上游高度為網高 H 處之平均風速，X 為防風網後之距離。

　　實驗結果顯示在防風網下游（$X/H > 10$）最大風速減低量 $(\Delta U)_{max}$，沿其下游位置 X/H，係以 $(X/H)^{-1}$ 衰減，且不同透孔率之最大風速減低量衰減率皆為 −1。

　　另外有關不同透孔率之防風網後方之最大雷諾應力減低量沿下游衰減變化，結果示如圖 4-41。

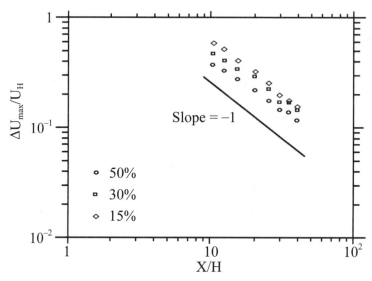

圖 4-40　在防風網下游處不同透孔率最大風速減低量沿下游變化

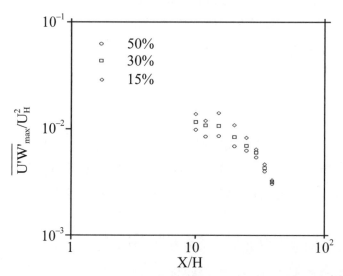

圖 4-41　防風網下游處不同透孔率最大雷諾應力減低量沿下游變化

　　圖 4-42 結果顯示選擇適當之特性參數（例如爲各紊流強度剖面之最大值 $(\sqrt{u'^2})_{max}$、$(\sqrt{w'^2})_{max}$，而該最大紊流強度值所對應之高度爲 Z^*），不同透孔率之防風網於不同下游位置（$X/H>10$）紊流強度剖面皆具有相似性（simi-

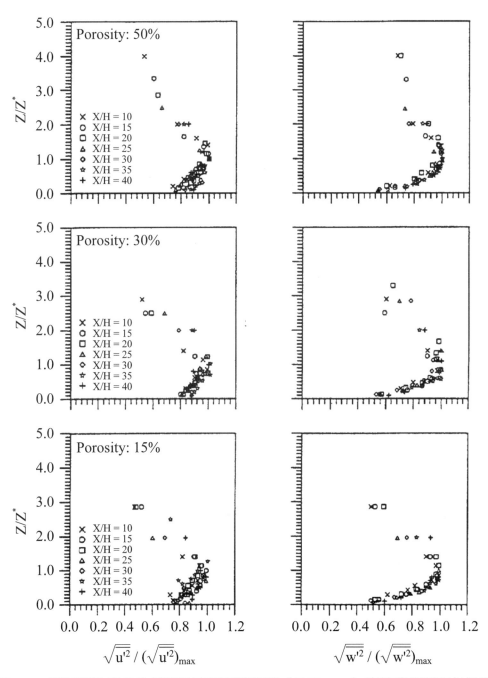

圖 4-42　不同透孔率之防風網於不同下游位置（$X/H > 10$）紊流強度剖面相似性
（similarity）

larity），亦即不同透孔率之防風網於下游處所有紊流強度剖面線近乎一致。

　　紊流頻譜分布可以顯示紊流中包含不同大小能量渦流（eddy）之分布情形，而防風網後方風場之紊流渦大小流能量變化特性，則可以能譜分析結果顯示之。

　　例如圖 4-43 所示為在透孔率 50%，$Z/H = 0.4$，防風網不同下游位置之紊流速度頻譜變化；該圖 n 為渦流頻率（frequency），$F(n)$ 為能量密度（power density），$\overline{u'^2}$ 為主流向紊流速度均方值（mean square）。結果顯示在防風網下游 $X/H = 20$ 處，其低頻渦流之能量密度較下游 $X/H = 10$ 處為大，亦即防風網下游更遠處之低頻渦流（較大尺寸渦流）占紊流能量百分比較高。

　　另外圖 4-44 顯示在 $X/H = 10$，$Z/H = 1.0$ 時，不同透孔率之防風網紊流速度頻譜變化；結果顯示當防風網透孔率增加時，含較高能譜密度之渦流將移至較低頻，亦即高能譜渦流出現在頻譜圖中之較為低頻區域。

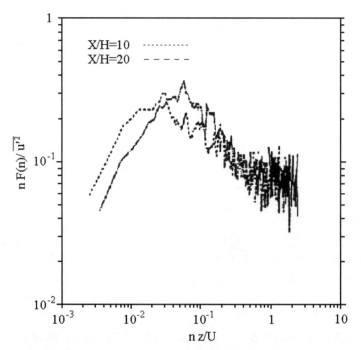

圖 4-43　防風網不同下游位置之紊流速度頻譜變化；透孔率 50%，$Z/H = 0.4$

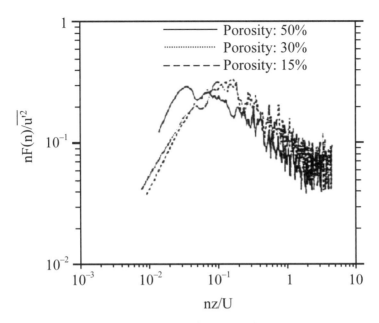

圖 4-44　不同透孔率之防風網紊流速度頻譜變化；$X/H = 10$，$Z/H = 1.0$

4-8 風與蒸發

　　氣溫、蒸氣壓及水域形狀等對水面蒸發，影響至為重要。然而風更扮演一重要積極角色，亦即風速變化，將顯著地影響水面蒸發量。

　　關於蒸發變化率，有下數幾個常用之半經驗公式。

1. Fitzgerald 公式

$$E = \psi(e_w - e_a) \tag{4-31}$$

式中

E：蒸發率；in/day

ψ：蒸發因子

$$\psi = 0.4 + 0.199w \tag{4-32}$$

w：接近水面風速；mph

e_w：水面蒸氣壓；in of Hg

e_a：飽和蒸氣壓；in of Hg

2. Meyer 公式

$$E = c(e_w - e_a)\psi \qquad (4\text{-}33)$$

式中

係數 $c = 15$，當水域爲淺水時；$c = 11$，當水域爲深水時。

3. Horton 公式

$$E = 0.41\psi(e_w - e_a) \qquad (4\text{-}34)$$

式中

$$\psi = 2 - e^{-0.2w} \qquad (4\text{-}35)$$

4. Rohwer 公式

$$E = 0.771(1.465 - 0.0186B)\psi(e_w - e_a) \qquad (4\text{-}36)$$

式中

$$\psi = 0.44 + 0.118w \qquad (4\text{-}37)$$

5. Lake Hefner 公式

$$E = 0.00177w(e_w - e_a) \qquad (4\text{-}38)$$

6. Lake Mead 公式

$$E = 0.001813w(e_w - e_a)t[1 - 0.03(T_a - T_w)] \qquad (4\text{-}39)$$

式中

t：蒸發時段之日數

T_a：平均氣溫

T_w：平均水面溫度

4-9 風生浪與風驅流

風吹拂過水面，由於剪力作用，將能量傳至水面，引起水位變動，形成波浪，該現象稱為風生浪（wind induced wave），或稱為風浪，正如俗語所謂：「無風不起浪。」古人亦云：「風乍起，吹皺一池春水。」

又當風長時間吹拂水面（或海水面），在水與氣交界面處傳遞能量，亦即風將能量傳遞至水體，水體獲得能量，因此產生流動，此時之水流稱為風驅流（wind-driven current）。因此風驅流大小與風速大小有密切關係。

一、風生浪之浪高影響因子

因風而生浪，該風浪之浪高與下述因子有關：

1.風吹拂水面時間。

2.揚距（fetch）。亦即在某段無阻礙距離內，風速與風向保持一定。

3.風速。

4.水深。

二、風生浪公式

風生浪之浪高計算半經驗公式，常使用有：

1. 修正 Stevenson 公式

該公式除考慮風之揚距 F 也考慮風速 U。

若揚距 $F < 20$ mi，則浪高 H 為：

$$H = 0.17\sqrt{UF} + 2.5 - F^{\frac{1}{4}} \tag{4-40}$$

式中 H 單位（ft）；揚距 F 單位（mi）；風速 U 單位（mph）。

若揚距 $F > 20$ mi，則浪高 H 為：

$$H = 0.17\sqrt{UF} \qquad (4\text{-}41)$$

2. Zuider Zee 公式

揚距假定爲水域之最大尺寸，故平均水位上升高度 S 爲：

$$S = \frac{U^2 F}{1400d}\cos\alpha \qquad (4\text{-}42)$$

式中 S 單位（ft）；揚距 F 單位（ft）；風速 U 單位（mph）；平均水深 d 單位（ft）；α 爲風向與揚距之夾角。

3. S-M-B（Sverdrup-Munk-Bretschneider）公式

(1) 深水狀況

下列公式係應用於深水狀況，其中風生浪高 H、週期 T 與風吹延時 t，分別由下列公式計算：

$$\frac{gH}{U^2} = 0.283\tanh[0.0125(\frac{gF}{U^2})^{0.42}] \qquad (4\text{-}43)$$

$$\frac{gT}{2\pi U} = 1.2\tanh[0.077(\frac{gF}{U^2})^{0.25}] \qquad (4\text{-}44)$$

$$\frac{gt}{U} = k\exp\{[A(\ln(\frac{gF}{U^2}))^2 - B\ln(\frac{gF}{U^2}) + C]^{\frac{1}{2}} + D\ln(\frac{gF}{U^2})\} \qquad (4\text{-}45)$$

式中揚距 F 單位（ft）；風 U 單位（mph）；$k = 6.5882$，$A = 0.0161$，$B = 0.3692$，$C = 2.2024$，$D = 0.8798$；g 爲重力加速度。

(2) 淺水狀況

由於淺水，故考慮因底床摩擦及滲漏因素，故風生浪之浪高 H 與週期 T 可利用下二式計算：

$$\frac{gH}{U^2} = 0.283\tanh[0.578(\frac{gd}{U^2})^{0.75}]\tanh\left\{\frac{0.0125(\frac{gF}{U^2})^{0.42}}{\tanh[0.578(\frac{gd}{U^2})^{0.75}]}\right\} \qquad (4\text{-}46)$$

$$\frac{gT}{2\pi U} = 1.2\tanh[0.52(\frac{gd}{U^2})^{0.375}]\tanh\left\{\frac{0.077(\frac{gF}{U^2})^{0.25}}{\tanh[0.52(\frac{gd}{U^2})^{0.375}]}\right\} \qquad (4\text{-}47)$$

式中揚距 F 單位（ft）；風速 U 單位（mph）；平均水深 d 單位（ft）。

例題 在深水狀況下，當風速 40 mph，風吹延時 10 hr，而揚距分別為 200
NM 及 80 NM，試計算因風生浪之浪高與週期。

解答：(1) Fetch = 200 NM

　　　代入公式計算，獲得 H = 16.1 ft, T = 8.0 sec #

　　　t = 10 hr, Fm = 92 NM #

　　　(2) Fetch = 80 NM

　　　代入公式計算，獲得 H = 12.6 ft, T = 7.8 sec #

　　　t = 9 hr 所以在吹風延時 10 hr 之前到達 #

例題 在淺水域時，揚距 F = 80000 ft，風速 U = 50 mph，平均水深 d = 35
ft。試計算波高 H 與週期 T。假定底床摩擦係數 0.01。

解答：代入公式計算，獲得 H = 6.2 ft

　　　　　　　　T = 4.1 sec

三、風驅流

　　若風吹拂水面一段時間後，達到穩定狀態（steady condition），此時
風驅流之流速可藉下式分析求得：

(1) 風剪應力 τ_{air}

$$\tau_{air} = C_D \frac{1}{2} \rho_{air} U_{air}^2 \qquad (4\text{-}48)$$

　　式中 C_D 為阻力係數，ρ_{air} 為空氣密度，U_{air} 為風速。

(2) 水體剪應力

$$\tau_{water} = C_D \frac{1}{2} \rho_{water} U_{water}^2 \qquad (4\text{-}49)$$

　　式中 C_D 為阻力係數，ρ_{water} 為水體（或海水）密度，U_{water} 為風驅流速度。

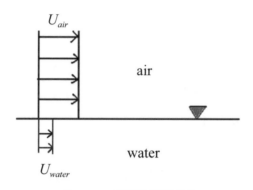

圖 4-45　風驅流示意圖

由於狀態爲穩定，亦即兩種剪應力相等，$\tau_{air} = \tau_{water}$。故

$$C_D \frac{1}{2} \rho_{air} U_{air}^2 = C_D \frac{1}{2} \rho_{water} U_{water}^2 \tag{4-50}$$

因此風驅流速度 U_{water} 求得如下：

$$U_{water} = \sqrt{\frac{\rho_{air}}{\rho_{water}}} U_{air} \tag{4-51}$$

因此風驅流速度大約是風速的 3.55%～3.61% 左右。

4-10 颱風引生波浪現象之特性

一、風浪與湧浪

　　所謂風浪（wind wave）係爲風域內直接因風持續的吹拂，產生不規則的波浪，且風持續吹拂供給的能量，使波持續成長而以長週期波的湧浪形式離開風域。而湧浪（swell）則爲風域外，因風浪衰減以長週期波傳遞的波浪形式，較規則，屬長週期波。

　　波浪傳遞速度 $C = L/T$（C：波速 L：波長 T：週期），而在深水（deep water）狀況下，$C = gT/2\pi$，g 爲重力加速度。所以週期愈長的波浪其傳遞

速度愈快，常常是颱風還未侵襲台灣時，波浪的現象已預告即將到來的風暴。在淺水（shallow water）狀況下，$C = \sqrt{gd}$，d 爲水深。當波浪傳遞至近岸淺水區，此時波速與水深有關。

二、颱風來襲前後的波浪現象

颱風來襲前，其引發的湧浪已先一步到達，原本平靜的海面便開始有長週期波浪的水位變化，雖不致有波濤洶湧現象，但緩慢且起伏甚大的水位變化，其氣勢磅礡便可嗅出一絲風雨前的弔詭氣氛。

颱風來襲時，風域籠罩整個海面，此時的波浪型態爲風浪，風持續供應波浪的作用，此時的波浪紛紜且波濤洶湧。

颱風過後，波浪的現象亦是屬長週期波的型態，因爲颱風遠離的緣故，颱風不再持續供應大量的能量予波浪，但依舊有湧浪進入，只是水位的變化不如颱風來襲前大。

三、颱風來襲風浪破壞海岸構造物的因素

1. 颱風波浪（storm waves）

颱風威力大小對於海面波浪有絕對性的影響，一般說來，強烈颱風會引起強烈的波浪現象；輕度颱風所引發的波浪較小。波浪的大小會影響碎波位置與增加波浪作用於海岸結構上的波力，因而造成結構物損壞。例如，1996 年的賀伯颱風所造成海洋大學海堤胸牆斷裂，即是大波浪破壞的原因。

2. 大潮（high tide）

農曆每月的朔望即是大潮日，潮汐水位爲該月最大值。此時如有颱風來襲，必會導致海水倒灌，使海岸災損嚴重。統計近 5 年來造成災損嚴重的颱風，均是在大潮日登陸，即可得到證明。

3. 暴潮（storm surge）

暴潮的成因在於颱風的低氣壓中心吸入周圍的空氣，形成類似吸塵器的作用，海面因而異常抬升，稱之爲暴潮；此者常常是海水倒灌的原兇。1996 年的賀伯直接由太平洋以西北方向掠過北部地區，不但無障礙物削減其威力，更是造成危害台灣最大的西北颱〔附註：掠過北部的颱風，風向上

大致爲西北風；而北半部的河流多爲西北向，出海口面臨颱風來向，時常導致海水倒灌及風揚的情形。〕，所造成的風揚（wind set up）〔附註：因風持續吹向岸邊，形成海水位堆升的情形，稱爲風揚（wind set up）。若風吹離岸，形成海水位下降，稱爲風降（wind set down）〕；風揚與暴潮加上大潮，導致了海水倒灌的慘況。

問題與分析

1. 風蝕現象之土壤顆粒運動之啓動門檻速度（threshold shear velocity for initiation of sand movement）可由下述關係式決定：

$$u_x = A\sqrt{(\frac{\rho_p - \rho_a}{\rho_a})gd}$$

若 A 採用 Sarre 建議值 $A = 0.1$，試問當空氣密度分別爲 1.1kgm^{-3}、1.2kgm^{-3}、1.3kgm^{-3}，而土壤顆粒粒徑分別爲 0.3mm、0.4mm、0.5mm、0.6mm 時，又土壤顆粒密度分別爲 2650kgm^{-3}，請分別決定其門檻速度。

〔解答提示：門檻速度 u_x（單位爲 ms^{-1}）分別示如下表〕

粒徑（mm）		0.3	0.4	0.5	0.6
	1.1	0.266	0.307	0.344	0.376
空氣密度 kgm^{-3}	1.2	0.255	0.294	0.329	0.360
	1.3	0.245	0.283	0.316	0.346

2. 沙地風蝕現場調查量測研究，在高度 1m 處測得風速 5.35m/s，且該處之地面粗糙長度推估爲 $2.5*10^{-3}$m。試問該處之地面摩擦速度爲何？

〔解答提示：地面磨擦速度 0.36m/s〕

3. 假定在標準狀態下，空氣、純水與海水的密度值分別爲 1.3×10^{-3} g/cm^3、1.00 g/cm^3、1.03 g/cm^3。若水面上風長期吹送且達到穩定狀況，風速爲 10m/s。試問在湖面（假定爲標準狀態下之淡水）以及海面（假定爲標準狀態下之海水）之風驅流之速度分別爲何？

〔解答提示：湖面風驅流之速度 0.361m/s

　　　　　　海面風驅流之速度 0.355m/s〕

4. 在乾旱沙漠地區，防風林帶之功效在於減風防蝕，其效率之評估，Skidmore（1965）提出下列計算公式，用來進行計算風蝕力與防風蝕效率之評估：

$$r_j = \sum_{i=1}^{n} \overline{U}_{ij}^3 f_{ij}$$

$$F_T = \sum_{j=0}^{15} r_j = \sum_{j=0}^{15} \sum \overline{U}_{ij}^3 f_{ij}$$

式中 $\overline{U}_{ij}$ 代表風速等級（velocity grade）i 在方位角（azimuth）j 之平均風速；r_j 代表在方位角（azimuth）j 之風蝕力（wind erosion forces）；F_T 代表總風蝕力（total wind erosion forces）；f_{ij} 代表風速等級（velocity grade）i 在方位角（azimuth）j 之發生頻率（frequency）；下標 i 代表風速等級；n 代表計算時所有風速資料之等級；下標 j 代表方位角，例如 $j = 0$ 表示東向方位，則其他 $j = 1, 2, \cdots\cdots$ 將依逆時針方向，合計 16 方位角。若從東向方位角逆時針方向起算，盛行風蝕方位（PWED, Prevailing Wind Erosion Direction）直線與東向之夾角為 θ，風蝕力投影在盛行風蝕方位直線之分量 F_Π，而垂直於盛行風蝕方位直線之分量 $F_\perp$，二者分量之比值 R，分別如下式：

$$F_\Pi = \sum_{j=0}^{15} r_j \times \left|\cos(j \times 22.5 - \theta)\right|$$

$$F_\perp = \sum_{j=0}^{15} r_j \times \left|\sin(j \times 22.5 - \theta)\right|$$

$$R = \frac{F_\Pi}{F_\perp} = \frac{\sum_{j=0}^{15} r_j \times \left|\cos(j \times 22.5 - \theta)\right|}{\sum_{j=0}^{15} r_j \times \left|\sin(j \times 22.5 - \theta)\right|}$$

在 0°～359°，每 1° 計算，可獲得相對應之 R 值，當最大值 R_m 相對應之 θ 值即是所謂盛行風蝕方位（PWED）之夾角。由於 R 值計算式中三角函數係使用絕對值，因此最大值 R_m 相對應之 θ 值應該有兩個，相差 180°。

Yang *et al.*（2018）應用上列諸式計算風蝕力，選用 1980 年～2016 年測站風速資料，進行分析評估中國北方（參閱下圖）防風林帶之防風蝕效率。結果參閱以下之解答提示。

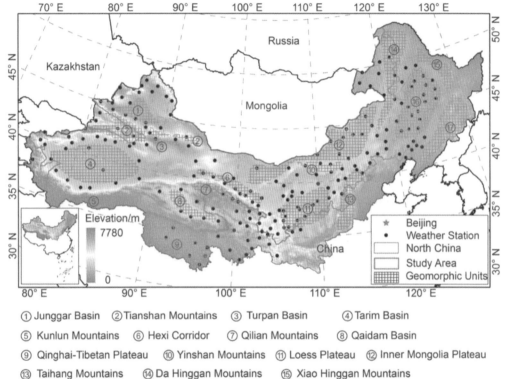

① Junggar Basin　② Tianshan Mountains　③ Turpan Basin　④ Tarim Basin
⑤ Kunlun Mountains　⑥ Hexi Corridor　⑦ Qilian Mountains　⑧ Qaidam Basin
⑨ Qinghai-Tibetan Plateau　⑩ Yinshan Mountains　⑪ Loess Plateau　⑫ Inner Mongolia Plateau
⑬ Taihang Mountains　⑭ Da Hinggan Mountains　⑮ Xiao Hinggan Mountains
⑯ Northeast China Plain　⑰ Changbai Mountains

圖：中國北方地區之防風林帶之防風蝕效率分析區域圖與風速測站位置（Yang *et al.*, 2018）

〔解答提示：

　下圖為計算不同季節之風蝕力比值分布。結果顯示四季中，以春季之風蝕力比值最高。

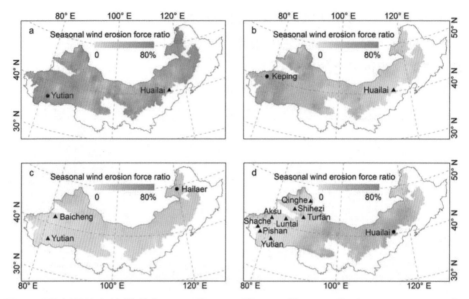

圖：四季之風蝕力比值分布，(a) 春，(b) 夏，(c) 秋，(d) 冬（Yang *et al.*, 2018）

下圖為計算不同季節之平均盛行風蝕方位（PWED）分布。

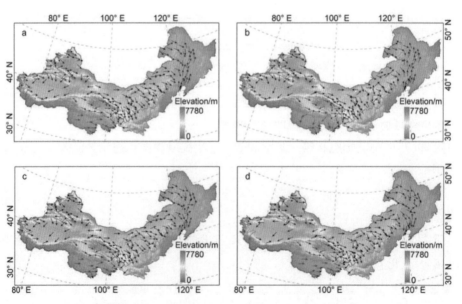

圖：四季之平均盛行風蝕方位（PWED），(a) 春，(b) 夏，(c) 秋，(d) 冬，圖中之箭號表示 PWED 風向（Yang *et al.*, 2018）

下圖爲計算不同季節之最大 R_m 值分布圖。結果顯示在冬季時，西部之 R_m 值大於東部。

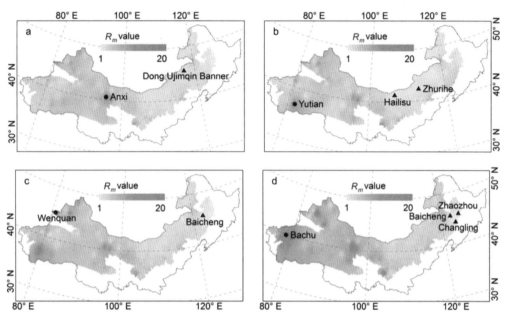

圖：四季之最大 R_m 值分布圖，(a) 春，(b) 夏，(c) 秋，(d) 冬（Yang *et al.*, 2018）

由於最大值 R_m 無法辨別區分在盛行風蝕方位對向（opposite direction）之風蝕力，因此 Yang *et al.*（2018）提出風蝕力對比值（contrast ratio）λ，解決這個問題。此處 $\lambda = \dfrac{F_P}{F_P + F_{-P}} \times 100\%$，式中 F_P 爲投影在風蝕方位之風蝕力，而 F_{-P} 爲投影在風蝕方位對向之風蝕力。因此 $50\% \leq \lambda \leq 100\%$。下圖爲四季之 λ 分布圖。

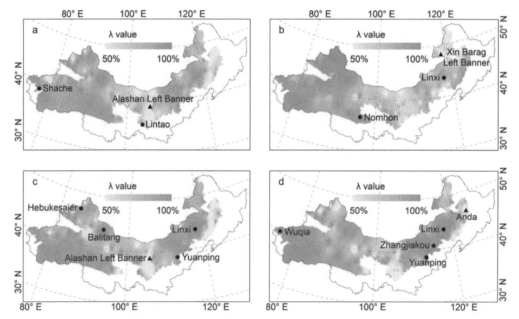

圖：四季平均風蝕力對比值 λ 分布圖，(a) 春 (b) 夏 (c) 秋 (d) 冬（Yang *et al.*, 2018）

假定防風林帶與盛行風蝕方位 PWED 正交設置，防風林帶採用透孔率（porosity）50%，選用高度 0.7H 處之風速。進行計算設置防風林帶削減之風蝕力與與未設置之風蝕力比值，獲得四季之風蝕力削減分布，如下圖。結果顯示：在防風林帶下風處，削減之風蝕力比值較高者顯示防風蝕效率較佳。

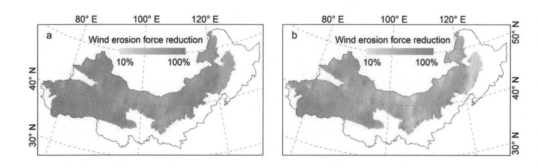

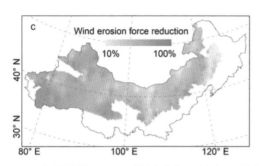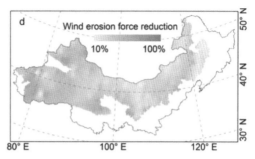

圖：防風林帶下風距離削減之風蝕力比值分布，下風距離：(a)5H，(b)10H，(c)15H，(d)20H，H 為防風林高度。（Yang *et al.,* 2018）〕

5. 防風設施用來減風與防沙，特別是在乾旱沙漠地區或沙質海岸之飛沙。簡要說明防沙柵（sand fence）之氣動力（aerodynamics）與堆沙形態動力（morphodynamics）之主要影響因素。

〔解答提示：(1) 防沙柵之幾何形狀效應

　　　　　　包括：透孔率（fence porosity）、高度（fence height）、長度（fence length）、開孔度（fence openings）。

　　　　(2) 氣流構造、飛沙傳輸、與沙丘堆積形成

　　　　(3) 來流邊界條件、沙粒尺寸、與沙丘地形變化

　　　　　　來流邊界條件包含：來流風速、來流紊流強度（turbulence intensity）、來流風向。

　　　　　　沙粒尺寸通常視為總體沙粒平均尺寸。

　　　　　　防沙柵後方攔砂逐步堆成沙丘，而沙丘地形之形態變化將影響局部風場。

　　　　有關防沙柵之氣動力與堆沙形態動力之相關研究文獻，可參閱 Li and Sherman（2015）之防沙柵評論文章。

參考文獻

[1] Bagnold, R.A., The Physics of blown sand and desert dunes, Chapman and Hall, London, 1941.

[2] Blanco, and La, Principles of soil conservation and management, *Springer Science*: pp.55-80, 2008.

[3] Chepil, W.S., Dynamics of wind erosion-Initiation of soil movement, *Soil Science*, Vol.60, pp.397-411, 1945.

[4] Chepil, W.S., Dynamics of wind erosion-transport capacity of the wind, *Soil Science*, Vol.60, pp.475-480, 1945.

[5] Chpeil, W.S., Dynamics of wind erosion, VI. Sorting of soil material by wind, *Soil Science*, Vol.61, pp.331-340, 1946.

[6] Chepil, W.S., Properties of soil which influence wind erosion-Effects of apparent density on erodibility, *Soil Science*, Vol.71, pp.141-153, 1951.

[7] Cornelis, W.M., and Gabriel, D., A simple model for the prediction of the deflation threshold shear velocity of dry loose particles, *Sedimentology*, Vol.51, pp.1-13, 2004.

[8] Finkel, H.J., The barchans in southern Peru, *Journal of Geology*, Vol.67, pp.614-647, 1959.

[9] Golubeva, L.A.,The influence of forest shelterbelts of different design on microclimate and snow accumulation, Itogi naunco-isledovatelskin rabot v oblasti egrolesomelioracii za 1939 god. VNIALMI, Moscow, 1941.

[10] Hagen, L.J., A wind erosion prediction system to meet user needs, *Journal of Soil and Water Conservation*, Vol.46, pp.106-111, 1991.

[11] Hermann, H.J., and Sauermann, G., The shape of dunes, *Physica A*, Vol.283, pp.24-30, 2000.

[12] Jensen, J.L., and Sorensen, M., Estimation of some aeolian saltation transport parameters: a reanalysis of Williams' data, *Sedimentology*, Vol.33, pp.547-558, 1986.

[13] Kaiser, H., Contribution to the problem of air flow in windbreak systems, *Metero. Rundschau*, Vol.12, pp.80-87, 1959.

[14] Konstantinov, A.R., and Struser L.R., The dependence of the yields of agriculture crops on the size and shape of fields between belts, Les i step, No.2, 1953.

[15] Lettau, K., and Lettau, H., Experimental and micrometeorological field studies of dune migration. In: Lettau, H., Lettau, K. (Eds.) Exploring the World's Driest Climate, Center for Climatic Research, University of Madison, Wisconsin. USA, 1978.

[16] Li, B.L., and Sherman, D.J., Aerodynamics and morphodynamics of sand fences: A review, *Aeolian Research*, Vol.17, pp.33-48, 2015.

[17] Mastinskaja, S.B., Moisture budget of the soil in spring ubder the conditions of the forest shelter plantations in the region at the east of the Volga River, *Meteorologija i Gidrologija*, no.3, 1953.

[18] Morgan, R.P.C., Soil Erosion & Conservation, 2nd Edition, Longman Group Limited, 1995.

[19] Mulligan, K.R., Velocity profiles measured on the windward slope of a transverse dune, *Earth Surface Processes and Landforms*, Vol.13, pp.573-582, 1988.

[20] Naegeli, W., Further investigation on wind conditions in the range of shelterbelts, *Mitteil. Schweiz. Anstalt Forstl. Versuchswesen.* Zurich, Vol.24, pp.659-737, 1946.

[21] Naegeli, W., Investigations on wind conditions in the range of narrow walls of reed, *Mitteil. Schweiz. Anstalt Forstl. Versuchswesen. Zurich*, Vol.29, no.2, 1953.

[22] Panfilov, JA. D., Forest Shelterbelts, Oblgiz Saratov, 1948.

[23] Parteli, E.J.R., Schwammle, V., Hermann, H.J., Monteiro, L.H.U., and Maia, L.P., Profile measurement and simulation of a transverse dune field in Lencois Maranhenses, *Geomorphology*, Vol.81, pp.29-42, 2006.

[24] Patten, O.M., Shelterbelts for your farm, Extension Service, Montana State College, Bozeman, Montana, December, 1956.

[25] Rasmussen, K.R., Sorensen, M., and Willetts, B.B., Measurement of saltation and

wind strength on beaches, Proceedings of International Workshop on the Physics of Blown Sand, Memoirs, No.8, pp.301-325, Department of Theoretical Statistics, University of Aarhus, 1985.

[26] Sauermann, G., Kroy, K., and Heramnn, H.J., A continuum saltation model for sand dunes. *Physical Review E.*, Vol.64, 31305, 2001.

[27] Sauermann, G., Andrade, J.S., Maia, Jr., Costa, U.M.S., Araujo, A.D., and Herrmann, H.J., Wind velocity and sand transport on barchans dune, *Geomorphology*, Vol.54, pp.245-255, 2003.

[28] Shiau, B.S., Windbreak shelter effect in Taichung harbor, *Journal of Wind Engineering and Industrial Aerodynamics*, Vol.51, pp.29-41, 1994.

[29] Shiau, B.S., Measurement of turbulence characteristics for flow past porous windscreen, *Journal of Wind Engineering and Industrial Aerodynamics*, Vol.74-76, pp.521-530, 1998.

[30] Shiau, B.S., Experimental study of a turbulent boundary layer flow over a windbreak of semi-circular section, *Journal of Wind Engineering and Industrial Aerodynamics*, Vol.84, pp.247-256, 2000.

[31] Skidmore, E.L., Assessing wind erosion forces: directions and relative magnitudes. Soil Science Society American Journal, Vol.29, No. 5, pp.587-590, 1965.

[32] Skidmore, E.L., and Woodruff, N.P., Wind erosion forces in the United States and their use in predicting soil loss, USDA Agricultural Research Service Handbook, P346., 1968.

[33] Sorensen, M., Estimation of some aeolian saltation transport parameters from transport rate profiles, Proceedings of International Workshop on the Physics of Blown Sand, Memoirs, No.8, pp.141-190, Department of Theoretical Statistics, University of Aarhus, 1985.

[34] Sorensen, M., An analytical model of wind-blown sand transport, *Acta Mechanics, Suppl.* Vol.1, pp. 67-81, 1991.

[35] Willetts, B.B., and Rice M.A., Particle dislodgement from a flat sand bed by wind, *Earth Surface Processes and Landforms*, Vo.13, pp.717-728, 1988.

[36] Woodruff, N.P., Shelterbelt and surface barrier effects on wind velocities, evaporation, house heating and snow drifting, Agric. Expt. Stat., Kansas state college of Agric. and Applied Sciences, Manhattan, Kansas, Techn. Bull., 77, December, 1954.

[37] Yang, D.L., Liu, W., Wang, J.P., Liu, B., Fang, Y., Li, H.R., and Zou, X.Y., Wind erosion forces and wind direction distribution for assessing the efficiency of shelterbelts in northern China, *Aeolian Research*, Vol.33, pp.44-52, 2018.

[38] http://pubs.usgs.gov/gip/deserts/dunes/

聖米榭爾山（Mont Saint Michel），法國　　　　　　　　　　　　（*by Bao-Shi Shiau*）

法國諾曼地附近距離海岸約 1km 的岩石小島，是天主教徒的聖地，1979 年被
聯合國教科文組織列為世界遺產。此地分別是魔戒小說中的亞拉岡「日落之
塔——米納斯提利斯」人類最後一座守護城堡，以及宮崎駿電影「霍爾的移
動城堡」的原型。

香儂瑟城堡（Chenonceaux），法國　　　　　　　　　　　　（*by Bao-Shi Shiau*）

16 世紀法國國王亨利二世贈送位於羅亞爾河（Loire）支流謝爾河（Cher）上的香儂瑟城堡（chateau de Chenonceau）給比他大 19 歲的黛安娜。在國王意外身故後，皇后凱薩琳趕走黛安娜收回此堡，並且擴建更大的花園，與黛安娜較勁的意味濃厚。由於歷代擁有者都是女性，且興建於水上，因此有「城堡之后」與「水上城堡」之美稱。

第五章

綠風水 —— 建築風環境與通風

5-1 綠風水——建築環境風場

　　生態城市微氣候（micrometeorology）改變之要素有三：(1) 風（wind flow）、(2) 水（water）、(3) 綠（green）。《辭海》定義風水爲住宅基地周圍的風向水流等形勢，能招致住者一家之禍福。所謂風生水起好運來。現代建築學界定爲科學風水，因地形或建物產生之風與周遭環境溫度及氣流循環結合，使居住環境舒適健康。是故，風場環境是綠風水的重要一環。

　　另外由於都會地區之建築物高層化與建築物群高密度發展，已是無可避免，因此建築物與都市微氣候（micrometeorology）彼此之間的互動影響，包括熱島效應（heat island）、空氣污染擴散（air pollution dispersion）等，已成爲不容忽視之問題。

　　大城市的熱島效應（heat island）強度強，且夜晚比白天強。城市上空熱氣流不斷上升，形成一個低壓區，郊區冷空氣不斷侵入市區，構成環流，即形成所謂「城市風」。在城市周遭的工業區的煙塵反而湧向市中心，使市中心的污染物濃度比周遭工業區高。這些問題皆與環境風場息息相關，亦即環境風場特性將主控熱與空污擴散之變化。爲了降低上述問題之對都會地區風場環境衝擊，有必要對該等課題研究分析。本章僅就其中最重要問題之一——環境風場之相關資訊做介紹。以了解該問題之解決方法。

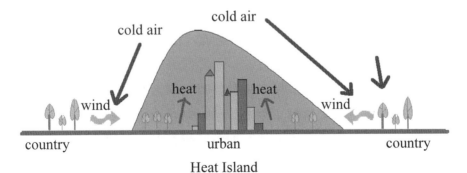

圖 5-1　熱島效應示意圖

　　建築環境風場（wind environment）一般係指建築物周遭之氣流風場變化情形，亦即建築物興建後，其周遭之風場變化。其中風場變化影響最重要項目之一即是行人風（pedestrian wind）。所謂行人風，一般係指在距離地表面高度介於 1.5 公尺至 2 公尺處之風速，行人風大小會影響行人在公共廣場或街道站立、行走之舒適性與安全性。

　　目前台灣建築法規中，關於風壓設計僅有數條列舉一般性結果，提供設計參考。對於複雜形狀建築物或其他特殊情形，法規中則指出以風洞試驗結果為設計參考。因為風洞試驗不僅可模擬測出平均風壓外，更可量測出建築物之環境風場變化，亦即風環境，此為建築物形狀及布置設計對周遭環境影響之另一重要參考指標。且政府環境影響評估法規中，環境風場（行人風）是評估之要點之一。

5-2 建築物周遭環境風場氣流的特性

　　風（氣流）與建築物作用，其所形成之建築物環境風場特性將受到許多因素交互影響，且形成的風場係一複雜氣流運動。綜合影響該等氣流變化之因素包括有：(1) 風速、(2) 風向攻角、(3) 建築物幾何外型、(4) 鄰近之建築物等。以下分別做定性描述建築物周邊氣流的特性：

一、單一建築物之周遭環境風場特性

1. 建築物迎風面下切氣流與氣流渦流（upstream vortex）

　　風吹向建築物，亦即氣流迫近並作用於建築物時，首先在建築物之迎風面上，該處建物表面將承受風壓。風壓分布基本上是由風場決定，亦即該建物迎風表面風壓變化直接反應了作用於建築物迎風表面之風速分布特性。

　　扁平型建築物在迎風面的下半部則易形成渦流，引發部分氣流沿建物表面向下運動，並在建物靠近地面之處形成迴流（reverse flow）。當風（氣流）吹過高層建築物時，該氣流其中一股氣流經由建築物頂面上方與兩側面加速地流過，另有一股氣流則是沿著建築物的迎風面向下方流，並且在該建

築物的迎風面下方形成渦流，這股下切氣流一般又稱爲「掀裙風」。通常若建築物的迎風面愈寬愈大，這股下切氣流愈強。圖 5-2 爲迎風面渦流與下切氣流示意圖。

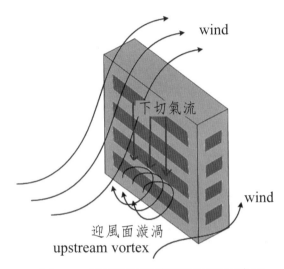

下切氣流

wind

wind

迎風面漩渦
upstream vortex

圖 5-2　迎風面渦流與下切氣流示意圖

2. 建築物背風面尾跡流區（building wake region）

風（氣流）遭遇到建築物時，一部分氣流越過建築物頂面後，繼續前進，而此時由於氣流速度與壓力之劇烈變化，使得在建築物的背風面（leeward side）形成一紊亂的迴流（reverse flow）區域，稱爲尾跡流區，可參考圖 5-3。

由於該尾跡流區之壓力低於大氣壓力，因此越過建築物上方的氣流會受到背風面之負壓力的吸引，向下及向建築物後方流動，形成一個氣流迴旋的流場，在建築風水亦稱爲氣滯區或死水區。其尾跡流區的流場特性（例如：迴流區長度與範圍大小）會受到建築物的幾何外型、風向角和周遭相鄰建築物的影響。對於較寬扁的建築物（高寬比與深寬比皆小），背風面尾跡流區之迴流有強烈的垂直旋轉渦流；而對於較細高的建築物（高寬比大、深寬比小），其尾跡流之迴流幾乎全來自建築物側面分離剪力流形成的橫向旋轉渦流。

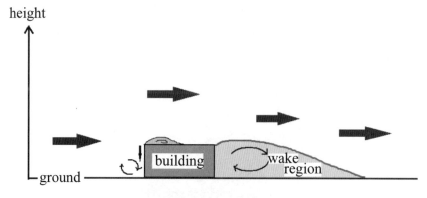

図 5-3　建築物背風面之尾跡流區示意圖

3. 建築物頂面及兩側風場迴流分離區

當建築物側面及頂部因建築銳角剪力流（separation shear layer）使得流線分離，形成迴流區。迴流特性受建築物高寬比（aspect ratio）及深寬比（depth ratio）影響而有不同的型態。

對於較寬扁的建築物（高寬比與深寬比皆小），頂面與兩側之迴流分離區中有強烈的垂直旋轉渦流；而對於較細高的建築物（高寬比大、深寬比小），其分離迴流幾乎全來自側面分離剪力流形成的橫向旋轉渦流；至於深寬比較大的建築物，因分離剪力流在側風面或頂面，甚至可能發生再接觸現象（reattachment phenomena），使得氣流的動量（momentum）減弱，因此迴流之流速擾動程度也相對變弱。

4. 角隅風（corner wind）

氣流由建築物之頂面與兩側繞過去時，會產生加速的現象。除了氣流加速現象外，也同時會在角隅處發生流線分離現象。由於流線分離，將形成渦流。另外因為氣流之加速，所以建築物頂面與兩側之角隅將形成較強的風速，參閱圖 5-4 所示。由於在建築物頂面與兩側面之角隅區常出現角隅風，風速會比較大，因此影響該處地面行人站立、行走或在頂樓活動的舒適性。

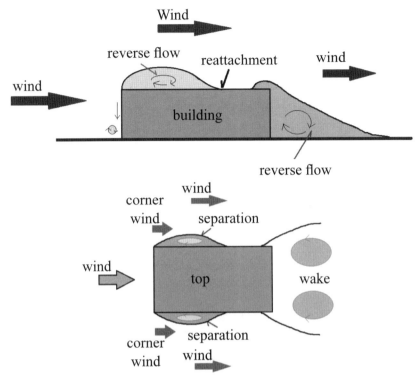

圖 5-4　建築物頂面及兩側風場迴流分離區

　　一般風場流線對於建築物頂部與兩側之角隅幾何形狀非常敏感。參閱圖 5-5，例如橫斷面為矩形的建築物，其角隅處將使流線分離（渦流）。而橫斷面為圓形的建築物，由於其角隅不若矩形明確，因此其流線分離（渦流）點位置變化，受到風場迫近流之雷諾數（Reynolds number）、紊流強度及建築物表面粗糙度等因素影響。

5. 貫穿風（through wind）

　　參閱圖 5-6，由於建築物之迎風面（正壓區）與背風面（負壓區）之間有氣壓差，故將迎風面及背風面以開孔連通時，由於壓力差驅動之故，雖然會減小周邊氣流的作用，但在開孔通道內，則兩端壓力差較大，形成氣流快速運動，會有較高的風速出現，稱之為貫穿風。此現象可由氣流運動係依循壓力差（由高壓區流向低壓區）推動的特性加以解釋。

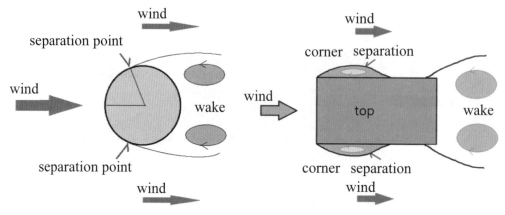

圖 5-5 建築物橫斷面為圓型與矩形之角隅流線分離（渦流）發生處

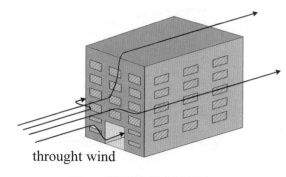

圖 5-6 建築物貫穿風示意圖

　　當風向和建築物之牆面直交時，迎風面為高（正）壓區，其餘三面形成低（負）壓區；如風攻角為斜角時，迎風兩面為高壓區，而背風兩面則成為低壓區。

　　若建築物大樓有前後貫通的通道或開口打開時，大樓內的通道會形成氣流的快速流動，入口處將會出現較強之風。因此貫穿風會造成進出大樓及經過出入口的行人不舒適的情形。

　　也有大樓不在底部貫穿，而是設計在大樓上部開孔形成上部高處之貫穿風，例如圖 5-7 之照片。

圖 5-7　大樓上部開孔貫穿（台灣台中市）

6. 建築物背風面下洗（down wash）氣流

　　氣流沿著建築物迎風面流動，在越過頂面後流線分離，另外受到上層氣流的壓力作用，氣流乃逐漸向下移動至建築物背風面下游約建築物高度數倍距離處碰觸地面，該現象一般稱之為下洗。在下洗流線下方所包含範圍以內之區域稱為迴流區域（reverse flow），該區域氣流方向與下洗流線上方氣流方向相反，故稱為迴流。此迴流區域內之污染物受到氣流迴流作用，將侷限在該區域內，很難向外傳輸擴散。因此下洗氣流對建築物所排放之廢氣廢熱等污染擴散行為有重大不利影響。

二、建築群之周遭環境風場特性

　　在都會地區，由於各式各樣高高低低建築物林立成群，當建築群與風作用時，其環境風場特性將是上述單一建築物個別現象彼此交互影響下非線性的綜合表現，故其風場之複雜可想而知。一建築群環境風場依氣流變化行為與效應，常見者有：(1) 渠道效應（channel effect）、(2) 文氏束縮效應（Venturi effect）、(3) 煙囪效應。

1. 渠道效應（channel effect）

在都會區中，由於商業需求及都市計畫因素，因此沿街兩側建築物多具有較平整的立面且彼此相鄰，一般稱之為街谷（street canyon）。故流經其間之氣流，好比流經渠道的兩壁，會驅使氣流沿此間渠道流動，稱為渠道效應。圖 5-8 為建築群街谷之渠道效應示意圖。在街谷近地面處之氣流常會脫離原有風向，亦即受到渠道效應作用，而沿街谷走向流動。因此渠道效應對逸散性污染物質在街谷近地面處的擴散行為影響甚大。

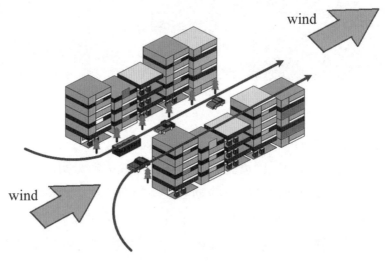

圖 5-8　為建築群街谷之渠道效應示意圖

2. 文氏束縮效應（Venturi effect）

對於不平行的兩棟或兩排建築物，氣流在流過接近交會處時，將由於流通斷面積減小，流速會加快，產生加速的現象，形成高風速區，即是所謂文氏束縮效應。另外當風由一寬廣之區域吹進狹窄的街道時，由於流通斷面積減小，氣流也會發生加速的現象，形成高風速區出現，亦是文氏束縮效應。氣流之文氏束縮效應隨建築物間之距離的增大會明顯減低。參閱圖5-9。

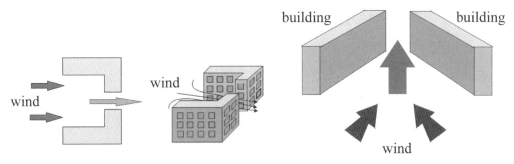

圖 5-9　建築群之文氏束縮效應示意

3. 煙囪效應（chimney effect）

都市內寸土寸金，高樓林立且緊密比鄰，經常出現有諸多高樓圍成封閉式之天井或中庭，因此狹小之天井或中庭將形成類似一條垂直風道，容易造成所謂煙囪效應。亦即該風道中，若因溫差形成上升氣流時，將誘發並造成氣流由中庭天井處垂直往上方流動，形同煙道中之煙上升，故稱為煙囪效應。

例如圖 5-10 所示之大廈，係由三棟建築緊密在一起，構成中庭天井型式，雖各棟間留有間隙，但因間隙相較於樓高甚小。由於中庭天井之故，易形成煙囪效應，也就是會增強吸引氣流垂直往上吹拂的效果。

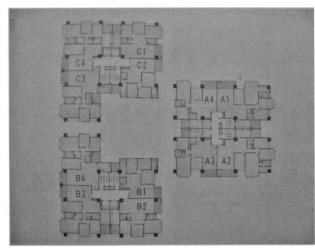

圖 5-10　中庭天井式建築——煙囪效應

三、建築物周遭環境風場之改善

避免環境風場不良，影響居住舒適性或通風，因此對於單一建築物在規劃設計階段的預防性措施，可以考慮下述措施，獲得改善。

1. 調整改變建築物位置方向，例如原設計朝北向改成朝東南向。
2. 建築物造形改變，亦即建築物外形調整。例如：側邊削角或底部數層設計增大，形成墩座（podium）。甚或在不同高度處建築物本體設計為貫通形式。
3. 建築物表面予以粗糙化，例如：建築物增設突出陽台或花台。

對於建築群之規劃設計階段採取之預防性手段，可以考量以下面向：

1. 各建築物配置形成之開放空間，可予適切布置。
2. 各建築物配置相鄰高低差不宜太大，以避免高建築物之迎風面下切氣流影響前方低矮建築物。

假若建築物或建築群周邊環境風場需要改善時，可採取下述措施，獲得較佳之環境風場。

1. 在高溫夏季時，可藉由引風設施，導風引入建築物或建築群周圍，提高通風效率以及降溫。
2. 在冬季低溫時，寒風刺骨，可考慮於建築物上加裝或建築物（群）外使用防風設施（例如防風柵、防風牆），以阻擋寒風降低風速。
3. 建築物或建築群周圍環境適當處適切種植樹木植栽，除可過濾空氣減塵外，也可視需要導引風或阻擋減風，達到環境風場改善目的。

5-3 環境風場之行人風之評估

由於行人風係建築物環境風場之重要評估項目之一，目的在於評估環境風場之風速對各種活動狀況下之行人之舒適性（comfort）與安全性（safety）之影響與衝擊。目前常用之環境風場之行人風舒適性評估方式，可區分為：(1) 風速等級區分評估法。(2) 各等級風速與其容許發生機率分析法。

　　風速等級區分評估法係以平均風速值大小區分等級，針對各等級風速下對行人之活動類別之影響，據此以為環境風場之風速對行人之舒適性與安全性之效應評估之。該種方式具有直接與簡單之優點。例如 Penwarden（1973）與 Penwarden & Wise（1975）建議行人風舒適性之評估標準如下表 5-1。

表 5-1　行人風舒適性之評估標準

平均風速 V	風速之影響狀況之評估
$V = 5$ m/s	開始感覺不舒適（onset of discomfort）
$V = 10$ m/s	肯定不舒適（definitely unpleasant）
$V = 20$ m/s	危險性（dangerous）

　　Hunt et al.（1976）之風洞實驗結果建議風速應將紊流擾動風速效應納入考慮，改採有效風速（effective wind speed）做為行人風舒適性之評估標準。有效風速 V^e 表示如下：

$$V^e = V[1 + k\frac{(\overline{v'^2})^{1/2}}{V}] \tag{5-1}$$

式中 V 為平均風速（mean wind speed），$(\overline{v'^2})^{1/2}$ 為主流向風速紊流擾動均方根值（root mean square of longitudinal velocity fluctuation），k 為一常數，主要係反應擾動程度之效應。Hunt et al.（1976）係建議 $k = 3$，而其他學者 Isyumov & Davenport（1976）建議 $k = 1.5$，Ganderman（1975）建議 $k = 1$。

　　Hunt et al.（1976）之行人風風洞實驗感受結果，提出評估標準，詳如表 5-2 所示。

表 5-2　行人風以有效風速評估行人舒適性之標準

有效風速 V^e	影響狀況之評估
$V^e= 6$ m/s	開始感覺不舒適（onset of discomfort）
$V^e= 9$ m/s	動作受影響（performance affected）
$V^e=15$ m/s	行走受影響（control of walking affected）
$V^e=20$ m/s	危險性（dangerous）

Murakami & Deguchi（1981）以日本案例之實驗結果，提出評估標準如表 5-3。

表 5-3　日本案例之行人風舒適性之評估標準

3 秒鐘平均風速 V_3	影響狀況之評估
$V_3 < 5$ m/s	動作不受影響（performance not affected）
5 m/s $< V_3 <$ 10 m/s	動作受影響（performance affected）
10 m/s $< V_3 <$ 15 m/s	動作嚴重影響（performance seriously affected）
15 m/s $< V_3$	動作非常嚴重影響（performance very seriously affected）

除了以風速等級區分評估外，再加入各等級風速容許發生機率，進行評估對行人活動類別（例如：坐定狀態、站立狀態、行走狀態）之舒適性與安全性效應評估。由於增加考慮容許發生機率之因素，因此評估更增添統計客觀性。

由於舒適性感覺頗具有主觀性，因人因時（季節）因地而異。因此風舒適性之評估準則（wind comfort criteria）尚未有統一標準。以下列舉一些文獻上出現之風舒適性評估準則，如表 5-4 與表 5-5 提供參考。

表 5-4 Murakami et al. (1986) 建議之風環境準則

風況（Wind condition）	$\hat{U}_{local}$	$P(> \hat{U}_{local})$
夏季行走可接受狀況（Acceptable for walking: summer）	48 km/h	每月發生一次之機率 0.01（once per month）
冬季行走可接受狀況（Acceptable for walking: winter）	32 km/h	每月發生一次之機率 0.01（once per month）
危險狀況（Hazardous）	83 km/h	每年發生一次之機率 0.001（once per year）

表 5-5 Melbourne (1978) 建議之風環境準則

活動形式（Activity）	超越機率（Probability of Exceedance $P(> \hat{U})$）		
	$\hat{U} = 36$ km/h	$\hat{U} = 54$ km/h	$\hat{U} = 72$ km/h
長時間與短時間站立（Long-term and short-term stationary exposure）	0.01	0.008	0.0008
漫步（Strolling）	0.22	0.036	0.006
行走（Walking）	0.35	0.07	0.015

　　建築物影響行人風評估可透過風洞模型試驗（wind tunnel model test），量測行人風數據，再結合建築基地鄰近之氣象風速風向長期資料，整理風速風向資料之機率分布（偉布機率密度分布 Weibull probability distribution）。二者合併分析在各種活動形式（例如靜坐、站立、漫步或行走）之行人風大小與發生機率，從而評估對行人之舒適性與安全性。行人風數據除了可經由風洞模型實驗獲得外，也可經由計算流力 CFD 之數值模式，模擬計算行人風數據。

　　建築基地鄰近之氣象風速風向統計機率分析如下：各風向之風速發生機率分布為偉布函數，可依下式計算風向為 i 時，風速之機率累積分布函數：

$$P_i(wind\ speed \le U) = 1 - \exp\left[-\left(\frac{U}{c_i}\right)^{k_i}\right] \tag{5-2}$$

式中 k_i 為機率函數之形狀因子參數，c_i 為機率函數之尺度參數，i 代表 1 至 16 的風向（例如 NNE、NE、E、ENE……）。

　　風速值的總發生機率為 16 個風向發生機率分別乘以個別風向之上頻率比例後，加總得之。

$$P(wind\ speed \leq U) = \sum_{i=1}^{i=16} w_i \left\{ 1 - \exp\left[-\left(\frac{U}{c_i} \right)^{k_i} \right] \right\}$$ （5-3）

其中 w_i 為各風向的發生機率。各地之風速、風向的機率參數 c_i、k_i、w_i 可由基地附近氣象站（譬如中央氣象局所屬氣象站）之長期風速觀測資料統計迴歸求得。再藉由風洞實驗或數值模擬所量測得之風場資料，配合上式便可計算各測點之風速超過百分率。

　　應用環境風洞進行基地建築物周遭行人風量測，並結合鄰近氣象測站長期風速風向資料進行機率統計分析，以評估大樓興建後行人風之舒適性與安全性。以下扼要介紹一些案例（蕭 2011，2015）。

1. 台灣新北市宏普建設新莊副都心建案大樓（大樓二幢，總高度分別為為 102.6 公尺與 111.6 公尺）周圍行人風之模擬量測（各量測點位置參閱圖 5-11 之數字編號），圖 5-12 為風洞試驗模型（照片中高突之大樓建築物模型為本案模型）。

2. 基隆市白天鵝建設新建大樓（大樓建築高度為 89.4 公尺）周圍行人風之模擬量測（各量測點位置參閱圖 5-13 之數字編號），圖 5-14 為風洞試驗模型（照片中高突之大樓建築物模型為本案模型）。

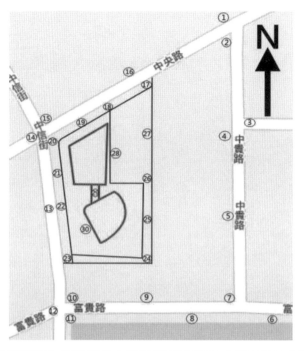

圖 5-11　宏普建設在台灣新北市新莊副都心建案大樓基地圖與行人風量測點

圖 5-12　風洞試驗模型（照片中高突之大樓建築物模型為本案模型，模型縮尺 1/400）

圖 5-13　白天鵝建設在台灣基隆市建案大樓基地圖與行人風量測點

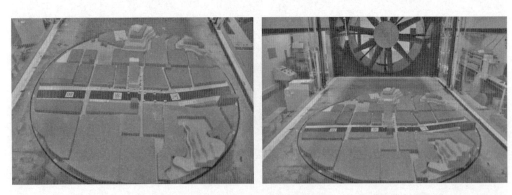

圖 5-14　風洞試驗模型（照片中高突之大樓建築物模型為本案模型，模型縮尺 1/400）

　　風洞實驗結果經分析與評估結果環境風場之行人風平均風速均符合安全性。另外基地之主建物大樓角隅區域，在某些風向有時候出現稍偏大之陣風風速狀況，建議未來該等區域可配合植栽種植樹木，除綠化美觀外，亦將可有效減低陣風之風速，使行人風環境風場舒適性提高，更適合較長時間之停留。

5-4 通風原理與應用

　　通風係指在一空間內空氣流通，亦即空間內有風。此即是物理上之風力通風，係利用壓差形成風，而達到氣流流通。至於如何造成壓差，可由柏努力效應（Bernoulli effect）說明解釋。

　　所謂柏努力效應，可由流體力學之柏努力方程式說明。當沿著某一條流線上任何位置之位能（γz）壓力能（p）與速度動能（$\dfrac{V^2}{2g}$）三者總合為一定值。此處 z 為高程，$\gamma = \rho_a g$，ρ_a 為空氣密度，g 為重力加速度，p 為壓力，V 為風速。亦即：

$$p + \gamma z + \frac{1}{2}\rho V^2 = \text{constant along streamline} \tag{5-4}$$

　　參閱圖 5-15，考慮流線上兩個位置 1 與 2，則依據柏努力方程式，可獲得下式：

$$p_1 + \gamma z_1 + \frac{1}{2}\rho V_2^2 = p_2 + \gamma z_2 + \frac{1}{2}\rho V_2^2 \tag{5-5}$$

假定忽略兩位置之高程變化，亦即 $z_1 = z_2$，則上式可簡化為：

$$p_1 + \frac{1}{2}\rho V_1^2 = p_2 + \frac{1}{2}\rho V_2^2 \tag{5-6}$$

　　由上式可知，若兩位置之風有差異，則兩處之壓力也將產生差異變化。壓力變化量為：

$$\Delta p = p_1 - p_2 = \frac{1}{2}\rho(V_2^2 - V_1^2) \tag{5-7}$$

因此利用該等壓力變化量 Δp 以驅動氣流，形成風，進而達到通風之功效。

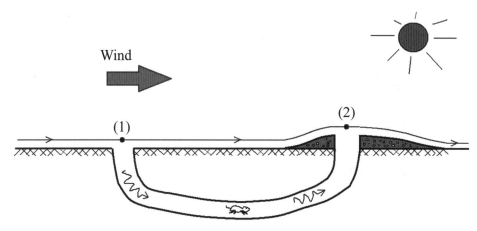

圖 5-15　草原犬鼠地道之通風示意圖

自然界有些動物雖然沒讀過流體力學，當然也不知道努柏力效應（Bernoulli effect）。但牠們卻充分應用了柏努力效應，達到其居住之通風功效。例如生活在大草原中之草原犬鼠（prairie dog），在其居住巢穴係在地下挖地道，而地道之出入開口中，其一開口處地形保持平整，另一開口處則堆土使地形隆起，參閱圖 5-15。兩出入口因地形高低變化，使得吹過隆起地形之出入口處之平均風速 V_2 將略大於另一平整地行之出入口處 V_1（註：隆起處之平均風速略大於平整處之平均風速，可參考第二章 2-3 節）；因此由柏努力效應可知在平整地形之出入口處之壓力 p_1 將略大於隆起地形出入口處壓力 p_2，故兩出入口處之壓力差 $\Delta p = p_1 - p_2$，將引發地道內之空氣流動，形成一股風，故而達到地道內之通風效果。

例題　自然界有些動物雖然沒有學過流體力學，但卻懂得善用柏努力效應，讓牠們的居室因自然通風而保有新鮮空氣，賴以存活。例如草原犬鼠地洞（prairie dog burrow），參閱圖 5-15，包含有二個出入口之孔

洞 (1) 與 (2)，出入口孔洞 (1) 為平坦，另一出入口孔洞 (2) 為隆起。利用孔洞 (1) 與 (2) 之壓差，而帶動地洞內氣流，形成自然通風，由地表面引入新鮮空氣進入地洞。當風以平均風速 V_0 吹過 (1)，在 (2) 之風速將因 (2) 之地形隆起而增加（speed-up），假定 (2) 之平均風速為 $1.07V_0$。試問若平均風速 $V_0=10$ m/s 吹過地表孔洞 (1)，則孔洞 (1) 與 (2) 之壓 $p_1 - p_2 = ?$（假定常溫常壓下，空氣密度為 $\rho_{air} = 1.2 \dfrac{kg}{m^3}$）

解答：$p_1 - p_2 = 8.694 \dfrac{N}{m^2}$

5-5 建築物之通風與換氣

由於建築物或建築群之通風良好與否，將會強烈影響建築之節能效率以及居住者使用之舒適性，故此通風列為所謂綠建築重要條件之一。亦即通風良好，其將可減少建築物之能源消耗。另外建築物之通風經常伴隨著通風換氣，藉由風吹襲身體，在溼熱的氣候環境下，提高身體汗水蒸發，使得人們感覺到涼爽舒適。而換氣則是引入室外新鮮空氣進入建築物置換室內污濁空氣，包括調節室內二氧化碳及其他有害氣體的濃度，達到確保室內空氣品質之良好。

事實上，通風係已包含換氣，通風效果良好的室內，假如外氣品質良好且無有害物質，則必能引入新鮮良好之空氣，達到換氣的基本要求。由於通風須靠空氣流動以帶走熱量，故須在稍大之風速下進行；而換氣則可僅由室內外溫度差，造成空氣密度不同，進而由浮力引生換氣的效用，因此不一定要風力的驅動，同樣可達到換氣目的。

建築物本身之通風換氣可藉由建築物開口（窗戶）之設計配置達成目的與功效。而影響開口（窗戶）通風效率之因素有：

1. 開口（窗戶）形式之選擇
2. 開口（窗戶）之位置配置
3. 開口（窗戶）大小

　　圖 5-16 所示為單一窗戶開口,風以不同角度吹入後之通風換氣風速變化示意圖;圖 5-17 所示為兩窗戶開口,風以不同角度吹入後之通風換氣風速變化示意圖;圖 5-18 為相對兩窗戶,在不同開口大小條件下,室內與室外風速之大小變化示意圖。圖 5-16～圖 5-18 中出流風速大小百分比是推估示意值,僅供參考。

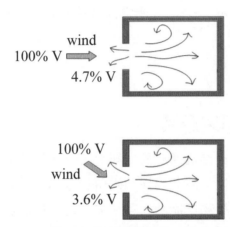

圖 5-16　單一窗戶開口,風以不同角度吹入後之通風換氣風速變化示意圖

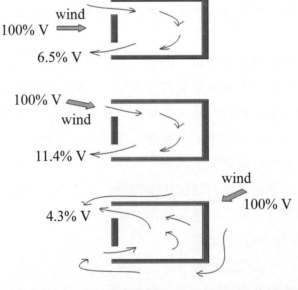

圖 5-17　兩窗戶開口,風以不同角度吹入後之通風換氣風速變化示意圖

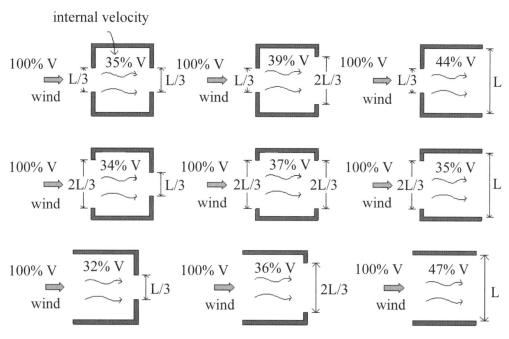

圖 5-18　為相對兩窗戶，在不同開口大小條件下，室內與室外風速之大小變化示意圖

　　利用風來產生換氣之換氣量，q 之簡易分析如下，參閱圖 5-19，假定該建築物兩處窗戶開口一樣大小，且開口外部之平均壓力分別為 p_1、p_2，建築物內部壓力為 p_i。當 q_1、q_2 二者相等時，則達到平衡狀態，亦即

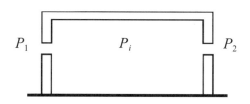

圖 5-19　建築物開口（窗戶）換氣分析示意圖

$$p_1 - p_i = p_i - p_2 = \Delta p \tag{5-8}$$

　　假定建築物外部平均風速為 U，則依據伯努力定律（Bernoulli equation）：

$$\Delta p = \frac{1}{2} \rho U^2 \tag{5-9}$$

另外定義風壓係數差如下：

$$\Delta C_p = C_{p_1} - C_{p_2} = \frac{p_1 - p_r}{\frac{1}{2} \rho U^2} - \frac{p_2 - p_r}{\frac{1}{2} \rho U^2} = \frac{p_1 - p_2}{\frac{1}{2} \rho U^2} \tag{5-10}$$

式中 p_r 為建築物外部參考壓力，該處平均風速為 U。

又利用風來產生換氣之換氣量，q 與換氣通風口（例如窗戶之面積），A 以及流經換氣通風口之風速，U 成正比，亦即：

$$q \propto A \times U \tag{5-11}$$

利用 5-11 式，可得：

$$p_1 - p_2 = p_1 - p_i - p_2 + p_i = (p_1 - p_i) + (p_i - p_2) = \Delta p + \Delta p = 2\Delta p \tag{5-12}$$

亦即

$$\Delta p = \frac{1}{2}(p_1 - p_2) = \frac{1}{2} \Delta C_p \frac{1}{2} \rho U^2 = \frac{1}{4} \Delta C_p \rho U^2 \tag{5-13}$$

因此綜合 5-9 式、5-10 式、5-11 式、5-12 式及 5-13 式，得換氣量 q：

$$q = C_D A U = C_D A \sqrt{\frac{2\Delta p}{\rho}} \tag{5-14}$$

或

$$q = C_D A U = C_D A \sqrt{\frac{2\Delta p}{\rho}} = C_D A \sqrt{\frac{2 \frac{1}{4} \Delta C_p \rho U^2}{\rho}} = C_D A U \sqrt{\frac{\Delta C_p}{2}} \tag{5-15}$$

式中 C_D 為風量係數（discharge coefficient）。

例題　假定如圖 5-19，其窗戶通風口面積 $A = 0.01$ m² （長 10 cm，寬 10 cm），風壓係數差 $\Delta C_p = 0.6$，風量係數 $C_D = 0.6$，建築物外部平均風速 3 m/s。試問通風量爲多少？

解答：通風量 q

$$q = C_D A U \sqrt{\frac{\Delta C_p}{2}}$$

$$= 0.6 \times 0.01m^2 \times 3m/s \times \sqrt{\frac{0.6}{2}}$$

$$= 0.00986 m^3 / s$$

$$= 35.5 m^3 / h$$

　　風吹過建築物時，因爲建築物阻擋造成迎風面之空氣流動受阻，故而風速減面，因此部分動壓轉變爲靜壓，令建築物迎風面上的壓力大於大氣壓力，使得建築物之迎風面上形成正壓區。建築物的頂面、背風面以及兩側，因爲氣流加速曲繞通過，故該區之壓力小於大氣壓力，亦即爲負壓區（或稱空腔區，cavity region）；此負壓現象造成該區氣流與區外之氣流流向相反，形成逆流或迴流，故稱做迴流（reverse wind flow）。

　　當建築物表面設置開口，因爲氣流由室外之正壓區流入室內，再經由室內流出至室外較小壓力區，亦即利用風壓進行通風，此即所謂的「自然通風」。風速大小與建築各表面大小及風向夾角可決定風壓通風的壓力係數 c_p，依下式可計算風壓 P_v：

$$P_v = c_p \frac{\rho V^2}{2} \tag{5-16}$$

式中 P_v：風壓，單位 Pa。

　　V：風速，單位 m/sec。

　　ρ：空氣密度，單位 kg/m³。

　　c_p：風壓係數，一般可由風洞實驗進行氣動力模型決定之。

　　當風作用於建築物時，該建築物之表面風壓分布相當複雜。邊界層紊流

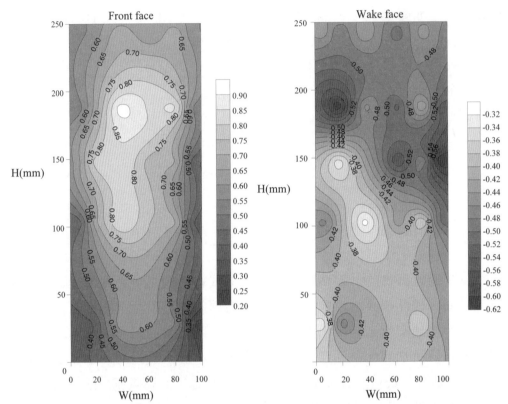

圖 5-20　矩形斷面超高層建築物迎風面與背風面之平均風壓係數分布變化

特性、建築物幾何外形、風攻角、四周地物狀況等等因素均影響表面風壓分布。在從事評估建築物以風壓通風方式進行的通風效益時，所有建築物之表面風壓分布狀況需全部計算。建築物之表面風壓分布狀況可利用風洞實驗量測後計算之。

　　例如圖 5-20 所示係為風洞實驗量測一矩形斷面超高建築模型之迎風面與背風面在紊流邊界層內之平均風壓係數分布圖（蕭、莊，2000）。此處平均風壓係數：

$$\overline{C_p} = \lim_{T \to \infty} \frac{1}{T} \int_0^\infty C_p dt \qquad (5\text{-}17)$$

式中風壓係數爲：

$$C_p = \frac{p - p_H}{\frac{1}{2}\rho U_H^2} \qquad (5\text{-}18)$$

此處 p 爲表面風壓，p_H 爲參考壓力，係建築物模型上游與模型等高處之靜壓（static pressure）；而參考風速 U_H 爲該處之平均風速。

　　另外針對台灣地區之溼熱氣候，優良之建築工程設計，亦即所謂綠建築，其應對於建築物之配置，使之對於自然通風能產生有利的影響。因此如何靠風力作用達成自然通風，乃爲環境風工程設計上必須考量之重點。

5-6 建築物之通風設計

　　爲達到通風之功效，可應用兩不同位置之空氣壓力差，以推動空氣，而形成風之物理原理，達到建築物之通風。依空氣壓力差之形成原因，可採用風力通風或浮力通風等設計。

一、風力通風

　　所謂風力通風係指應用風力壓差，引致風之形成，藉由風速達到空氣流動替換之目的。簡易分析結果可參見 5-5 節，5-15 式。

　　此種通風方式設計比較適合於溼熱氣候地區之建築結構物，例如臺灣北中南各地，夏季可利用西南風，達到風力通風，去除溼熱之目的。

　　風力通風設計一般之先決條件，需具有充足之通風環境。建築物興建前之通風設計，計畫必須考慮建物基地周遭附近環境之氣象風速風向之統計結果。例如海岸地區在夏季，可以海陸風或地形風爲設計之考量。

　　較大規模之城市風力通風設計，可從大環境之建築配置來考量，例如利用城市之公園綠地系統或建物之開放空間等，以形成風廊道（wind corridor），導引城市內之風流向，藉以消除空氣污染以及建物之通風功效。

　　較小規模之社區或集合住宅建築群，亦可透過相關人工配置，例如種植

樹林植栽或建防風牆，導引氣流，形成符合社區建物所需之風力通風狀況。

　　若是屬於固定配置基地之建築物，則較難以上述方式設計通風。此時可改採建築平面通風配置，亦即透過建築物本身設計成諸多風道，以導引氣流，形成風力通風。例如日本琉球名護市市政廳，該市政廳各層建物之上部設置許多隧道形風道，以導引來自海面之海陸風，形成風力通風。並輔以電扇，故無須冷氣空調，亦勉強可以達到舒適溫濕條件，係溼熱氣候條件下最佳之綠色建築之範例。

二、浮力通風

　　浮力通風係以熱壓作用為空氣流動之驅動力，亦即應用熱空氣密度較小（輕），故而上升，而冷空氣密度較大（重），故而下降。如此因溫度差異形成熱壓，進而驅動空氣，使之產生上下對流，亦即以熱浮力原理，達到氣流流動換氣之目的。

　　因此建築物在具有足夠高度之挑高中庭或大型空間，只要有溫差存在，即可產生熱壓，造成對流，達到浮力通風之目的與功效。

　　溫度變化形成空氣密度差異，進而導致壓力差，稱為熱壓差 Δp，可依下列公式計算：

$$\Delta p = gH(\rho_e - \rho_i) \qquad （5-19）$$

式中 Δp 為熱壓，g 為重力加速度，H 為進氣口與排氣口位置中心線垂直高度距離，ρ_e 為室外空氣密度，ρ_i 為室內空氣密度。因此熱壓大小與高度差成正比，同時也與式內外之密度差（亦即溫度差）成正比。簡易熱浮力通風量分析如下。

靜壓平衡方程式：

$$\frac{dp}{dz} = -\rho g \qquad （5-20）$$

對於溫度均勻分布狀況下，大氣壓力 p 為：

$$p = p_0 \exp(-\frac{gz}{RT_0}) \tag{5-21}$$

式中 z 爲距離地面高度，p_0 爲地面大氣壓力，T_0 爲地面溫度，R 爲氣體分子常數。一般 $\frac{g}{RT_0}$ 値甚小（約 0.12×10^{-3} 1/m）。因此對於指數 exp 泰勒級數（Taylor series）展開，取前兩項即可獲得相當準確之近似值。
亦即

$$p = p_0(1 - \frac{gz}{RT_0}) = p_0 - p_0\frac{gz}{RT_0} \tag{5-22}$$

又地面處之理想氣體公式（ideal gas law）：

$$p_0 = \rho_0 RT_0 \tag{5-23}$$

因此

$$p = p_0 - \rho_0 gz \tag{5-24}$$

應用上式，通過距離地面高度 z 處之建物開口之內外壓差，可寫爲：

$$\Delta p = p_E - p_I = (p_{E0} - p_{E0}\frac{gz}{RT_{E0}}) - (p_{I0} - p_{I0}\frac{gz}{RT_{I0}})$$
$$= p_{E0} - p_{I0} - \frac{gz}{R}(\frac{p_{E0}}{T_{E0}} - \frac{p_{I0}}{T_{I0}}) \tag{5-25}$$

或

$$\Delta p = p_{E0} - p_{I0} - gz(\rho_E - \rho_I) \tag{5-26}$$

今考慮一建物上下高差爲 h 之相等大小兩開口，下方開口距離地面高度爲 z，室外與室內溫度分別以 T_E 與 T_I 表示（參見圖 5-21）。上下兩開口（分別用下標 2 與 1 表示）之室內外壓差分別寫爲下二式：

$$\Delta p_1 = p_{E0} - p_{I0} - gz(\rho_E - \rho_I) \tag{5-27}$$
$$\Delta p_2 = p_{E0} - p_{I0} - g(z+h)(\rho_E - \rho_I) \tag{5-28}$$

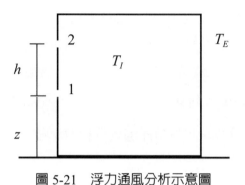

圖 5-21   浮力通風分析示意圖

由平衡條件 $\Delta p_1 = -\Delta p_2$，可得：

$$p_{E0} - p_{I0} = (\rho_E - \rho_I)g(z + \frac{h}{2})$$

（5-29）

將 5-29 式代入 5-27 式與 5-28 式後，二式相減得：

$$\Delta p_1 = -\Delta p_2 = (\rho_E - \rho_I)g\frac{h}{2} = \Delta\rho g\frac{h}{2}$$

（5-30）

亦即：

$$\Delta p = \Delta\rho g\frac{h}{2}$$

（5-31）

因此上下距離 h 之開口因室內外溫度差，其所造成之通風量 q 為（參見 5-14 式）：

$$q = C_D A U$$

$$= C_D A\sqrt{\frac{2\Delta p}{\rho}} = C_D A\sqrt{\frac{2\Delta\rho g\frac{h}{2}}{\rho}} = C_D A\sqrt{\frac{\Delta\rho g h}{\rho}}$$

（5-32）

又空氣密度與溫度之關係近似式為：

$$\frac{\rho_E - \rho_I}{\rho_I} = \frac{\Delta\rho}{\rho_I} = \frac{T_E - T_I}{T_I}$$

（5-33）

故通風量 q 為：

$$q = C_D A \sqrt{\frac{(T_E - T_I)gh}{T_I}} = C_D A \sqrt{\frac{\Delta Tgh}{T_I}} \tag{5-34}$$

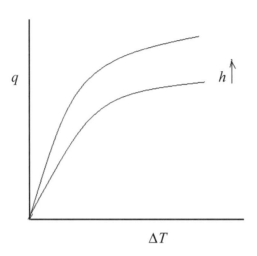

圖 5-22　浮力通風量與溫差以及開口距離高度之關係

例題　參閱圖 5-22，假定 $A = 0.01$ m^2，$C_D = 0.6$, $\rho_I = 1.2$ kg/m^3，$g = 9.8$ m/s^2，$h = 6$ m，$T_I = 293$ K，$\Delta T = 10$ K，試問在此條件下因溫差引起熱浮力後產生之通風量？

解答：通風量 $q = C_D A \sqrt{\frac{(T_E - T_I)gh}{T_I}} = C_D A \sqrt{\frac{\Delta Tgh}{T_I}}$

$q = 0.6 \times 0.01 \times \sqrt{\frac{10 \times 9.8 \times 6}{293}} = 0.0085 m^3/s = 30.6 m^3/h$

　　浮力通風方式相較於風力通風，其比較適合於涼爽乾燥季節或某些乾燥酷熱地區。例如在埃及或巴基斯坦辛德省（Sind），很容易見到有通風塔設計之建築物。

　　浮力通風一般須具備較高之高度差，功效才顯著。經常以高大之通風（換氣）塔設計方式，且在塔底或建築物低處必須有開放之開口，才可有效

達到浮力通風目的。

　　特別要注意，浮力通風設計經常與消防防火計畫相衝突。亦即須在通風路徑上設置自動關閉裝置，以避免與防止煙囪效應及火勢竄燒。如此才可獲得浮力通風之益處，也就是採用浮力通風設計時，務必結合消防防火設計。

5-7 建築風影

　　當建築物受風作用後，在其背風面形成尾跡流區，尾跡流區在地面的投影又稱「風影」（wind shadow）。在風影區內為回流區，其風速較區外小且風向擾動不穩。因此若建築物位置落在風影區內，則該建築物不容易利用風壓通風。故考慮建築群之平面配置時，風影長度對風壓通風的影響，不能不考慮。社區規劃時之各棟建築物配置設計，經常採用交錯排列式（staggered arrays），避免將建築物整齊排列式（aligned arrays），參見圖 5-23 所示。

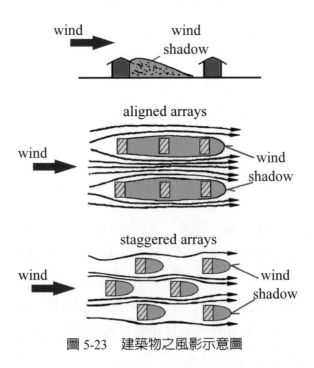

圖 5-23　建築物之風影示意圖

　　風攻角、建築物高度、建築物深度、建築物形狀等因素均會影響風影長度。當風攻角為零時（亦即風從正面吹相建築物），風影長度最大；如風向為斜吹，則風影長度將大大減少，因此在考慮建築物平面配置時，設法使盛行風向相對於建築物為斜向，較亦使後排建築物位在風影範圍之外。但同時注意風攻角增大將降低室內平均風速，減少自然通風利用的價值。

5-8 都市通風改善——風廊道

　　都市地區微氣候為了達到改善之風環境目的，需要設計配置引風設施，以改善都市通風及降低都會地區熱島效應。引風設施之配置要獲得良好效果，則必須掌握通風潛力，據此規劃適切之風廊道（wind corridor or wind path）配置設計。

　　都市風環境之通風潛力，可以應用迎風立面投影面積與基地面積比值作為指標進行評估比較。參閱圖 5-24 在某一特定風向 θ 之迎風正面投影面積指標（frontal area index），$\lambda_{f(\theta)}$ 定義如下：

$$\lambda_{f(\theta)} = \frac{A_p}{A_t} = L_y Z_H \rho_b \qquad （5\text{-}35）$$

上式中為 A_p 為在特定風向 θ 時之建築迎風正面之面積（frontal areas of building that face the wind direction θ），A_t 為建築之基地面積（total lot area）。L_y 為風向 θ 之建築物迎風正面平均面寬（mean breadth of the roughness buildings that face the wind direction of θ）；Z_H 為建築物平均高度；ρ_b 為單位面積建築物密度（數目）（density or number of buildings per unit area）。因此該指標 $\lambda_{f(\theta)}$ 為平均值，表達描述計算區域整體平均之都市天篷之形態（urban morphology of the entire urban canopy）。都市建築天蓬層（urban canopy layer）示意圖參閱圖 5-25。

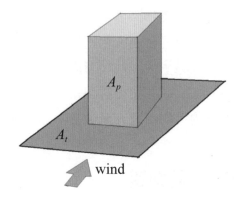

圖 5-24　建築基地面積與特定風向建築迎風正面之面積示意圖

　　經計算獲得較大迎風正面投影面積指標之區域，該區域之通風潛力較低，可能導致區域之熱能聚集，使得都市熱島效應更為顯著。將都市分割成許多小區域，計算分析各小區域之迎風立面投影面積指標，藉由指標值大小分布，找出風廊道。原則上風係沿迎風立面投影面積指標值較小者（亦即風阻較小）區域流動吹拂，形成風廊道。

　　Ratti *et al.*（2002）應用 5-35 式計算英國倫敦、法國土魯斯（Toulouse）、德國柏林、與美國鹽湖城等歐美城市之迎風立面投影面積指標 $\lambda_{f(\theta)}$。Wong *et al.*（2010）計算繪出香港九龍半島的迎風立面投影面積指標 $\lambda_{f(\theta)}$ 分布圖，據此找出風道（wind paths）。

　　若欲表達描述計算某一高度區段 Δz 之局部都市形態，則可採用迎風正面投影面積稠密度（frontal area density）$\lambda_{f(z,\theta)}$ 表示，定義如下式，代表在某一高度區段 Δz 之 $\lambda_{f(\theta)}$ 密度：

$$\lambda_{f(z,\theta)} = \frac{A(\theta)_{proj(\Delta z)}}{A_t} \qquad (5\text{-}36)$$

此處 $A(\theta)_{proj(\Delta z)}$ 為在某一風向角度 θ 與某一高度區段 Δz 之建築迎風正面投影面積。因此 $\lambda_{f(z,\theta)}$ 代表稠密度描述局部高度區段 Δz 之都市形態（urban morphology in the interested height band）。在處理複雜之都市形態，例如都市建築墩座層（podium layer）或都市建築天蓬層（urban canopy layer）之差

異變化較大者，選用 $\lambda_{f(z,\theta)}$ 會較具有整體平均值特性之 $\lambda_{f(\theta)}$ 合適。都市建築墩座層參閱圖 5-25。

　　由於不同風向角度在不同高度區段具有不同之正面投影面積稠密度值 $\lambda_{f(z,\theta)}$（frontal area density），將 16 種方向每年發生之機率納入考慮處理，可以獲得在不同高度區段正面投影面積指標 $\lambda_{f(\theta)}$，如下式：

$$\lambda_{f(z)} = \sum_{\theta=1}^{16} \lambda_{f(z,\theta)} p_\theta \qquad （5-37）$$

式中 p_θ 爲在風向角 θ 時之每年發生機率（annual probability at a particular direction θ）。

圖 5-25　都市地區建築墩座層（podium layer）、建築層（building layer）、都市天蓬層（urban canopy layer）示意圖

　　參閱圖 5-25，假定某濱海城市之墩座層高度爲 15m，都市天蓬層高度爲 70m，則 $\lambda_{f(0\sim15m)}$、$\lambda_{f(15\sim70m)}$、$\lambda_{f(0\sim70m)}$ 分別表示墩座層正面面積稠密度指標、建築層正面面積稠密度指標以及都市天蓬層正面面積稠密度指標。

　　在嚴寒冬天，引入風使得體感氣溫更低。風之影響體感溫度估算，加拿

大氣象服務機構（Canadian meteorological service）提出溫度之寒風指標（Wind Chill index, WCI）經驗公式：

$$WCI = 13.12 + 0.6215T_a - 11.37U^{0.16} + 0.3965T_aU^{0.16} \text{（°C）} \qquad (5\text{-}38)$$

式中 U 為在離地面高度 10 公尺處量測之風速，單位 km/h，T_a 為環境氣溫°C。該式適用於 $T_a \leq 10^0C$ 與 $U \geq 5km/h$。

　　當都市地區規畫設計風廊道引風入各小區塊建築群後，該都市小區域之建築物配置與形狀設計準則方向，以及應注意事項，以利獲得良好之通風環境。用以下幾個例題說明。

例題 都市地區小區塊建築群通風環境規劃設計，建築物墩座設計準則方向為何？

解答：設計準則方向應考慮將建築物墩座之覆蓋率降低，以利規劃增加地面層之開放空間，亦即墩座設計不宜連成大面積，應切割區分數塊，營造出部分空間，利於氣流通暢，避免造成通風不良之風環境。參閱圖 5-26 所示之示意圖（Ng et al. (2011)），圖 5-26 左圖為不良通風設計，而圖 5-26 右圖則為良好通風設計。

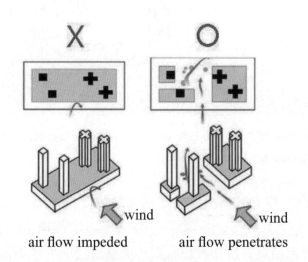

圖 5-26　建築物墩座之覆蓋率效應（Ng et al., 2011）

例題　建築物墩座造型之設計，應如何獲得較佳之通風環境？

解答：參閱圖 5-27，左圖墩座為垂直面設計，因此橫風氣流在兩墩座間街道回流，墩座上方氣流滑流（skimming flow），通風環境狀況不良。左圖墩座為階梯式設計（terraced podium design），有利將風導引往地面行人高度，形成街道行人風良好風環境。

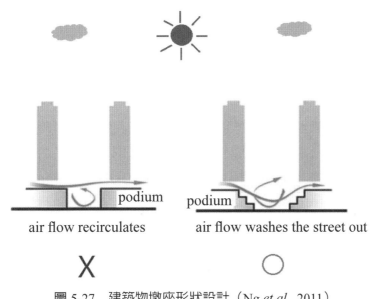

圖 5-27　建築物墩座形狀設計（Ng *et al.*, 2011）

例題　將盛行風（prevailing wind）經由風廊道引入區域建築群，考慮建築物與街道配置如何規畫設置，可獲得較佳之通風環境？

解答：進行都市規劃設計，如何將盛行風導入街道與建築，以利獲得較佳之通風環境，參閱圖 5-28 街道與建築物排列配置。圖 5-28 左圖街道與建築配置過於密集，盛行風氣流無法通過建築物之間狹小街道巷道，僅能從兩側空曠處通過，因此巷道間通風環境不良。若將街道巷道加寬，有利於氣流通過，如圖 5-28 右圖，將可營造街道兩旁建築獲得較佳良好之通風環境。

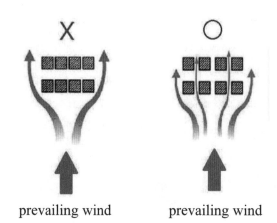

圖 5-28 街道與建築物排列配置（Ng *et al.*, 2011）

例題 對於建築密集度高且又濕熱的城市，藉由何種設計可獲得城市較佳通
風效果，改善都市微氣候，香港規劃署之做法為何？

解答：香港規劃署提出之規劃標準準則與指引 HGPSG（Hong Kong Plan-
ning Standards and Guidelines）建議規劃城市通風時依據相關風環
境氣流特性與通風原則，提供空曠空間，營造風廊道，形成都市通風
有利環境。圖 5-29 為香港規劃署都市風廊道設計案例之一，提供參
考（Ng *et al.*, 2011）。

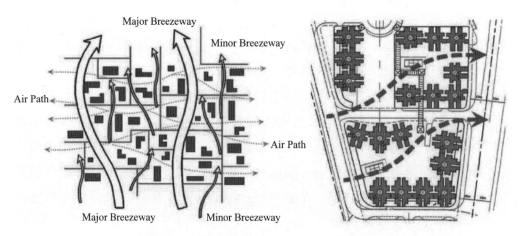

圖 5-29 風廊道設計（Ng *et al.*, 2011）

問題與分析

1. 當代都市城鎮之風環境規劃設計，需要考慮之面向爲何？請簡述。

〔解答提示：(1) 建築適當配置，營造舒適行人風。

(2) 運用盛行風，夏日引入微風，改善熱島效應。

(3) 利用植栽綠帶，冬季阻隔寒風。

(4) 營造自然通風環境，都市城鎮綠能永續發展。

(5) 都市街道建築適當配置，營造有利空氣污染擴散之風場環境。〕

2. 請簡述目前研究風場環境特性之工具與技術。

〔解答提示：使用之工具及技術有：

(1) 流場視現（flow visualization）：利用煙流或四氯化鈦或油膜等方式觀測流場。

(2) 風效應量化（quantifying wind effects）：利用統計機率處理風數據，並予量化。

(3) 風洞試驗（wind tunnel test）：應用相似性理論，進行風洞模型試驗。

(4) 計算流體力學（computational fluid dynamics）：應用數值計算方法模擬氣流運動，例如大渦流模擬（LES, Large Eddy Simulation），雷諾平均納維耶史托克模擬（RANS, Reynolds-Averaged Navier-Stokes simulation），直接數值模擬（DNS, Direct Numerical Simulation），分離渦流模擬（DES, Detached Eddy Simulation）等。DNS 最直接準確，但需要大量記憶容量與計算量，因此較適合低雷數與簡單幾何物體形狀。LES 爲較簡化方法，亦即對流體納維耶史托克運動方程式過濾掉較小渦流效應，僅留下流體運動之大渦流效應。RANS 則是使用經過時間平均後之納維耶史托克運動方

程式，因此僅求解平均流場，紊流則是需要另外再模式
化處理。

(5) 現場研究（field study）〕

3. 在不同尺度範圍的都市或社區規劃下，如何有效緩和減輕都市熱島效應
（UHI, Urban Heat Island），請簡述對策方法。

〔解答提示：(1) 都市尺度（urban scale）範圍之緩和減輕對策：

(a) 都市內公園、水塘、道路、建築等適當配置，以及
考慮控管建築高度、量體密度等，使之形成風廊道
（wind corridor），在炎熱夏季可有效導引盛行風進
入都市，降低都市內大氣溫度，緩和減輕熱島效應。

(b) 無論在公園綠地、道路分隔帶，強化並廣為綠化植
栽，以及考慮樹種以及適宜之綠化配置，除了可以
防空污懸浮粒子外，並可導引氣流，形成風廊道，
有效達到降溫目的，緩和減輕熱島效應。

(2) 社區尺度（community scale）範圍之緩和減輕對策：

(a) 規劃設置區塊開放空間，降低社區建築量體密度或
高度，營造通風有利條件，達到降溫功效。

(b) 社區街廓適宜地配置，巧妙考慮如何利用街谷
（street canyon）形成風廊道，達到降溫功效。〕

4. 都市地區藉由風廊道之規劃，導引盛行風，達到降溫與通風目的，是緩
和減輕都市熱島效應有效對策之一。請簡述目前風廊道規劃採用之方法。

〔解答提示：(1) 數值模擬計算都市地區之風場：

應用計算流體動力學 CFD 方式，計算模擬都市地區風
場，再由風場變化找尋風廊道路徑。由於都市地區地
面建築分布複雜，計算模擬之數值模式邊界條件也隨複
雜，加上大氣紊流邊界層迫近流場（turbulent boundary

layer as the approaching flow）以及考慮溫差變化引生
之浮力效應（採用布氏近似，Boussinesq approxima-
tion），因此該方法使用較為複雜。

(2) 迎風正面投影面積指標（Frontal Area Index, FAI）方式：
將都市地區分割成許多小塊區域，分別計算個小塊區域
之 FAI，事實上 FAI 值大小係反映都市地區地面建築分
布所形成之地粗糙高度（roughness height）。利用計
算所得之都市地區 FAI 分布，採用最少成本路徑（LCP,
Least Cost Path）方法分析，配合 GIS 為工具，決定出
風廊道路徑。該等方式相較數值模擬 CFD 簡單，卻不
失精準有效。〕

5. Hsieh & Huang（2016）以台灣台南市市區為例，利用 FAI 結合 LCP，配
合 GIS 為工具，決定出風廊道路徑。請簡要說明結果。
〔解答提示：

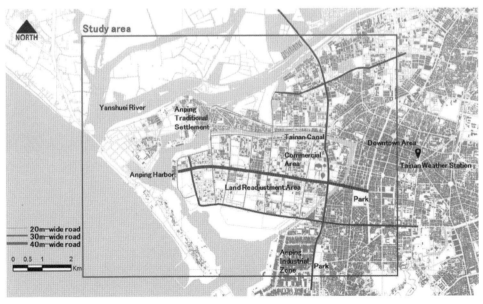

圖：台灣台南市市區計算分析範圍標示地圖（Hsieh & Huang, 2016）

Hsieh & Huang（2016）選用區塊大小面積為 100m×100m，採用下式計算在風與建物之夾角為 θ 時之 FAI 值 $\lambda_f(\theta)$。

$$\lambda_f(\theta) = \frac{A_{proj}}{A_T}$$

式中 A_T 為區塊面積 100m×100m，A_{proj} 為迎風面建物投影面積。

經以都市區域內之實際建築大小分布狀況，應用上式計算各區塊在南風與西風時之 FAI，結果分別示如下圖，圖中每一小方塊面積大小 100m×100m。

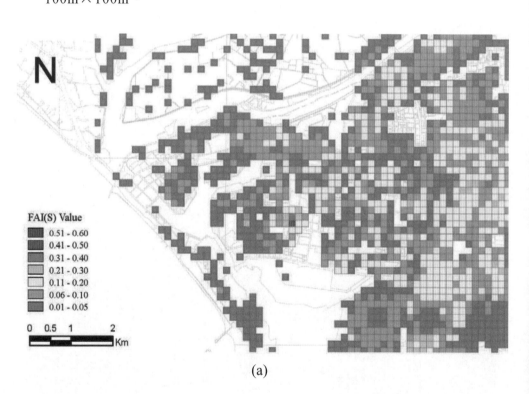

(a)

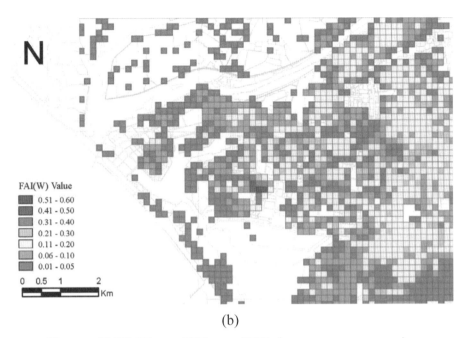

(b)

圖：FAI 值分布圖；(a) 南風，(b) 西風（Hsieh & Huang, 2016）

應用 LCP 方法結合 FAI，並使用 GIS 決定出風廊道，結果下圖所示。〕

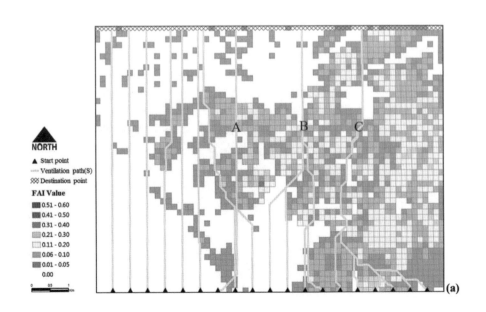

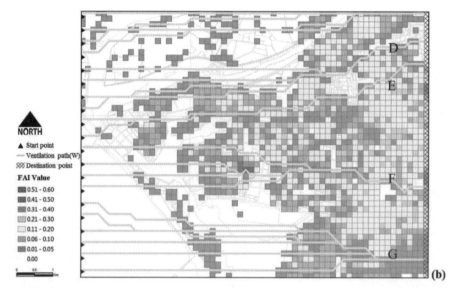

圖：應用 LCP 方法結合 FAI，並使用 GIS 選定出風廊道；(a) 南風，(b) 西風。時之
FAI 值分布圖

6. Ng, et al.（2011）以中國香港九龍地區為例，計算不同高度區段迎風正面
   投影面積密度（frontal area density）$\lambda_{f(z, \theta)}$ 分布，請簡要顯示結果。
   〔解答提示：

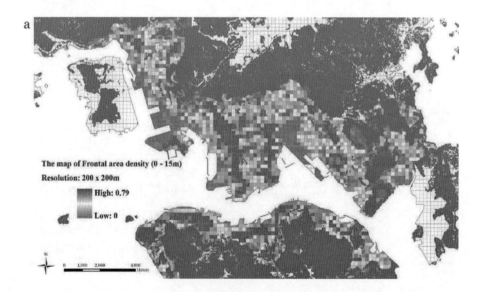

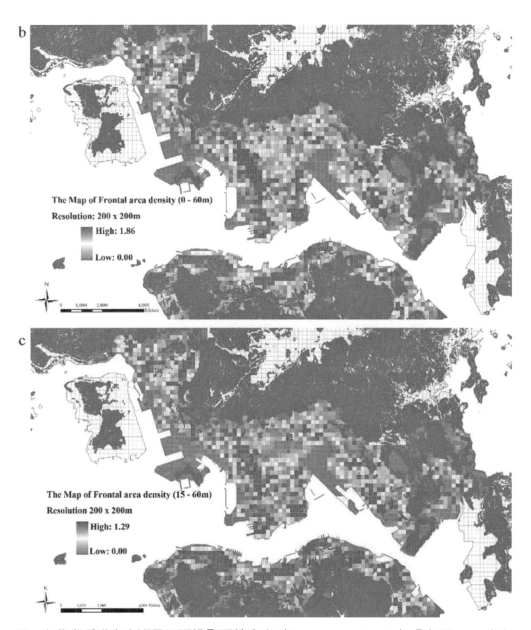

圖：九龍與香港島之迎風正面投影面積密度（frontal area density）分布圖：(a) 小方
　　塊大小 200m×200 m，高度範圍 0～15 m，(b) 小方塊大小 200m×200 m，高度
　　範圍 0～60 m，(c) 小方塊大小 200m×200 m，高度範圍 15～60 m。

圖中迎風正面投影面積密度（frontal area density）$\lambda_{f(\theta)}$ 密度依下式計算：

$$\lambda_f(\theta) = \frac{A_{proj}}{A_T}$$

此處 $A(\theta)_{prog(\Delta z)}$ 為在某一風向角度 θ 與某一高度區段範圍 Δz 之建築迎風正面投影面積。]

參考文獻

[1] Cecil, D. E., *Technics and Architecture*, MIT Press, Cambridge, Massachusetts, 1992.

[2] Etheridge, D., and Sandberg, M., *Building Ventilation Theory and Measurement*, John Wiley & Sons, 1996.

[3] Gandemer, J., Wind environment around buildings, Aerodynamic concepts, *Proceedings of Wind Effects on Buildings and Structures*, 1975.

[4] Hsieh, C.M., Huang, H.C., Mitigating urban heat islands: A method to identify potential wind corridor for cooling and ventilation, *Computer, Environment and Urban System*, Vol.57, pp.130-143, 2016.

[5] Hunt, J.C.R., Poulton, E.C., and Mumford, J.C., The effect of wind on people: new criteria based on wind tunnel experiments, *Building Environment*, Vol.11, pp.15-38, 1976.

[6] Isyumov, N. and Davenport, A.G., The ground level wind environment in build-up areas, *Proceedings of the 4th International Conference on Wind Effects on Buildings and Structures*, Cambridge University Press, pp.403-422, 1975.

[7] Lawson, T.V. and Penwarden, A.D., The effect of wind on people in the vicinity of building, *Proceedings of the 4th International Conference on Wind Effects on Buildings and Structures*, Cambridge University Press, pp.605-622, 1975.

[8] Melbourne, W.H., Criteria for environmental wind conditions, *Journal of Industrial Aerodynamics*, Vol.3, pp.241-249, 1978.

[9] Murakami, S., and K. Deguchi, New criteria for wind effects on pedestrians, *Journal of Wind Engineering and Industrial Aerodynamics*, Vol.7, pp.289-309, 1981.

[10] Murakami, S., Y. Iwasa, and Y. Morikawa, Study on acceptable criteria for assessing wind environment ground level based on residents' diaries, *Journal of Wind Engineering and Industrial Aerodynamics*, Vol.24, pp.1-18, 1986.

[11] Ng, E., Yuana, C., Chen, L., Ren, C., Fung, J.C.H., Improving the wind environ-

ment in high-density cities by understanding urban morphology and surface rough-ness: A study in Hong Kong, *Landscape and Urban Planning*, Vol.101, pp.59-74, 2011.

[12] Penwarden, A.D., Acceptable wind speeds in towns, *Building Science*, Vol.8, No.3, pp.259-267, 1973.

[13] Penwarden, A.D., and Wise, A.F.E., Wind environment around buildings, Building Research Establishment Report, Department of the Environment, Building Research Establishment, Her Majesty's Stationary Office, London, 1975.

[14] Ratti, C., Sabatino, S.D., Britter, R., Brown, M., Caton, F., Burian, S., Analysis of 3-D urban databases with respect to pollution dispersion for a number of European and American cities. *Water Air Soil Pollut*ion: *Focus 2*, pp.459-469, 2002.

[15] Stathopoulos, T, Pedestrian Level Winds and Outdoor Human Comfort, *Journal of Wind Engineering and Industrial Aerodynamics*, Vol.94, pp.769-780, 2006.

[16] Stathopoulos, T, Wind and Comfort, *Proceedings of 5th European and African Conference on Wind Engineering*, pp.K67-K92, 2009.

[17] Wong, M.S., Nichol, J.E., To, P.H., Wang, J., A simple method for designation of urban ventilation corridors and its application to urban heat island analysis. *Building Environment*, Vol. 45 (8), pp. 1880-1889, 2010.

[18] 蕭葆義，〈精英電腦大樓興建工程行人風之風洞模擬試驗〉，國立臺灣海洋大學河海工程學系風洞實驗室技術報告 NTOU-EWT-00-01，民國 89 年。

[19] 蕭葆義、莊威男，〈超高建築在紊流邊界層中表面風壓之風洞實驗研究〉，國立臺灣海洋大學河海工程學系環境風洞實驗室技術報告，2000。

[20] 蕭葆義，〈宏普建設新莊副都心 289 地號建案大樓行人風風洞實驗〉，國立臺灣海洋大學河海工程學系環境風洞實驗室技術報告，2011。

[21] 蕭葆義，〈白天鵝建設基隆市信義區中正段新建大樓行人風之風洞實驗報〉，國立臺灣海洋大學河海工程學系環境風洞實驗室技術報告，2015。

[22] 日本建築學會，《都市的風環境評價與計畫》，1993。

威尼斯（Venice），義大利　　　　　　　　　　　　（*by Bao-Shi Shiau*）

威尼斯位置在亞得里亞海北端，歷史上的威尼斯，曾是一個城邦國家。地處歐洲和伊斯蘭國家交流的核心地區，戰略地位重要，因此帶來大量的商業貿易活動，當時的威尼斯成為歐洲最繁榮的城市，財富和權勢達到頂峰。直到大航海時代後，隨之沒落。曾被評為世界上最美麗的城市，市區大街小巷都以水道交織而成聞名於世，而「貢多拉」則是威尼斯最具代表性的水上代步小船。

清水寺，日本京都 (*by Bao-Shi Shiau*)

清水寺建造於京都市東部的音羽山上，因此要先經「三年坂」、「五条坂」
等的參道（通往寺社佛閣的道路）前往。該寺是京都最著名古老寺院之一，
「清水舞台」由 139 根高數 10 公尺的圓木支撐，沒有使用任何一根釘子。賞
楓季節，清水寺夜晚燈光投射與一束藍光劃過夜空，讓人彷彿置身於畫中。

第六章

風與污染物之大氣稀釋擴散

　　污染廢氣，藉由煙囱排放至大氣中，進行稀釋（dilution）與擴散（diffusion）作用，以達到降低廢氣污染濃度。在稀釋擴散過程中，大氣穩定度條件以及風分別扮演了重要角色。尤其是風，風速在擴散過程中，主導了污染廢氣之傳輸（advection）現象。此外風之紊流（turbulence）特性（由很多大小不同尺寸渦流（eddy）組成），則是主控了污染廢氣之擴散現象。

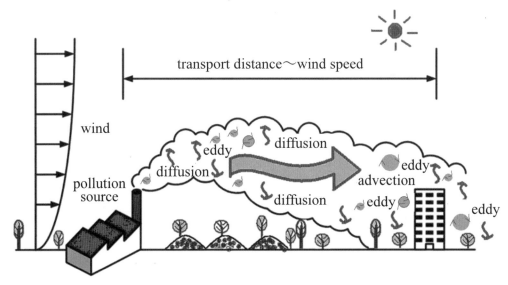

圖 6-1　煙囱污染物排放受風影響示意圖

　　以下分別就風與大氣污染擴散之關聯，以及點源污染（廢氣污染藉由煙囱排放後）所形成之煙柱在大氣中之初期（煙柱上升）與後期（煙柱大氣擴散）的物理現象，做一扼要說明，以明瞭風對於空氣污染大氣擴散之影響效應。

6-1 風對大氣污染擴散之效應

　　風對大氣污染擴散與傳輸之影響效應，包括風之方向與風速大小兩方面。風向影響污染物在大氣中之水平傳輸方向，亦即污染物總是不斷地被風

吹而帶往下風區，也就是污染物分布在下風區為高濃度區；而風速大小則是決定大氣擴散稀釋作用之強弱，亦即風速越大，單位時間捲入污染物中之清潔空氣較多，因此污染物之稀釋結果較好。另外風速較大，污染物傳輸距離相對也較長，也就是污染物之濃度將可降低。因此選擇煙囪與附近住宅區之相關位址時，應注意並慎重考慮風向與風向之狀況，例如該地區之氣象資料風速大小，以及風向分布頻率。

一、風對大氣污染稀釋之影響

污染廢氣排入大氣後，會順風而下，因此吹東風，廢氣向西行。這說明了風向決定廢氣污染物移動傳輸方向。污染物藉由風之傳輸作用，並沿著下風方向進行稀釋擴散。因此污染源下風方向地區，其大氣污染比較嚴重，而污染源上風方向污染程度則較輕。

當微風吹動時，可觀察到廢氣煙霧繚繞，但若風速轉強，一陣陣強風急馳而過，則廢氣很容易煙消雲散。因此風速大小決定了帶氣污染物之稀釋程度，亦即風速大小與大氣污染稀釋擴散存在某種關係。一般來說，當其他各種條件保持一定時，在污染源下風地區之污染濃度與風速成反比。亦即風速越大，稀釋能力越強，因此使得大氣污染物濃度也越低。

二、紊流對大氣污染擴散之影響

紊流係自然風之一項特性，風之紊流對於大氣污染物之影響作用主要在於擴散作用。一般平均風速大小，係控制污染氣團之傳輸，亦即污染氣團在順風向拉長，藉此達到稀釋目的。而風之紊流則使污染氣團沿著三維空間方向延展，從而完成擴散作用。因此大氣污染擴散係靠風之紊流特性而達成。紊流越強，擴散效應也隨之愈顯著。

風之紊流可視為由許多不同尺寸大小之渦流（eddy）所組成。紊流主要渦流尺度不同，對於大氣污染擴散之影響也隨之改變，例如，參閱圖 6-2，(1) 當紊流平均渦流尺寸比污染氣團小時，則污染氣團之擴散速度慢，污染氣團沿水平方向幾乎呈直線前進；(2) 當紊流平均渦流尺寸比污染氣團大時，此時污染氣團可能被大尺度之渦流夾帶，污染氣團之擴散速度快，污染

氣團前進路徑呈現曲線狀；(3) 若紊流由大小與污染氣團尺寸相似之渦流組成，則污染氣團將被渦流迅速地撕裂，沿著污染源下風向不斷擴大，濃度逐漸降低。

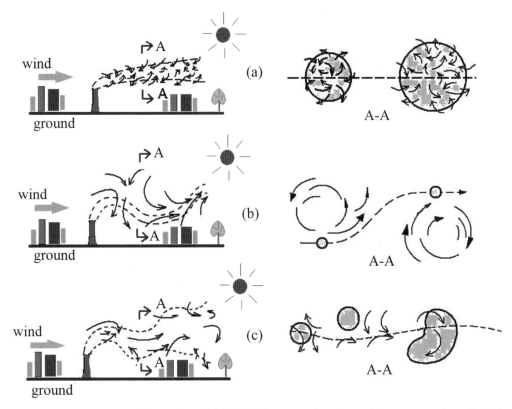

圖 6-2　不同大小渦流對污染氣團擴散之影響；(a) 小尺度渦流作用，(b) 大尺度渦流作用，(c) 大小尺度渦流混合作用

　　一般而言，城市街道上空之污染物，主要係靠小尺度之紊流進行擴散，而高聳之煙囪排放污染物，則靠大尺度之紊流進行擴散。

6-2 大氣穩定度對煙囪排放污染煙柱擴散之效應

一、大氣穩定度

依據大氣溫度 T 隨高程 z 變化關係曲線，亦即不同狀況下之溫度傾率（溫度－高度曲線之斜率：dT/dz）與絕熱傾率（$dT/dz = -0.0098℃/m$ 或者大約 $-1.0℃/100m$）之比較（參閱圖 6-3），可區分如下大氣穩定度類型：

1. 當大氣溫度傾率 = 絕熱傾率時，稱為中性穩定度（neutral stability）；

2. 當大氣溫度傾率 $|dT/dz|$ > 絕熱傾率 $|-0.0098℃/m|$ 時，稱為超絕熱傾率（superadiabatic lapse rate）；

3. 當大氣溫度傾率 $|dT/dz|$ < 絕熱傾率 $|-0.0098℃/m|$ 時，稱為次絕熱傾率（subadiabatic lapse rate）；

4. 當溫度逆轉（temperature inversion）時 $dT/dz > 0$，亦即大氣溫度隨高度增加而增加，稱為逆溫（inversion）。

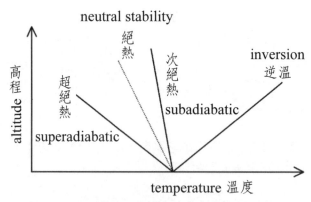

圖 6-3　大氣溫度 T 隨高程 z 變化關係曲線示意

參閱圖 6-4，在超絕熱傾率時，稱為不穩定（unstable）狀態，此時出現強烈之垂直空氣流動及紊流現象，有利於大氣污染物之擴散。在次絕熱傾率時，稱為穩定（stable）狀態，大氣污染物擴散效果較差。若逆溫時，大氣污染物則呈現不容易擴散，稱為非常穩定狀態（very stable）。

　　依據大氣溫度變化成因，溫度逆轉分爲輻射溫度逆轉（radiation inversion），以及沉降性溫度逆轉（subsidence inversion）。大氣中污染物質在垂直方向可以混合之距離範圍，一般稱之爲混合高度（mixing depth）。由混合高度可以判斷大氣污染擴散範圍，進而了解污染擴散成效。

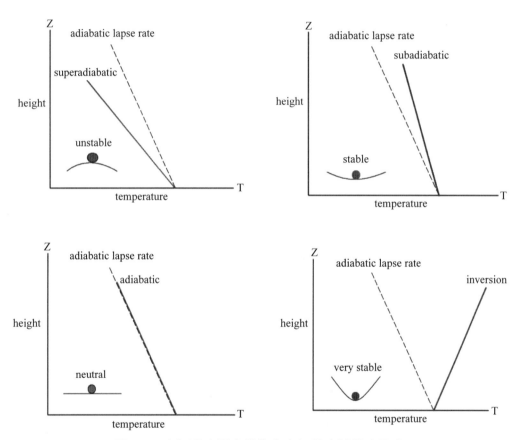

圖 6-4　大氣溫度傾率變化與大氣穩定狀態之示意

二、大氣穩定度對橫風作用下之煙柱影響

　　在橫風（cross wind）作用下，大氣的溫度傾率變化將影響煙囪排放污染之煙柱擴散，進而形成不同形狀之煙柱外觀。常見之形狀如圖 6-5 所顯示的示意圖，分別爲：(1) 圈圈形（looping）、(2) 錐形（coning）、(3) 扇形（fanning）、(4) 屋頂形（lofting）、(5) 燻煙形（fumigation）。

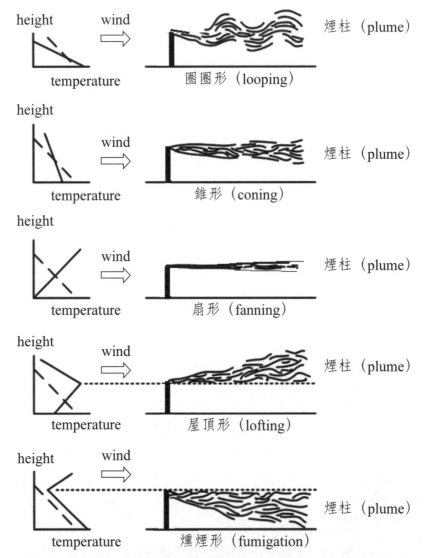

圖 6-5　大氣氣溫度傾率與煙囪擴散型態之關係；圖中實線代表實際大氣溫度傾率，
虛線代表絕熱傾率

6-3 煙柱之上升現象（前期擴散）

　　煙柱之上升現象係屬大氣前期擴散作用，又稱為主動擴散作用。主要為射流作用，以及熱浮力作用，亦稱前期擴散，可人為方式控制。煙柱上升高度對於污染物擴散濃度影響顯著。煙柱上升之主要因素來自於浮力（buoyancy force）。

　　參考圖 6-6 所示為在大氣邊界層流橫風作用下，煙囪煙排放形成之煙柱之上升示意圖。此時煙柱上升高度 ΔH 加上煙囪高度 h，稱之為煙柱有效高度 H（effective height）。煙柱上升高度之計算，係由煙囪排放口起算至煙柱中心軸線之垂直距離。

　　若無橫風作用，煙柱將上升至動量或浮力消失處，此處距離排放口之高度，即是煙囪上升高度。在大氣邊界層流橫風作用下，煙柱上升高度當然沿著排放口下風距離 x 增加而增大。

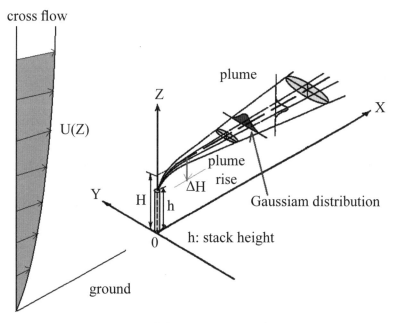

圖 6-6　煙柱上升與受橫風作用之擴散示意圖

煙柱上升高度對於污染物擴散濃度影響顯著，煙柱上升，依動力來源分為兩種類型：

一、動量射流形式之煙柱（momentum jet）

1. 煙柱溫度與周圍空氣相差不大，一般在 10℃ 以內。

2. 排煙速度快。

3. 煙柱上升動力為：動量。

Brigg 上升高度 ΔH 公式：

$$\frac{\Delta H}{D} = 1.89 \left[\frac{\dfrac{V_s}{U}}{1 + \dfrac{3}{\dfrac{V_s}{U}}} \right]^{\frac{2}{3}} \left(\frac{x}{D} \right)^{\frac{1}{3}} \tag{6-1}$$

此處 D：煙囪口直徑。

V_s：煙柱離開煙囪口之速度。

U：橫風向之風速。

x：下風距離。

二、浮升型煙柱（buoyant plume）

煙柱上升僅受浮力控制，稱為浮升型煙柱。利用因次分析（dimensional analysis）獲得浮升型煙柱上升高度 ΔH 與橫風風速 U、穩定度參數 s 以及浮力 F 之關係式。分析如下：

1. ΔH 與橫方向之風速 U 有關

$$\Delta H \propto \left(\frac{1}{U} \right)^a \tag{6-2}$$

2. ΔH 與穩定度參數 s 有關

$$\Delta H \propto s^b \tag{6-3}$$

此處 $s = \dfrac{g}{T}\left(\dfrac{dT}{dz} + \Gamma\right)$

$\Gamma = \left|\dfrac{dT}{dz}\right|_{adiabatic} = 0.98^0 C/100m$

大氣為絕熱傾率時 $\dfrac{dT}{dz} = -\Gamma$，$s = 0$（中性）

大氣為次絕熱傾率時 $\dfrac{dT}{dz} > -\Gamma$，$s > 0$（穩定）

大氣為超絕熱傾率時 $\dfrac{dT}{dz} < -\Gamma$，$s < 0$（不穩定）

3. ΔH 與浮力 F 有關

$$\Delta H \propto F^c \tag{6-4}$$

質量為 m 之廢氣團所承受浮力 f：

$$f = (m_{air} - m)g \tag{6-5}$$

m_{air} 為被廢氣團所排開之空氣質量：

$$f \propto (\rho_{air}\Delta\upsilon - \rho_s\Delta\upsilon)g = (\rho_{air} - \rho_s)\Delta\upsilon g \tag{6-6}$$

$$f \propto (\rho_{air} - \rho_s)\left(\dfrac{D}{2}\right)^2 (V_s t)g \tag{6-7}$$

$$\because \rho = \rho_0 + \dfrac{\partial\rho}{\partial T}\Delta T + \cdots\cdots \tag{6-8}$$

$$\therefore \rho - \rho_0 \cong \left(\dfrac{\partial\rho}{\partial T}\right)_0 \Delta T \tag{6-9}$$

$$p = \rho RT \tag{6-10}$$

$$\therefore \left(\dfrac{\partial\rho}{\partial T}\right)_0 = [\dfrac{\partial\left(\dfrac{p}{RT}\right)}{\partial T}]_0 = -\left(\dfrac{p}{RT^2}\right)_0 = -\left(\dfrac{\rho RT}{RT^2}\right)_0 = -\left(\dfrac{\rho}{T}\right)_0 \tag{6-11}$$

$$\therefore \rho - \rho_0 = \left(\frac{\partial \rho}{\partial T}\right)_0 \Delta T = \left(\frac{\rho}{T}\right)_0 \Delta T \qquad (6\text{-}12)$$

$$\therefore \frac{\rho_s - \rho_\infty}{\rho_\infty} = \frac{-\dfrac{\rho_\infty}{T_\infty} \Delta T}{\rho_\infty} = \frac{T_s - T_\infty}{T_\infty} \qquad (6\text{-}13)$$

單位時間產生之浮力 $f = \dfrac{f}{t}$ ： $\qquad (6\text{-}14)$

$$f \propto \frac{T_s - T_\infty}{T_\infty} \rho_\infty \left(\frac{D}{2}\right)^2 V_s g \qquad (6\text{-}15)$$

單位時間，單位質量之浮力 F ：

$$F \propto \frac{T_s - T_\infty}{T_\infty} \left(\frac{D}{2}\right)^2 V_s g \qquad (6\text{-}16)$$

故綜合 6-2、6-3、6-4 等諸式，可得：

$$\Delta H \propto \left(\frac{1}{U}\right)^a (s)^b (F)^c \qquad (6\text{-}17)$$

因為

$$U \text{ 之因次：} [L/T]$$
$$s \text{ 之因次：} [1/T^2]$$
$$F \text{ 之因次：} [L^4/T^3]$$
$$\Delta H \text{ 之因次：} [L]$$

故上式之因次方程式 $L \sim (L/T)^{-a}(1/T^2)^b(L^4/T^3)^c$
亦即

$$-a + 4c = 1$$
$$a - 2b - 3c = 0$$

若令 $c = 1/3$，（此處假設 $c = 1/3$，可獲得 $a = 1/3$，$a = 1/3$，如此結果會使得關係式更為簡潔。這就是為何要選擇假定 $c = 1/3$ 之原因。）

則

$$a = 1/3$$

$$b = -1/3$$

將 a，b，c 帶回上式，並整理，因此：

$$\Delta H \propto \left(\frac{F}{Us}\right)^{\frac{1}{3}}$$ （6-18）

或以等式表示如下：

$$\Delta H = c\left(\frac{F}{Us}\right)^{\frac{1}{3}}$$ （6-19）

　　式中 c 為係數，由實驗決定之。F 為浮力，s 為大氣穩定參數，分別定義如下列諸式：

$$s = \frac{g}{T}\left(\frac{dT}{dz} + \Gamma\right)$$ （6-20）

$$\Gamma = \left|\frac{dT}{dz}\right|_{adiabatic} = 0.98^{0}C/100m$$ （6-21）

$$F = gV_s(\frac{D}{2})^2(\frac{T_s - T_a}{T_a})$$ （6-22）

6-22 式中之 T_s 為煙囪排放煙流之溫度，T_a 為煙囪周圍環境大氣溫度。

三、在穩定與不穩定條件之浮昇煙柱上升高度

　　在穩定及接近中性穩定條件下之 ΔH，Fay *et al.*（1970）採用下式：

$$\Delta H = 2.27\left(\frac{F}{Us}\right)^{\frac{1}{3}}$$ （6-23）

或者代入 6-22 式於 6-23 式，得：

$$\Delta H = 2.27 \left(\frac{g V_s D^2 (T_s - T_a)}{4 U s T_a} \right)^{\frac{1}{3}} \qquad (6\text{-}24)$$

另外煙柱上升高度與下風距離 x 之關係式，Briggs（1971）建議為：

$$\Delta H = 1.5 \frac{F^{\frac{1}{3}} x^{\frac{2}{3}}}{U} \qquad (6\text{-}24)$$

在不穩定狀況下，只考慮浮力參數 F 及平均風速 U，Smith（1968）建議採用下式：

$$\Delta H = 150 \frac{F}{U^3} \qquad (6\text{-}25)$$

由於無風時或風力微弱，煙柱不會彎曲，煙柱將持續上升至浮力作用消失為止。因此無風且穩定之狀況下之 ΔH，Morton *et al.*（1956）建議採用下式：

$$\Delta H = 5.0 \frac{F^{\frac{1}{4}}}{s^{\frac{3}{8}}} \qquad (6\text{-}26)$$

6-4 煙柱之大氣擴散（後期擴散）

　　煙柱之大氣擴散係屬後期擴散，亦稱後期擴散。無法人為方式控制，由大氣狀況決定，又稱被動擴散。依排煙時間及方式，煙柱大氣擴散型式有：

1. 噴煙（puff）：短時間與非連續方式排放煙氣
2. 煙柱（plume）：長時間連續方式排放煙氣。一般工廠煙囪排放煙氣之擴散皆屬之。參見圖 6-7 之照片。

一、煙柱高斯擴散模式（Gaussian plume model）

　　對於連續點源煙道排氣系統之後期擴散，模擬之污染物種類為原生性污染物，例如：懸浮微粒、二氧化硫、二氧化氮，目前最常被應用的是高斯擴散模式（Gaussian Dispersion Model, GDM）。模式之假設條件為：(1) 穩

定（steady state）。(2) 氣流傳輸主要為 x 方向，水平 y，垂直 z 方向忽略。(3) 擴散係數（Dx、Dy、Dz）為常數。(4) 風速沿 x 方向保持一定。(5) 煙柱氣體無任何化學反應，亦即無源項（source term）。(6) 濃度分布狀況，在 y, z 方向為高斯函數分布（參見圖 6-8），而 x 方向則以 $1/U$ 估算。(7) 濃度與污染物排放率 $Q(g/s)$ 成正比。(8) 煙柱若觸及地面，將會產生鏡面反射作用。

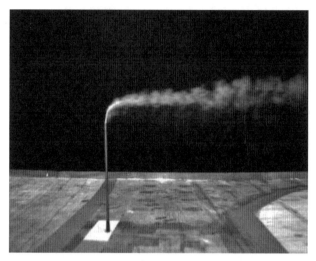

圖 6-7　煙氣連續排放在橫風（由左向右吹拂）作用下風洞模擬煙柱平均影像照片

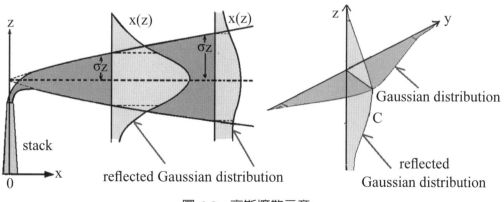

圖 6-8　高斯擴散示意

濃度在 y, z 方向為高斯分布，而 x 方向則以 $1/U$ 估算；

濃度與污染物排放率 $Q(g/s)$ 成正比，與 U 成反比；
且決定於 y, z 方向之高斯函數。

1. y 方向高斯函數

$$\chi \propto A_y \exp[-\frac{1}{2}(\frac{y}{\sigma_y})^2] \qquad (6\text{-}27)$$

式中 σ_y 為 y 值之標準偏差，代表 y 方向擴散尺度

$y = 0$，$\chi = A_y$

$y = \sigma_y$，$\chi = A_y \exp(-0.5) = 0.61 A_y$

$y = 2.15\sigma_y$，$\chi = A_y \exp(-2.31) = 0.1 A_y$

若令高斯函數曲線下之面積為 1，則：

$$A_y = \frac{1}{\sqrt{2\pi}\sigma_y} \qquad (6\text{-}28)$$

2. 同理，z 方向高斯函數

$$\chi \propto A_z \exp[-\frac{1}{2}(\frac{z}{\sigma_z})^2] \qquad (6\text{-}29)$$

式中 σ_z 為 z 值之標準偏差，代表 z 方向擴散尺度

$z = 0$，$\chi = A_z$

$z = \sigma_z$，$\chi = A_z \exp(-0.5) = 0.61 A_z$

$z = 2.15\sigma_z$，$\chi = A_z \exp(-2.31) = 0.1 A_z$

若令高斯函數曲線下之面積為 1，則：

$$A_z = \frac{1}{\sqrt{2\pi}\sigma_z} \qquad (6\text{-}30)$$

註記（$\because \int_0^\infty e^{-h^2 x^2} dx = \frac{\sqrt{\pi}}{2h}$，

$$\therefore \int_{-\infty}^\infty e^{-\frac{1}{2}(\frac{y}{\sigma_y})^2} dy = 2\int_0^\infty e^{-\frac{1}{2}(\frac{y}{\sigma_y})^2} dy = 2\int_0^\infty e^{-(\frac{1}{\sqrt{2}\sigma_y})^2 y^2} dy$$

$$= 2\frac{\sqrt{\pi}}{\dfrac{1}{\sqrt{2}\sigma_y}} = \sqrt{2\pi}\,\sigma_y$$

因此 $\dfrac{1}{\sqrt{2\pi}\sigma_y}\displaystyle\int_{-\infty}^{\infty}e^{-\frac{1}{2}(\frac{y}{\sigma_y})^2}\,dy = 1$）

若對 x，y，z 三軸積分，其總合應等於總污染物排放量。

$$\chi(x,y,z,H_e) = Q\frac{1}{U}\frac{1}{\sqrt{2\pi}\sigma_y}\exp[-\frac{1}{2}(\frac{y}{\sigma_y})^2]$$

$$\frac{1}{\sqrt{2\pi}\sigma_z}\{\exp[-\frac{1}{2}(\frac{z-H_e}{\sigma_z})^2] + \exp[-\frac{1}{2}(\frac{z+H_e}{\sigma_z})^2]\} \tag{6-31}$$

亦即濃度為：

$$\chi(x,y,z,H_e) = \frac{Q}{2\pi U\sigma_y\sigma_z}\exp[-\frac{1}{2}(\frac{y}{\sigma_y})^2]$$

$$\{\exp[-\frac{1}{2}(\frac{z-H_e}{\sigma_z})^2] + \exp[-\frac{1}{2}(\frac{z+H_e}{\sigma_z})^2]\} \tag{6-32}$$

討論：

(1) 地面濃度（i.e. $z = 0$）

$$\chi(x,y,0,H_e) = \frac{Q}{\pi U\sigma_y\sigma_z}\exp[-\frac{1}{2}(\frac{y}{\sigma_y})^2 - \frac{1}{2}(\frac{H_e}{\sigma_z})^2] \tag{6-33}$$

(2) 煙柱中心濃度（i.e. $y = 0$）

$$\chi(x,0,z,H_e) = \frac{Q}{2\pi U\sigma_y\sigma_z}\{\exp[-\frac{1}{2}(\frac{z-H_e}{\sigma_z})^2] + \exp[-\frac{1}{2}(\frac{z+H_e}{\sigma_z})^2]\} \tag{6-34}$$

(3) 地面煙柱中心（i.e. $y = 0$, $z = 0$）

$$\chi(x,0,0,H_e) = \frac{Q}{\pi U\sigma_y\sigma_z}\exp[-\frac{1}{2}(\frac{H_e}{\sigma_z})^2] \tag{6-35}$$

(4) 地面焚燒（i.e. $y = 0$, $z = 0$, $H_e = 0$）

$$\chi(x,0,0,0) = \frac{Q}{\pi U \sigma_y \sigma_z}$$ （6-36）

3. 高斯擴散模式應用之限制

(1) 煙氣爲連續排放。

(2) 排放之氣體爲穩定不產生化學反應或爲氣懸膠（aerosol），亦即：
$\int_0^\infty \int_{-\infty}^\infty \chi U dy dz = Q$。

(3) 擴散尺度圖係採用約 10 分鐘平均濃度而獲得。

二、大氣穩定度分類

因此應用高斯擴散模式推算濃度分布，首先須界定大氣狀況。爲方便實際應用，依據大氣穩定與否之條件，並考慮氣流力學及紊流浮升等效應，Pasquill 將大氣穩定度分類爲 A、B、C、D、E、F、G 等級，如下述：

1.不穩定狀況（unstable condition）：

(1) 非常不穩定（strongly unstable），A。

(2) 中度不穩定（moderately unstable），B。

(3) 輕微不穩定（slightly unstable），C。

2.中性狀況（neutral conditions），D。

3.穩定狀況（stable conditions）：

(1) 輕微穩定（slightly stable），E。

(2) 中度穩定（moderately stable），F。

(3) 非常穩定（strongly stable），G。

上述大氣穩定度分類之各個等級之溫度、高度剖面示意圖，參見圖 6-9 不同斜率直線代表不同穩定度類別。

實際應用上，Pasquill（1983）將地表面風速、太陽輻射，以及天氣狀況納入，整理爲穩定度分類應用表，詳如表 6-1，方便依實際外界大氣狀況，而決定大氣穩定度等級類別。

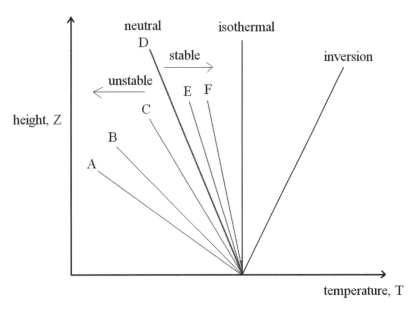

圖 6-9　為大氣穩定度分類各個等級之溫度剖面示意

表 6-1　Pasquill 穩定度分類（stability types）

地表面風速 （m/s）	日間			夜間	
	太陽輻射（Incoming solar radiation）				
	強 （Strong）	中 （Moderate）	弱 （Slight）	多雲（Mostly overcast）	晴朗（Mostly clear）
＜ 2	A	A-B	B		
2	A-B	B	C	E	F
4	B	B-C	C	D	E
6	C	C-D	D	D	D
＞ 6	C	D	D	D	D

A－非常不穩定（Extremely unstable）D－中性（Neutral）
B－中等不穩定（Moderately unstable）E－輕微穩定（Slightly stable）
C－輕微不穩定（Slightly unstable）F－中等穩定（Moderately stable）

　　參照 Pasquill 分類，環境風工程在實際應用上，日本係採用修正 Pasquill
穩定分類（Nakano et al., 2006）。該修正 Pasquill 穩定分類，參見表 6-2。

表 6-2　日本實際應用之修正 Pasquill 穩定分類

Mean wind speed u [m/s] at $z = 10$ m	Solar radiation T [W/m²] (Daytime)				Net radiation Q [W/m²] (Nighttime)		
	$T \geq 600$	$600 > T \geq 300$	$300 > T \geq 150$	$150 > T$	$Q \geq -20$	$20 > Q \geq -40$	$-40 > Q$
$u < 2$	A	A-B	B	D	D	G	G
$2 \leq u < 3$	A-B	B	C	D	D	E	F
$3 \leq u < 4$	B	B-C	C	D	D	D	E
$4 \leq u < 6$	C	C-D	D	D	D	D	D
$6 \leq u$	C	D	D	D	D	D	D

註：A、B、C : unstable class（A: the most unstable class）
　　E、F、G : stable class（G: the most stable）
　　D : neutral class

　　表 6-2 顯示：在白天，當大氣環境之平均風速降低且太陽輻射量增加時，大氣之 Pasquill 分類趨向變成不穩定；反之，在夜間當大氣環境之平均風速降低且負淨輻射量增加時，大氣之 Pasquill 分類趨向變成穩定。

三、Pasquill-Gifford 擴散尺度參數

　　擴散能力係以擴散尺度代表擴散範圍大小，分為水平向擴散尺度以及垂直向擴散尺度。水平向擴散尺度以及垂直向擴散尺度變化與大氣穩定度等級有關，如何推算該等擴散尺度，有諸多不同經驗參數化方法與公式，例如：(1)Pasquill-Gifford（P-G）scheme、(2)Brookhaven National Laboratory（BNL）scheme、(3)Tennessee Valley Authority（TVA）scheme、(4)Urban Dispersion scheme、(5)Brigg's Interpolation formula、(6)Puff-diffusion parameters。

　　以下介紹 Pasquill-Gifford 擴散尺度參數之經驗公式 Gifford（1976），其理論基礎係以梯度傳輸（gradient transport）以及統計理論（statistical theory）為依據。地形狀況為郊外鄉村（rural）平坦草地（粗糙高度 $z_0 =$

0.03m～0.3m），在各種大氣穩定度等級時之擴散尺度參數化方法可由下列公式（水平向擴散尺度參數 σ_y，以及垂直向之擴散尺度參數 σ_z，分別可使用 6-37 式與 6-38 式估算，亦可查圖（參考圖 6-10 與圖 6-11）。

1. Pasquill-Gifford 水平向（y 方向）擴散尺度參數經驗公式

水平向擴散尺度參數，σ_y 可使用下式估算。

$$\sigma_y = \frac{1000x * \tan T}{2.15} \qquad (6\text{-}37)$$

式中 σ_y 單位為 m；x 為下風距離，單位為 km；T 係為下風距離 x 之函數，同時與大氣穩定度種類相關，參考表 6-3。

表 6-3　水平向（y 方向）擴散尺度與下風距離之關係

Pasquill 大氣穩定度之類別	T 方程式（單位：degree）
A	$T = 24.167 - 2.5334\ln(x)$
B	$T = 18.333 - 1.8096\ln(x)$
C	$T = 12.500 - 1.0857\ln(x)$
D	$T = 8.3333 - 0.72382\ln(x)$
E	$T = 6.2500 - 0.54287\ln(x)$
F	$T = 4.1667 - 0.36191\ln(x)$

2. 垂直向（z 方向）擴散尺度參數

垂直向之擴散尺度參數，σ_z，可使用下式估算之。

$$\sigma_z = ax^b \qquad (6\text{-}38)$$

式中 σ_z 單位為 m；x 單位為 km；係數 a、b 可查表 6-4。

表 6-4　垂直向（z 方向）擴散尺度係數 a、b

大氣穩定度	下風距離 x(km)	a	b	上半部邊界之 σ_z(m)
A	> 3.11			5000
	0.5～3.11	453.85	2.1166	
	0.4～0.5	346.75	1.7283	104.7
	0.3～0.4	258.89	1.4094	71.2
	0.25～0.3	217.41	1.2644	47.4
	0.2～0.25	179.52	1.1262	37.7
	0.15～0.2	170.22	1.0932	29.3
	0.1～0.15	158.08	1.0542	21.4
	< 0.1	122.8	0.9447	14.0
B	> 35			
	0.4～35	109.3	1.0971	
	0.2～0.4	98.483	0.98332	40.0
	< 0.2	90.673	0.93198	20.2
C		61.141	0.91465	
D	> 30	44.053	0.51179	
	10～30	36.650	0.56589	251.2
	3～10	33.504	0.60486	134.9
	1～3	32.093	0.64403	65.1
	0.3～1	32.093	0.81066	32.1
	< 0.3	34.459	0.86974	12.1
E	> 40	47.618	0.29592	
	20～40	35.420	0.37615	141.9
	10～20	26.970	0.46713	109.3
	4～10	24.703	0.50527	79.1
	2～4	22.534	0.57154	49.8
	1～2	21.628	0.63077	33.5
	0.3～1	21.628	0.75660	21.6
	0.1～0.3	23.331	0.81956	8.7
	< 0.1	24.260	0.83660	3.5

大氣穩定度	下風距離 x(km)	a	b	上半部邊界之 σ_z(m)
F	> 60	34.219	0.21716	
	30～60	27.074	0.27436	83.3
	15～30	22.651	0.32681	68.8
	7～15	17.836	0.4150	54.9
	3～7	16.187	0.4649	40.0
	2～3	14.823	0.54503	27.0
	1～2	13.953	0.63227	21.6
	0.7～1	13.953	0.68465	14.0
	0.2～0.7	14.457	0.78407	10.9
	< 0.2	15.209	0.81558	4.1

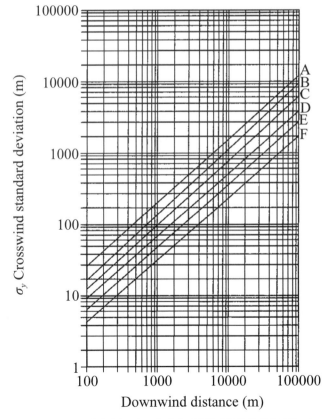

圖 6-10　Pasquill-Gifford 水平向（y 方向）擴散尺度參數函數（Gifford, 1976）

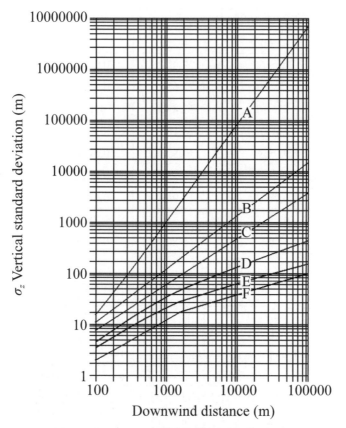

圖 6-11　Pasquill-Gifford 垂直向（z 方向）擴散尺度參數函數（Gifford, 1976）

　　Brigg 外延公式（Brigg's interpolation formula）在開放鄉村地區（open country）之擴散尺度參數化公式，參見表 6-5。Brigg 外延公式在開放鄉村地區之擴散尺度參數估算結果與 Pasquill-Gifford 擴散尺度參數估算結果相類似。

　　表 6-6 則為 Brigg 外延公式（Brigg's Interpolation formula）在都市地區（urban areas）之擴散尺度參數化公式。因此若推估在都市地區之擴散問題，擴散尺度參數則建議採用表 6-5 Brigg's Interpolation formula，可獲得較準確之結果。

表 6-5　Brigg 外延公式在開放鄉村地區（open country）之擴散尺度參數化公式
（Briggs, 1973）

Pasquill type	σ_y (m)	σ_z (m)
A	$0.22x(1 + 0.0001x)^{-1/2}$	$0.20x$
B	$0.16x(1 + 0.0001x)^{-1/2}$	$0.12x$
C	$0.11x(1 + 0.0001x)^{-1/2}$	$0.08x(1 + 0.0002x)^{-1/2}$
D	$0.08x(1 + 0.0001x)^{-1/2}$	$0.06x(1 + 0.0002x)^{-1/2}$
E	$0.06x(1 + 0.0001x)^{-1/2}$	$0.03x(1 + 0.0003x)^{-1}$
F	$0.04x(1 + 0.0001x)^{-1/2}$	$0.016x(1 + 0.0003x)^{-1}$
各式中之 x 為排放源下風距離，使用單位為 m		

表 6-6　Brigg 外延公式在都市地區（urban areas）之擴散尺度參數化公式（Briggs, 1973）

Pasquill type	σ_y (m)	σ_z (m)
A-B	$0.32x(1 + 0.0004x)^{-1/2}$	$0.24x(1 + 0.001x)^{1/2}$
C	$0.22x(1 + 0.0004x)^{-1/2}$	$0.20x$
D	$0.16x(1 + 0.0004x)^{-1/2}$	$0.14x(1 + 0.0003x)^{-1/2}$
E-F	$0.11x(1 + 0.0004x)^{-1/2}$	$0.08x(1 + 0.0015x)^{-1/2}$
各式中之 x 為排放源下風距離，使用單位為 m		

　　有關大氣空氣品質模式（air quality model）之建立，依其內容架構特性可區分爲四類型：高斯模型（Gaussian model）、數值模型（numerical model）、統計模型（statistical model）以及物理模型（physical model）。

　　以高斯模型建構之高斯擴散模式（GDM）簡單容易使用，因此廣泛地應用在大氣環境工程問題，包括諸多大氣污染擴散之環境影響評估與管制實務問題（例如美國環保署公告之 CALINE-3、RAM、BLP、ISC3、CDM 2.0 等）。該模式適合使用於非活性反應污染物（nonreactive pollutants）在簡單式（平坦均質）（flat and homogeneous）地形之擴散預測。若稍爲複雜地形（complex terrain）狀況，高斯擴散模式經適當修正後，仍然能獲得可

接受之預測結果。

　　物理模型基本上係應用大氣環境風洞、水洞或其它流體力學設備,進行模型量測。特別是在複雜地形狀況下,風場變化以及大氣污染擴散特性,藉由物理模型方式,可以獲得較其他類型模式更為準確之預估污染擴散。

　　Tsai and Shiau(2011)利用風洞進行煙囪廢氣污染排放後在丘陵地之複雜地形狀況下(參見圖 6-12)之物理模型擴散實驗,不同風向之風標觀測風場結果示如圖 6-13 至圖 6-15。由各圖之風洞風標物理模型實驗觀測結果,顯示丘陵複雜地形之風場風向劇烈改變。東北風向複雜地形之垂直濃度剖面風洞實驗與高斯模式理論比較示如圖 6-16,結果顯示遠離地面,受地形起伏影響較小,因此濃度分布與高斯模式預測結果較為接近。但靠近地面,二者差距明顯。其它西南風向與東南風向也獲致類似結果。結果均顯示高斯模式應用於複雜地形將會引發較大誤差。

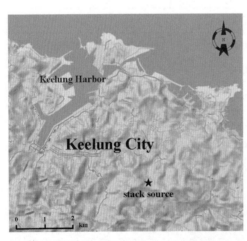

圖 6-12 複雜地形下煙囪排放位置圖

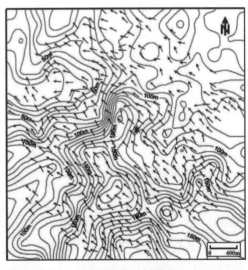

圖 6-13 東南風之風標觀測風場結果

圖 6-14 東北風之風標觀測風場結果　　　圖 6-15 西南風之風標觀測風場結果

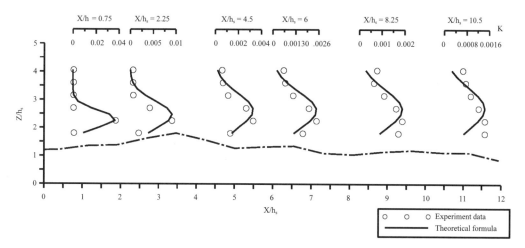

圖 6-16　東北風（NE）複雜地形之垂直濃度剖面風洞實驗與高斯模式理論比較

　　不同風向（東北風 NE、西南風 SW、東南風 SE）在複雜地形（丘陵地）狀況下，沿排放源下風距離之垂直向擴散尺度參數變化。並且與平坦地形及 Martin（1976）、Briggs（1973）公式比較，結果示如圖 6-17。風洞物理模型實驗量測結果顯示不同風向在複雜地形（丘陵地）狀況下，沿排放源下風距離之大氣擴散垂直向擴散尺度參數，大於在平坦地形狀況下量測之垂直向

擴散尺度參數或 Martin、Briggs 等人之公式所估算垂直向擴散尺度參數。
此說明了複雜地形有利於污染擴散。

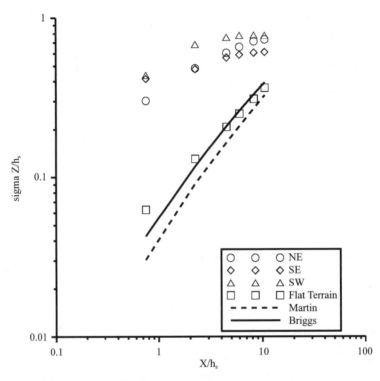

圖 6-17　複雜地形之垂直向擴散尺度參數與平坦地形及其他學者公式比較

　　都市地區的建築規則排列（aligned arrays）但疏密不同影響風場與污
染擴散。建築物疏密係採用結構物排列密度參數 D 表示，定義如下式：

$$D = \frac{H^2}{(G + H)^2}$$

其中 G 為結構物與結構物間距，H 為結構物高度。

　　圖 6-18 為選擇三種排列密度示意圖（Hussain and Lee, 1980），分
別代表三種不同特性風場，(a) $G/H = 3$，$D = 6\%$ 代表 isolated roughness
flow；(b) $G/H = 2$，$D = 11\%$ 代表 wake interference flow；(c) $G/H = 1$，D

= 25%，代表 isolated roughness flow。

　　Shiau & Lin（2017）風洞實驗結果顯示：當污染排放後三種都市建築不同排列密度與空曠平坦無任何建築物分布，在高度 Z/H = 0.5 之濃度分布結果比較，示如圖 6-19。該圖 (a) 為空曠平坦無任何建築物（open ter-rain）；(b) 為 G/H = 3，D = 6%；(c) 為 G/H = 2，D = 11%；(d) 為 G/H = 1，D = 25%。結果顯示排列密度越高，水平擴散尺度越大。

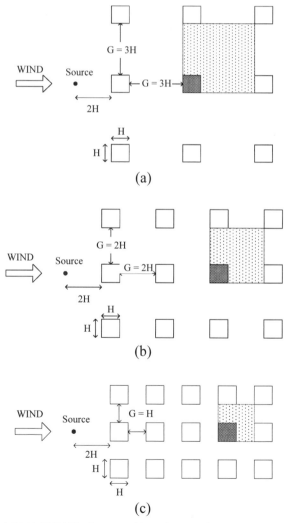

(a)

(b)

(c)

圖 6-18　都市建築規則排列，不同排列密度示意圖（Shiau & Lin, 2017）

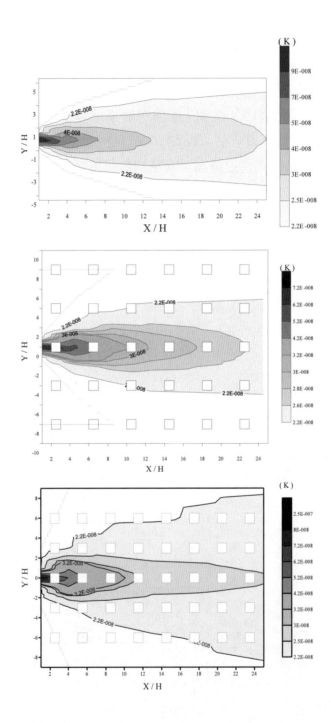

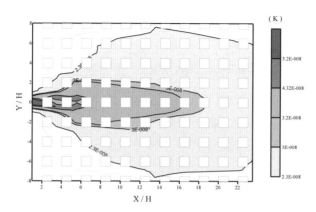

圖 6-19　都市建築不同排列密度之濃度分布結果比較，由上而下依序為平坦無任何建築物，排列密度 $D = 6\%$，11%，25%；高度 $Z/H = 0.5$（Shiau & Lin, 2017）

例題　假定地面焚燒廢棄物，其廢氣中含 NO 且排放量為 3 g/s。若大氣狀況為夜間多雲，且風速 > 7 m/s。試問在排放源下風 3 公里煙柱中心處之 NO 濃度為何？

解答：1. $U = 7$ m/s，夜間多雲，屬 D 級

2. $x = 3$ km，D class stability，

$$\sigma_y = \frac{1000x * \tan T}{2.15}$$

$$T = 8.333 - 0.72382\ln(x) = 8.333 - 0.72382\ln(3) = 7.5381$$

$$\sigma_y = \frac{1000 \times 3 \times \tan(7.5381)}{2.15} = 185m$$

$$\sigma_z = ax^b = 32.093 \times 3^{0.64403} = 65.1m$$

3. 濃度為

$$\chi(3,0,0,0) = \frac{Q}{\pi u \sigma_y \sigma_z}$$

$$= \frac{3 \text{ g/s}}{\pi \times 7\text{m/s} \times 185\text{m} \times 65.1\text{m}}$$

$$= 1.13 \times 10^{-5} g/m^3$$

$$= 11.3 \mu g/m^3$$

例題　一石油裂解廠之煙囪排放氣懸性污染物 SO_2 之廢氣量為 80 g/s，煙囪有效高度為 60 m。在一冬天早上 8 點鐘，大氣多雲，風速為 6 m/s。試問 (1) 在煙囪下風 500 m 煙柱中心地面處之 SO_2 廢氣濃度為何？(2) 在煙囪下風 500 m 距離煙柱中心橫向 50 m 之 SO_2 廢氣濃度為何？

解答：1. 多雲，U = 6 m/s，屬於 D 級

2. $x = 500$ m = 0.5 km

$$\sigma_y = \frac{1000x * \tan T}{2.15}$$

$$T = 8.333 - 0.72382\ln(x) = 8.333 - 0.72382\ln(0.5) = 8.835$$

$$\sigma_y = \frac{1000 \times 0.5 \times \tan(8.835)}{2.15} = 36.1m$$

$$\sigma_z = ax^b = 32.093 \times 0.5^{0.81066} = 18.3m$$

3. 在下風 50m，煙柱中心之濃度

$$\chi(0.5,0,0,60) = \frac{Q}{\pi u \sigma_y \sigma_z}\exp(-\frac{H^2}{2\sigma_z^2})$$

$$= \frac{80g/s}{\pi \times 6m/s \times 36.1m \times 18.3m}\exp(-\frac{(60m)^2}{2 \times (18.3m)^2})$$

$$= 29.6 \times 10^{-6}g/m^3$$

$$= 29.6\mu g/m^3$$

4. 在下風 500m，離煙柱中心橫向 50m 之濃度

$$\chi(0.5,50,0,60) = \frac{Q}{\pi U \sigma_y \sigma_z}\exp[-\frac{1}{2}(\frac{y}{\sigma_y})^2]\exp[-\frac{1}{2}(\frac{H_e}{\sigma_z})^2]\}$$

$$= \frac{80g/s}{\pi \times 6m/s \times 36.1m \times 18.3m}$$

$$\times [\exp(-\frac{(60m)^2}{2 \times (36.1m)^2})\exp(-\frac{(60m)^2}{2 \times (18.3m)^2})]$$

$$= 7.44 \times 10^{-6}g/m^3$$

$$= 7.44\mu g/m^3$$

6-5 風與煙囪下洗

當煙囪廢氣排放受到橫風（cross flow）作用，在排放源下風區可能有
建築物或較顯著地形，由於建築物或結構物上方（頂面）以及後方之尾跡流
（wake）風場將形成渦流回流區（reverse flow region），此區域為負壓區，
又稱為空腔區（cavity region）。參見圖 6-20。

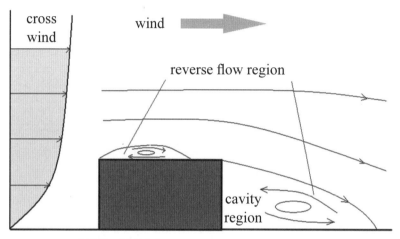

圖 6-20　建築物或結構物上方（頂面）以及後方之風場示意圖

當廢氣煙流被捲入煙柱下方之空腔區，稱為煙柱下洗（downwash）現
象。下洗現象發生時，大氣煙流無法有效擴散，污染物將滯留在回流區或空
腔區，導致地面污染濃度大幅增加。因此為了避免煙囪排放大氣擴散污染物
被捲入建築物後方風場之空腔區，而使得地面污染濃度增加，原則上可藉由
下述兩種設計方式達成避免下洗現象，(1) 增加煙囪口廢氣排放速度。(2) 提
高煙囪高度。參見圖 6-21 示意圖。

為了避免下洗現象，Briggs（1984）研究指出煙囪口廢氣排放速度 V_s
大於煙囪排放口位置橫風平均風速 U 的 1.5 倍，亦即 $V_s > 1.5U$。當緊鄰建
築物之煙囪高度 h 至少需 1.5H～2.5H（H 為建築物之高度）以上時，將可
使煙流遠離回流區或空腔區，免除發生下洗現象。參見圖 6-22 示意圖。

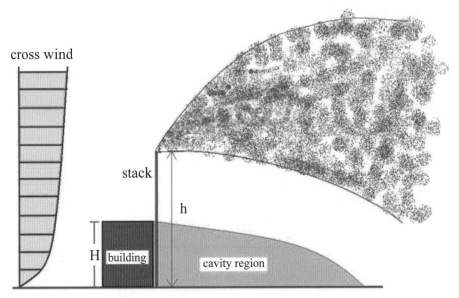

圖 6-21　鄰建築物之煙囪高度示意圖

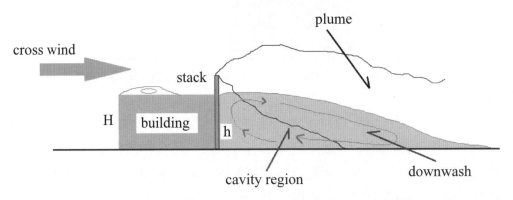

圖 6-22　當煙囪高度不足時，發生煙囪下洗現象示意圖

　　Huber and Snyder（1982）研究指出煙囪高度 h = 2.5H 是好的工程實務煙囪高度設計，或稱為 2.5 倍法則（2.5 times rule）。Cheung and Melbourne（1995）與 Snyder and Lawson（1976）研究則指出，若形狀為高且扁之建築物（tall and thin building），則 h 可降低至 1.5H。

　　其他有關煙囪下洗之回顧與研究，可參閱例如：Canepa（2004），Canepa（2001），Snyder *et al.*（1991）。

問題與討論

1. 一燃煤火力電廠，每小時燃燒 5.45 噸煤。煤中含硫之比例為 4.2%，煙囪有效高度為 75m，而在煙囪排放口之風速為 6.0 m/s。大氣條件為輕微不穩定。試決定在煙囪下風 3.0 km 處，地面煙柱中心線處與距中心橫向兩側 0.4 km 處之 SO_2 濃度為何？（假定煙粒擴散依循高斯擴散模式）

〔解答提示：(1) 計算 Q

$$S = 5.45\frac{ton}{h} \times 4.2\% = 229\frac{kg}{h}$$

$$S + O_2 \rightarrow SO_2$$

$$229kg - S + 229kg - O_2 \rightarrow 458kg - SO_2$$

$$Q = 458\frac{kg}{h} = 127\frac{g}{s}$$

(2) 大氣條件 C，查表，在 $x = 3km$ 處

$$\sigma_y = 280m \quad \sigma_z = 170m$$

(3) 中心線濃度

$$C(3,0) = \frac{Q}{\pi u \sigma_y \sigma_z}\exp\left[-\frac{1}{2}\left(\frac{H}{\sigma_z}\right)^2\right] = 128\frac{\mu g}{m^3}$$

(4) 離中心線側向 0.4km 處濃度

$$C(3,0.4) = \frac{Q}{\pi u \sigma_y \sigma_z}\exp\left[-\frac{1}{2}\left(\frac{H}{\sigma_z}\right)^2\right]\exp\left[-\frac{1}{2}\left(\frac{y}{\sigma_y}\right)^2\right] = 45\frac{\mu g}{m^3}$$ 〕

2. 一燃煤火力電廠，每小時燃燒 6.25 噸煤。煤中含硫之比例為 4.7%，煙囪有效高度為 80m，而在煙囪排放口之橫風速度為 8.0 m/s。大氣條件為輕微穩定。試決定在煙囪下風 2.5 km 處，煙柱中心線處與距中心橫向兩側 0.3 km 處之 SO_2 濃度為何？（假定煙粒擴散依循高斯擴散模式）

〔解答提示：$Q = 163.2\frac{g}{s}$

atmospheric condition E

$$\sigma_y = 120m \quad \sigma_z = 40m$$

$$C(2.5,0) = 183\frac{\mu g}{m^3}$$

$$C(2.5,0.3) = 8.04\frac{\mu g}{m^3} \,]$$

3. 一燃煤火力電廠，每小時燃燒 7.30 噸煤。煤中含硫之比例為 4.1%，電廠煙囪有效高度為 75m，而在煙囪排放口之橫風速度為 3.0 m/s。大氣條件為中度穩定。試決定在煙囪下風 3.25km 處，煙粒中心線處與距中心橫向兩側 0.5km 處之 SO₂ 濃度為何？（假定煙粒擴散依循高斯擴散模式）

〔解答提示：(1) 計算 Q

$$S = 7.3\frac{ton}{h} \times 4.2\% = 299.3\frac{kg}{h}$$

$$S + O_2 \rightarrow SO_2$$

$$299.3kg - S + 299.3kg - O_2 \rightarrow 598.6kg - SO_2$$

$$Q = 598.6\frac{kg}{h} = 166.3\frac{g}{s}$$

(2) 大氣條件 F，查表，在 $x = 3.25$km 處

$$\sigma_y = 105m \quad \sigma_z = 27m$$

(3) 中心線濃度

$$C(3.25,0) = \frac{Q}{\pi u \sigma_y \sigma_z}\exp\left[-\frac{1}{2}\left(\frac{H}{\sigma_z}\right)^2\right] = 131\frac{\mu g}{m^3}$$

(4) 離中心線側向 0.5km 處濃度

$$C(3.25,0.5) = \frac{Q}{\pi u \sigma_y \sigma_z}\exp\left[-\frac{1}{2}\left(\frac{H}{\sigma_z}\right)^2\right]\exp\left[-\frac{1}{2}\left(\frac{y}{\sigma_y}\right)^2\right]$$

$$= 1.56 \times 10^{-3}\frac{\mu g}{m^3} \,]$$

4. 浮升煙柱上升高度，Briggs（1975a, b, 1984）利用現場量測或實驗室實驗資料分析後，提出在中性大氣條件（neutral condition）下，點源煙

柱沿下風距離 x 之上升高度 $h(x)$ 計算公式，廣為被使用（例如 Davison（1989），EPA USA（2004）AERMOD 模式）。請簡述該計算公式。

〔解答提示：中性大氣條件（neutral condition）下，Briggs 之浮昇煙柱上升高度計算公式如下：

$$h(x) = \left[\frac{3F_M x}{\beta^2 U^2} + \frac{3F_B x^2}{2\beta^2 U^3} \right]^{\frac{1}{3}}$$

式中：

U 為橫風平均風速，係數 $\beta = 0.6$，

煙囪排放源之動量通量（momentum flux）$F_M = \frac{T_a}{T_s} v_s^2 r_s^2$，

煙囪排放源之浮量通量（buoyant flux）$F_B = g v_s r_s^2 \frac{T_s - T_a}{T_s}$，

v_s 為煙囪垂直排放速度，r_s 為煙囪排放口半徑，T_a 為周遭大氣溫度，T_s 煙囪排放溫度，g 為重力加速度。

另外修正型之 Briggs 浮昇煙柱上升高度計算公式如下：

$$h(x) = \left[\frac{3F_M x}{\beta_1^2 U^2} + \frac{3F_B x^2}{2\beta_2^2 U^3} \right]^{\frac{1}{3}}$$

式中係數 $\beta_1 = 0.4 + 1.2 \frac{U}{v_s}$，係數 $\beta_2 = 0.6$〕

5. 美國環境保護署 EPA 的 AEROMOD 模式提出在大氣穩定條件（stable condition），點源煙柱沿下風距離 x 之上升高度 $h(x)$ 計算公式：

$$h(x) = 2.66 \left(\frac{F_B}{N^2 U} \right)^{\frac{1}{3}} \times \left[\frac{N' F_M}{F_B} \sin\left(\frac{N' x}{U} \right) + 1 - \cos\left(\frac{N' x}{U} \right) \right]^{\frac{1}{3}}$$

式中 $N' = 0.7N$，N 為 Brunt-Vaisala frequency。該式適用於排放源起點 0 至最大上升高度處之下風距離 x_f。x_f 與在 x_f 處之上升高度 $h(x_f)$ 如下：

$$x_f = \frac{U}{N'}\arctan\left(\frac{F_M N'}{F_B}\right)$$

$$h(x_f) = 2.66\left(\frac{F_B}{UN^2}\right)^{\frac{1}{3}}$$

而 Contini *et al.*（2011）則另外提出在下風距離範圍 $0 \sim x_f$ 之點源煙柱沿下風距離 x 之上升高度 $h(x)$ 計算公式，請簡述其公式。

〔解答提示：$h(x) = \left\{\frac{3F_B}{N^2\beta^2 U}\left[1 - \cos\left(\frac{Nx}{U}\right)\right] + \frac{3F_M}{N\beta^2 U}\sin\left(\frac{Nx}{U}\right)\right\}^{\frac{1}{3}}$〕

參考文獻

[1] Briggs, D.A., Some recent analysis of plume rise observations, *Proceedings of the 2nd International Clean Air Congress*, pp.1029-1032. Academic press, New York, 1971.

[2] Briggs, G.A., Diffusion estimation of small emissions, Contribution No.79, Atmospheric Turbulence and Diffusion Laboratory, Oak Ridge, TN., 1973.

[3] Briggs, G.A., Plume rise prediction. *In Workshop Proceedings, Lectures on air pollution and environmental impact analyses*, American Society of Meteorology, Boston, pp.59-111, 1975.

[4] Briggs, G.A., Discussion of a comparison of the trajectories of rising buoyant plumes with theoretical empirical models, *Atmospheric Environment*, Vol.9, pp.455-462, 1975.

[5] Briggs, G.A., Plume rise and buoyancy effects, Atmospheric Science and Power Production (D. Randerson, ed.) pp.327-366. US Department of Energy, Technical Information Center, Oak Ridge, TN., 1984.

[6] Canepa, E., An overview about the study of downwash effects on dispersion of airborne pollutants, *Environmental Modelling & Software*, Vol.19, 1077-1087, 2004.

[7] Cheung, J.C.K., and Melbourbe, W.H., Building downwash of plumes and plumes interaction, *Journal of Wind Engineering and Industrial Aerodynamics*, Vol.54/55, pp.543-548, 1995.

[8] Contini, D., Donateo, A., Cesari, D., Robins, A.G., Comparison of plume rise models against water tank experimental data for neutral and stable crossflows, *Journal of Wind Engineering and Industrial Aerodynamic*, Vol.99, pp. 539-553, 2011.

[9] Davison, G.A., Simultaneous trajectory and dilution predictions from a simple integral model, *Atmospheric Environment*, Vol.23, pp.341-349, 1989.

[10] EPA USA, AEROMOD: description of model formulation, EPA-454/R-03-004, 2004.

[11] Fay, J.A., Escudier, M., and Hoult, D.P., A correlation of field observations of plume Rise, *Journal of Air Pollution Control Association,* Vol.20, pp.391-397, 1970.

[12] Gifford, F.A., Turbulent diffusion-typing schemes: A review, *Nuclear Safety*, Vol.17, 68-85, 1976.

[13] Huber, A.H., and Snyder, W.H., Wind tunnel investigation of the effects of a rect-angular-shaped building on dispersion of effluent from short adjacent stacks, *Atmospheric Environment*, Vol.16, pp.2837-2848, 1982.

[14] Hussain M. and Lee B. E. A wind tunnel study of the mean pressure forces acting on large groups of low-rise buildings, *Journal of Wind Engineering and Industrial Aerodynamic*, Vol.6, pp. 207-225,1980.

[15] Martin, D. O., Comment on change of concentration standard deviations with dis-tance, *Journal of the Air Pollution Control Association*, Vol. 26, pp. 145-146, 1976.

[16] Morton, B.R., Taylor, G.I., and Turner, J.S., Turbulent gravitational convection from maintained and instantaneous sources, *Proceedings of Royal Society (London), Series A*, Vol.234, pp.1-23, 1956.

[17] Nakano, M., Onuma, T., Takeyasu, M., and Takeishi, M., Analysis of meteorologi-cal observation data for the atmospheric diffusion calculation (FY1995-2004), JAEA-Technology. (in Japanese), 2006.

[18] Overcamp, T.J., A review of the conditions leading to downwash in physical model-ing experiments, *Atmospheric Environment*, Vol.35, pp.3503-3508, 2001.

[19] Pasquill, F., and Smith, F.B., *Atmospheric Diffusion*, 3rd Edition, Ellis Horwood Ltd., Chischester, England, 1983.

[20] Shiau, B.S., and Lin, Y.S., Wind tunnel measurement of pollution dispersion in the built environment of arrays of cubic elements, *Journal of Coastal and Ocean Engi-neering*, Vol.17, No.3, pp.141-156, 2017.

[21] Smith, M. (ed.), M., *Recommended Guide for the Prediction of the Dispersion of Air Effluents*, American Society of Mechanical Engineering, New York, 1968.

[22] Snyder, W.H., and Lawson, R.E., Determination of a necessary height for a stack close to a building-A wind tunnel study, *Atmospheric Environment*, Vol.10, pp.683-691, 1976.

[23] Snyder, W.H., Robert E., and Lawson, R.E., Fluid modeling simulation of stack-tip downwash for neutrally buoyant plumes, *Atmospheric Environment*, Vol.25A, pp.2837-2850, 1991.

[24] Tsai, B.J., and Shiau, B.S., Flow and dispersion of pollution in the hilly Terrain, *Journal of the Chinese Institute of Engineers*, Vol.34, No.3, pp.393-402, 2011.

金閣寺，日本京都 　　　　　　　　　　　　　　　　　　　　（*by Bao-Shi Shiau*）

金閣寺又名「鹿苑寺」，歷史可追溯至鎌倉時代，之後第三代幕府將軍足利義滿命名為「北山殿」，金閣寺便成為北山文化的代表建築。1950 年 7 月 2 日凌晨，一名身處金閣寺修行的見習僧人林承賢，他恨金閣寺的美與前來欣賞金閣寺的人。在主殿舍利殿放了一把火後失蹤，最後執法人員在寺後的後山找到那位放火的見習僧人，但已切腹，之後被救活。火災經過一整天的搶救後，主殿及殿內的歷史文物全數毀於一旦。日本著名文壇作家三島由紀夫便以此為故事背景，寫下了《金閣寺》。三島由紀夫的《金閣寺》中，「南泉斬貓」的禪宗公案貫穿其間，詮釋並將其與金閣寺的美連結在一起。在三島的書中，貓成為美的化身，東西兩堂的僧眾為了「美」而爭。然而，貓是美的化身，毀了貓卻無法斷絕美的根源。今天我們所見到的金閣寺，正是當年放火事件後重建而成的建築。1994 年，聯合國教科文組織將其列入世界文化遺產。

明石海峽大橋，日本 　　　　　　　　　　　　　　　　　　　（*by Bao-Shi Shiau*）

明石海峽大橋位於日本的本州與淡路島之間，連接兵庫縣神戶市與淡路市。它跨越明石海峽，是目前世界上跨距最大的懸索吊橋（suspension bridge），全長 3911 公尺，主跨距 1990.8 公尺，橋身呈淡藍色。明石海峽大橋擁有世界第三高的橋塔，高達 282.8 公尺，僅次於法國密佑高架橋（342 公尺）以及中國蘇通長江公路大橋（306 公尺）。大橋的兩條主鋼纜，鋼纜主徑大約為 1.12 公尺，為世界上直徑最大的主纜，係由 290 細束線組成，每細束線係由 127 根直徑 5.23mm 之單一鋼線所組成，其強度為 180kgf/mm^2。

第七章

結構物之氣動力、氣彈力與風載重分析

　　風與結構物交互作用，結構物所承受風載重之變化，皆與氣動力、氣彈力等現象之特性息息相關。以下簡述與風工程相關之氣動力（aerodynamics）、氣彈力（aero-elasticity）現象之特性，並介紹因氣動力或氣彈力所產生之振動與減振對策與方法，以及風載重（wind load）設計分析。

7-1 氣動力現象

　　當風通過一鈍形結構物（bluff body），該結構物迫使氣流改變，風場亦隨之變化。氣流在鈍形結構物表面形成如：分離、再接觸、尾跡與渦流震盪等幾個現象，這些稱爲氣動力現象（aerodynamic phenomenon），皆會使結構物之風力載重改變。以下分述各種氣動力現象：

一、分離（separation）

　　當氣流流經鈍形體結構物，在結構物表面將形成邊界層，而邊界層內之流場由於受到流體黏滯力、結構物表面粗糙度及曲率、雷諾數（Reynolds number）之影響，造成逆向壓力梯度，使得氣流之黏滯阻力大於慣性力，故而產生逆流（reverse flow），因而發生分離現象。亦即氣流反向流動，於是造成氣流分離現象。

　　分離點產生的位置與物體形狀有關，對具有稜角之鈍體（bluff body）而言，由於表面曲率在此銳緣屬於幾何上之不連續點，因此流體之分離現象幾乎發生在稜角處，如屋脊（ridge）、屋簷（edge）。此現象之發生受雷諾數影響不大，且流體通過此銳緣後會產生回流渦漩，在該回流區內造成極大之吸力（suction force）。以方柱爲例，流體通過銳緣，在分離點後形成分離區；對於圓柱或曲面之結構物，流體之分離點位置會隨著雷諾數之不同而變化。圖 7-1、7-2、7-3 爲氣流流經結構物發生各種現象之示意圖。

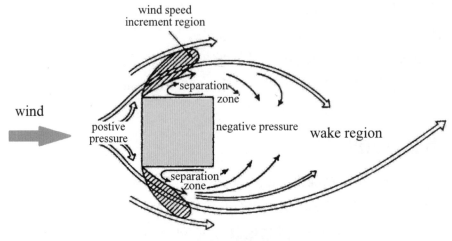

圖 7-1　流體流經鈍體之上視圖

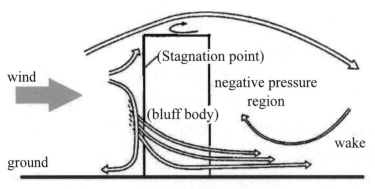

圖 7-2　流體流經鈍體之側視圖

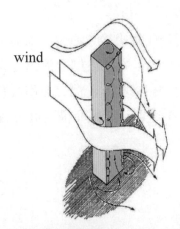

圖 7-3　流體流經結構物周圍流場立體示意圖

二、再接觸（reattachment）

由於前述之邊界層外之自由流再以捲上（roll-up）與捲增（entrainment）將氣流導入邊界層內，使得氣流分離線再碰觸結構物表面，稱為再接觸現象。

若結構物之深度、寬度夠大，再接觸現象會發生於頂部與側面，亦即深寬比若太小，則再接觸現象將不會產生。圖 7-4 為流體流經結構物發生再接觸現象之示意圖。

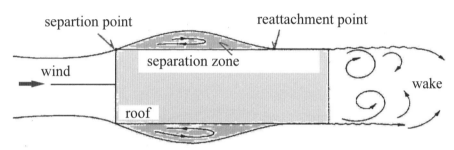

圖 7-4　流體流經結構物於側面發生再接觸作用示意圖

三、尾跡（wake）

在結構物體後方，氣流形成之渦流區域，統稱為尾跡。

1. 渦流脫落（vortex shedding）

分離現象產生後，流體在分離線後方產生交互擺動之渦漩（vortex），稱為渦流脫落現象。在柱體背風區更形成渦跡（vortex trail），稱為馮卡門渦流街（von Karman Vortex street），參考圖 7-5，兩側之漩渦係呈現間隔交替現象。該等渦漩係以固定頻率（週期性）進行交互擺動，因為渦漩週期性地交互擺動，因此影響前方結構物體，使得該結構物體受到橫風向之週期性振動。

流體流經結構物體，在結構物體後方產生週期性交互擺動之渦漩，稱為渦流脫落現象。此渦流脫落現象發生之頻率（頻率 = 1／週期），一般稱為渦流脫落頻率（vortex shedding frequency），f_s。

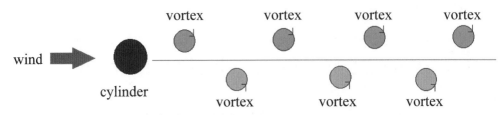

圖 7-5　氣流通過圓柱後方形成之 Von Karman 渦流街

　　圖 7-6 主要顯示三維柱體受流體作用下，上半部主要是受越過作用，一般稱為拱門形渦漩；下半部主要受繞過作用，在柱體前方形成馬蹄形渦漩。大尺度渦漩對結構物表面會有拍擊作用，此作用所產生之橫風向壓力擾動對於流體流經鈍體為一重大之影響因子。

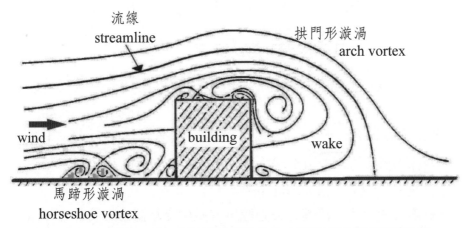

圖 7-6　氣流越過三維矩形柱體結構物產生之拱門漩渦與馬蹄形漩渦

　　渦流脫落頻率通常以無因次參數史特赫數（Strouhal number）表示：

$$S_t = f_s D / U \qquad\qquad (7\text{-}1)$$

式中，f_s 為渦流脫落頻率；D 為結構物特徵尺度；U 為平均風速。

　　事實上渦流脫落頻率係與結構物之形狀、結構物表面光滑粗糙度、雷諾數（結構物特徵尺度大小尺寸、氣流流速）等有關。

　　渦流脫落現象將會對結構物形成週期性之擾動外力，亦即渦流脫落現象

將會造成結構物體兩側之壓力呈現週期性之變化，從而導致結構物體所承受到之側向力（或升力）也隨著呈現週期性之變化。一般超高層結構物勁度較傳統結構物小，結構物之自然頻率較低，故此渦流脫落頻率較可能接近結構物自然頻率，因而導致共振（resonance）之發生。共振發生後，將導致結構物崩潰。

又如果氣流以速度 U 通過直徑為 D 之光滑表面圓柱型構造物時，若雷諾數為 $500 < \mathrm{Re} = \dfrac{UD}{\nu} < 5000$，則 $S_t = \dfrac{f_s D}{U} \approx 0.21$。

另外在高雷諾數狀況下（$10^5 \sim 10^7$），圖 7-7 所示為不同粗糙度表面之圓柱之史特赫數與雷諾數之關係，結果顯示在該高雷諾數範圍內，史特赫數變化差異不大。

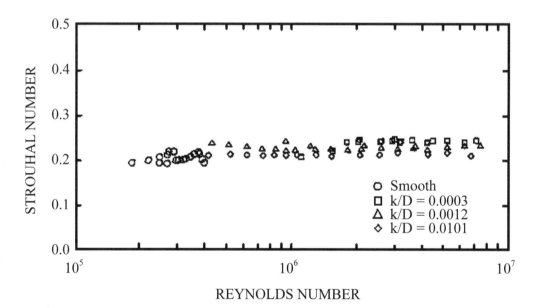

圖 7-7　不同粗糙度表面之圓柱之史特赫數與雷諾數之關係（Shih, Wang, Coles, and Roshko, 1993）

氣流紊流強度對於圓柱後渦流脫落頻率之影響，依據 Shiau（2000）研究指出，在雷諾數 $\mathrm{Re} = U_0 D / \nu = 4500$，來流之紊流強度（turbulence intensity）小至 0.45% 時，渦流脫落頻率爲 0.228，但當來流之紊流強度增加爲 3.2% 時，渦流脫落頻率隨即降至 0.219。此與 Shih 等人（1993）研究圓柱表面粗糙增加，亦即紊流強度增加，則渦流脫落頻率降低。Shiau 與 Shih 二者之研究結果關於紊流強度對渦流脫落頻率之影響趨勢吻合。

對於在臨界間距狀況（$G = D$）之並列式雙方柱，如圖 7-8 所示，雷諾數 $Re = U_0 D / v \approx 3000$ 時，Shiau（2000）之研究指出：來流之紊流強度對於渦流脫落頻率之影響效應爲紊流強度增加，渦流脫落頻率隨之增大，結果示如圖 7-9。

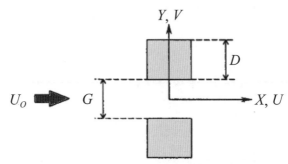

圖 7-8 臨界間距狀況（$G = D$）之並列式雙方柱示意圖（Shiau, 2000）

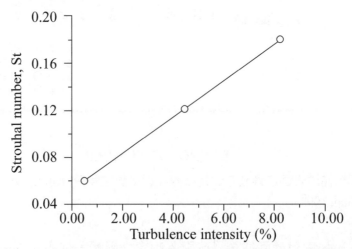

圖 7-9 臨界間距狀況之並列式雙方柱之來流紊流強度與渦流脫落頻率之關係（Shiau, 2000）

　　當圓柱之直徑非常小，而風速值適中，圓柱後方之渦流脫落頻率，將介於人類可聽見聲音頻率範圍內，即所謂音鳴（aeolian tones）現象。參考以下例題說明。

　　一般結構物設計上必須特別注意渦流震盪之問題。單一渦流對結構體之影響雖微小，但若其頻率接近結構物本身之自然頻率時，造成之共振使得結構物產生較大之位移，導致結構物安全與舒適性問題。

　　氣流相對於結構物體之運動所引生之力學問題，即所謂氣動力學。若作用在結構物上之擾動性氣動力含有極強烈之諧振，而其頻率與結構物之自然頻率相同或接近，則將產生共振放大現象（resonant amplification phenomenon），這點是結構設計所必須注意考慮的。

例題　當架戶外之電話信號線直徑為 2 mm 時，若風速為 10 m/s 吹過該信號線，則氣流在信號線後方產生之渦流脫落頻率為何？

解答：空氣之運動黏滯係數（kinematic viscosity）$v = 1.5 \times 10^{-5}$ m²/s

$$\mathrm{Re} = \frac{UD}{v} = \frac{10m/s \times 2mm}{1.5 \times 10^{-5} m^2/s} = 1333$$

$$500 < \mathrm{Re} < 5000$$

$$St = \frac{f_s D}{U} = 0.21$$

$$0.21 = \frac{f_s \times 2mm}{10m/s}$$

渦流脫落頻率：

$$f_s = 1050 \; 1/s = 1050 \; Hz \quad \#$$

此頻率在人類可聽見聲音頻率範圍內，此即所謂音鳴現象。

2. 渦流脫落效應削減方式

　　渦流脫落效應（vortex shedding effects）之削減方式：一般新式煙囪高塔之外表均設置螺旋狀鰭或翼狀條紋片（corkscrew fin strake），藉由此裝置刻意引入紊流，使得高塔載重較少變化以及共振載重頻率（resonant load frequencies）之振幅大小可以忽略。

　　有些由薄殼鋼管製作之高煙囪（thin-walled steel tube）具有相當的柔韌彈性（flexible），因此在臨界風速狀況下，渦流脫落使得煙囪猛烈震動（共振效應），導致破壞受損。

　　從煙囪頂部往下在外部至約煙囪 1/5 長度範圍內，設置鐵籍或氣流偏導器（strakes or spoilers）。該等鐵籍以螺旋狀型式設置，可阻止渦流脫落。削減渦流脫落效應之最佳螺距（optimal pitch）為 5D，D 為煙囪排放口直徑。

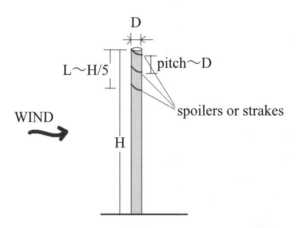

圖 7-10　螺旋狀鰭或翼狀條紋片削減渦流脫落

7-2 風對二維結構物作用效應——壓力、阻力與升力

　　氣流流過二維物體時，將作用於物體表面之壓力分布積分累計，可獲得作用於物體之總力。參考圖 7-11，該總力可分解成水平分力與垂直分力，水平分力稱為阻力（drag force），F_D，而垂直分力則稱為升力（lift force），F_L。

　　一般航空飛行器之設計，目標為氣流通過機翼時，讓阻力變的最小、升力變的最大之最佳化形狀設計。但在土木工程之結構物或建築物，形狀設計係由使用目的決定，經常是鈍形體（bluff body），而非如飛行器機翼純粹考慮空氣動力之最佳化設計為流線型。

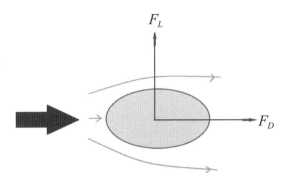

圖 7-11　作用於任意形狀物體之阻力與升力

　　氣流流過物體，作用在物體表面上之壓力大小 p，可以壓力係數 C_p 表示。該壓力係數，係以平均動壓力 $\frac{1}{2}\rho U^2$，將壓力差值 p-p_0 無因次化，示如下式：

$$C_p = \frac{p - p_0}{\frac{1}{2}\rho U^2} \qquad (7\text{-}2)$$

式中 p_0 為參考壓力，為物體上游氣流未受到干擾處之壓力；ρ 為空氣密度；U 為上游參考平均風速。

　　阻力 F_D，也可以阻力係數 C_D，表示如下：

$$C_D = \frac{F_D}{\frac{1}{2}\rho U^2 A} \qquad (7\text{-}3)$$

式中 A 為物體之迎風面投影面積，參閱圖 7-12。

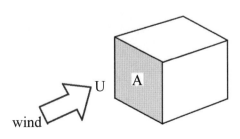

圖 7-12　迎風面投影面積示意圖

例題 一摩天大樓高 $H = 150$ m，寬 $W = 90$m，假定該大樓迎風面之風速 U = 20 m/s，阻力係數 $CD = 1.2$，試問大樓承迎風面受阻力 F_D？空氣密度 1.23kg/m^3

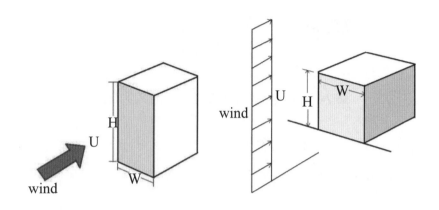

解答：$F_D = C_D \dfrac{1}{2} \rho U^2 A = C_D \dfrac{1}{2} \rho U^2 HW$

$= 1.2 \times \dfrac{1}{2} \times 1.23 \dfrac{kg}{m^3} \times (20\dfrac{m}{s})^2 \times (150m \times 90m) = 7776000N = 7776kN$

例題 假若有一蒲公英（dandelion）種子直徑 $d = 0.04$m，質量 $m = 5*10^{-6}$kg，地球重力加速度 $g = 9.8$m/s^2。在空氣中以等速度 0.15m/s 下降，示如下圖。該蒲公英種子在空氣中下降時之阻力係數 C_D？

dandelion
d = 0.04 m
U = 0.15 m/s

解答：當等速下降時，阻力 F_D 與重力 $W = mg$ 相等

$\therefore F_D = mg$

亦即 $C_d \dfrac{1}{2} \rho U^2 A = mg \Rightarrow C_d \dfrac{1}{2} \rho U^2 \dfrac{\pi}{4} d^2 = mg$

故 $C_D \times \dfrac{1}{2} \times 1.23 \dfrac{kg}{m^3} \times \left(0.15 \dfrac{m}{s}\right)^2 \times \dfrac{\pi}{4} (0.04m)^2 = 5 \times 10^{-6} kg \times 9.8 \dfrac{m}{s^2}$

$\therefore$ 阻力係數 $C_D = 2.82$

　　考慮氣流流過光滑二維圓柱，若已經知道周遭流場速度分布，則可利用動量積分方式，計算出每單位長度之圓柱所承受之力 F 為：

$$F = \rho_a \int_{-\infty}^{\infty} [U(U - U_\infty) + (\overline{u^2} - \overline{v^2})]dy \qquad (7\text{-}4)$$

式中 ρ_a 為空氣密度；U 為局部平均流速；U_∞ 為自由流速；u、v 分別為主流向與側向之擾動速度。因此柱徑為 D 之圓柱之阻力係數：

$$C_D = \frac{F}{\dfrac{1}{2}\rho_a U_\infty^2 D} = 2\int_{-\infty}^{\infty} \frac{U}{U_\infty}\left(\frac{U - U_\infty}{U_\infty}\right)d\left(\frac{y}{D}\right) + 2\int_{-\infty}^{\infty}\left(\frac{\overline{u^2} - \overline{v^2}}{U_\infty^2}\right)d\left(\frac{y}{D}\right) \qquad (7\text{-}5)$$

　　Antonian & Rajagopalan（1990）研究指出在圓柱後方 30 倍柱徑距離之後，雷諾垂直應力（Reynolds normal stresses）分量，$\overline{u^2}$、$\overline{v^2}$ 對於動量積分（momentum integral）之貢獻係可以忽略。因此阻力係數簡化為：

$$C_D = 2\int_{-\infty}^{\infty} \frac{U}{U_\infty}\left(\frac{U - U_\infty}{U_\infty}\right)d\left(\frac{y}{D}\right) = \frac{2\theta}{D} \qquad (7\text{-}6)$$

此處為圓柱後方尾跡流動量厚度（momentum thickness of the wake）。

　　對於氣流通過圓柱，其阻力係數係隨雷諾數而改變，參考圖 7-13。當雷諾數介於 2×10^5 與 5×10^5 時，阻力係數急劇下降，稱為臨界區（critical），此係由於圓柱表面邊界層流之流況由層流轉變為紊流。阻力係數降至最大值之約 1/3。當雷諾數大於 4×10^6，流況變為穿臨界（transcritical），

阻力係數再度增大，但仍然小於次臨界流況（subcritical）時之阻力係數。

Shih 等人（1993）研究結果指出，在雷諾數範圍 $5 \times 10^5 < \text{Re} < 10^7$，圓柱阻力係數值相較圖 7-13（Roshko, 1961）之結果約小 25%。

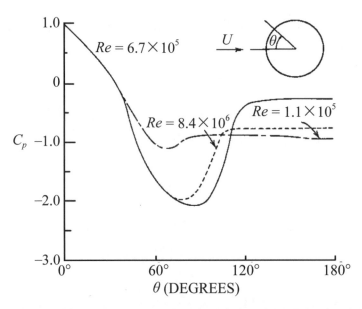

圖 7-13　不同雷諾數下平滑均勻氣流通過圓柱之壓力係數分布（Roshko, 1961）

在不同雷諾數狀況下，圓球阻力係數與球體表面粗糙度之關係如圖 7-14 所示。各式形狀物體之阻力係數與雷諾數函數關係示如圖 7-15。

升力 F_L，也可以升力係數 C_L 表示如下：

$$C_L = \frac{F_L}{\frac{1}{2} \rho V^2 B} \qquad (7\text{-}7)$$

其他各種規則形狀之二維物體阻力係數列於表 7-1。而表 7-2 為各規則種型狀之三維物體之阻力係數。

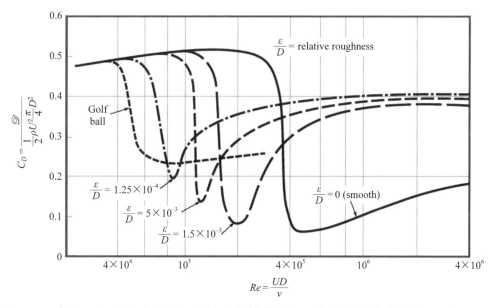

圖 7-14　在不同雷諾數狀況下，圓球阻力係數與球體表面粗糙度之關係。（Blevins, 1984）

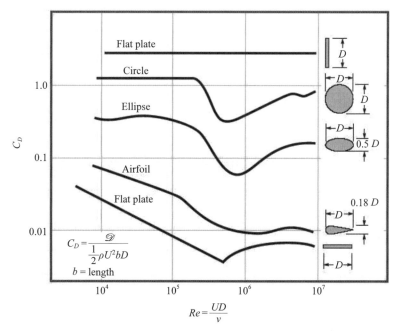

圖 7-15　不同狀物體之阻力係數與雷諾數函數關係。（Blevins, 1984）

表 7-1　各種規則形狀之二維物體阻力係數（Blevins, 1984、Hoerner, 1965）

Shape	Reference area A (b = length)	Drag confficient $C_D = \dfrac{\mathcal{D}}{\frac{1}{2}\rho U^2 A}$	Reynolds number $Re = \rho UD/\mu$
Square rod with rounded corners	$A = bD$	<table><tr><td>R/D</td><td>C_D</td></tr><tr><td>0</td><td>2.2</td></tr><tr><td>0.02</td><td>2.0</td></tr><tr><td>0.17</td><td>1.2</td></tr><tr><td>0.33</td><td>1.0</td></tr></table>	$Re = 10^5$
Rounded equilateral triangle	$A = bD$	<table><tr><td>R/D</td><td colspan="2">C_D →　←</td></tr><tr><td>0</td><td>1.4</td><td>2.1</td></tr><tr><td>0.02</td><td>1.2</td><td>2.0</td></tr><tr><td>0.08</td><td>1.3</td><td>1.9</td></tr><tr><td>0.25</td><td>1.1</td><td>1.3</td></tr></table>	$Re = 10^5$
Semicircular shell	$A = bD$	→ 2.3　← 1.1	$Re = 2 \times 10^4$
Semicircular cylinder	$A = bD$	→ 2.15　← 1.15	$Re > 10^4$
T-beam	$A = bD$	→ 1.80　← 1.65	$Re > 10^4$
I-beam	$A = bD$	2.05	$Re > 10^4$
Angle	$A = bD$	→ 1.98　← 1.82	$Re > 10^4$
Hexagon	$A = bD$	1.0	$Re > 10^4$
Rectangle	$A = bD$	<table><tr><td>l/D</td><td>C_D</td></tr><tr><td>≤ 0.1</td><td>1.9</td></tr><tr><td>0.5</td><td>2.5</td></tr><tr><td>0.65</td><td>2.9</td></tr><tr><td>1.0</td><td>2.2</td></tr><tr><td>2.0</td><td>1.6</td></tr><tr><td>3.0</td><td>1.3</td></tr></table>	$Re = 10^5$

表 7-2　各種規則形狀之二維物體之阻力係數（Blevins, 1984）

Shape	Reference area A	Drag confficient C_D	Reynolds number $Re = \rho UD/\mu$
Solid hemisphere	$A = \frac{\pi}{4}D^2$	1.17　0.42	$Re > 10^4$
Hollow hemisphere	$A = \frac{\pi}{4}D^2$	1.42　0.38	$Re > 10^4$
Thin disk	$A = \frac{\pi}{4}D^2$	1.1	$Re > 10^3$
Circular rod parallel to flow	$A = \frac{\pi}{4}D^2$	l/D　C_D 0.5　1.1 1.0　0.93 2.0　0.83 4.0　0.85	$Re > 10^5$
Cone	$A = \frac{\pi}{4}D^2$	θ, degrees　C_D 10　0.30 30　0.55 60　0.80 90　1.15	$Re > 10^4$
Cube	$A = D^2$	1.05	$Re > 10^4$
Cube	$A = D^2$	0.80	$Re > 10^4$
Streamlined body	$A = \frac{\pi}{4}D^2$	0.04	$Re > 10^5$

另外一些日常生活實用之物體之阻力係數，列於表 7-3 供參考。

7-3 三維結構物表面風壓

由於風吹過三維結構物，其風場係屬三維特性，流況變得非常複雜。三維性結構物風場結構特性，某些狀況可以二維氣動力現象定性說明，但整體結果仍屬個案處理分析，一般而言較難有一致性結果。

表 7-3　日常實用之物體之阻力係數（Blevins, 1984、Hoerner, 1965、Vogel, 1996、Gross, 1983）

Shape		Reference area	Drag confficient C_D		
	Parachute	Frontal area $A = \dfrac{\pi}{4}D^2$	1.4		
	Porous parabolic dish	Frontal area $A = \dfrac{\pi}{4}D^2$	Porosity	0	0.2	0.5
			→	1.42	1.20	0.82
			←	0.95	0.90	0.80
			Porosity = open areaotal area			
	Average person	Standing Sitting Crouching	$C_D A = 9\ \text{ft}^2$ $C_D A = 6\ \text{ft}^2$ $C_D A = 2.5\ \text{ft}^2$		
	Fluttering flag	$A = lD$	l/D : 1, 2, 3 — C_D : 0.07, 0.12, 0.15		
	Empire State Bullding	Frontal area	1.4		

Six-car passenger train	Frontal area	1.8
Bikes		
Upright commuter	$A = 5.5 \text{ ft}^2$	1.1
Racing	$A = 3.9 \text{ ft}^2$	0.88
Drafting	$A = 3.9 \text{ ft}^2$	0.50
Streamlined	$A = 5.0 \text{ ft}^2$	0.12
Tractor-trailer trucks		
Standard	Frontal area	0.95
Fairing With fairing	Frontal area	0.75
With fairing and gap seal	Frontal area	0.70
Tree $U = 10$ m/s $U = 20$ m/s $U = 30$ m/s	Frontal area	0.43 0.26 0.20
Dolphin	Wetted area	0.0086 at Re = 6×10^6 (Rat plate has $C_{Df} = 0.0031$)
Large birds	Frontal area	0.40

　　以下以一紊流邊界層通過三維超高建築物之實驗結果為個案範例，列出建築物表面包括前、後、側面等不同高度位置之平均風壓係數變化，以供參考。詳細可參見（蕭、莊，2000）。該案例之結構物為超高建築，其長 50m、寬 50 m、高 125 m，實驗模型幾何縮尺為 1/500，亦即 10cm×10 cm×25 cm，參見圖 7-16，而模型風壓量測點位置標示如圖 7-17。迫近流場（approaching flow）為紊流邊界層，其平均風速剖面與紊流強度剖面

示如圖 7-18。在不同高度位置下，不同風吹角度建築物表面各測點之平均

風壓係數 $\overline{C_p}$ 變化，示如圖 7-19。此處 $\overline{C_p} = \lim\limits_{T \to \infty} \dfrac{1}{T} \int\limits_0^\infty C_p dt$；瞬間風風壓係數

$C_p = \dfrac{p - p_H}{\dfrac{1}{2}\rho U_H^2}$，式中 p 為建築物表面風壓，p_H 為參考壓力，係建築物模型上

游與模型等高處之靜壓（static pressure）；而參考風速 U_H 為該處之平均風
速。在不同高度位置下，不同風吹角度建築物表面各測點之擾動風壓均方根
值 C_{prms} 變化，示如圖 7-20。此處：

$$C_{prms} = \left[\lim\limits_{T \to \infty} \dfrac{1}{T} \int\limits_0^\infty (C_p - \overline{C_p})^2 dt \right]^{1/2} \qquad (7\text{-}8)$$

圖 7-16   建築物模型照片（蕭、莊，2000）

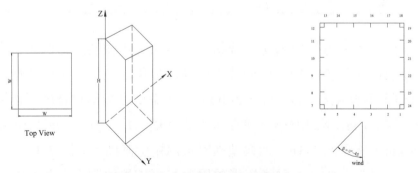

圖 7-17   建築物表面風壓量測點標示圖（蕭、莊，2000）

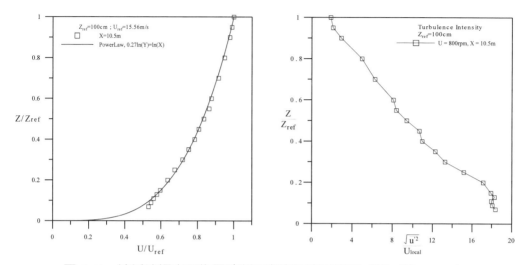

圖 7-18　迫近流場之平均風速剖面與紊流強度剖面（蕭、莊，2000）

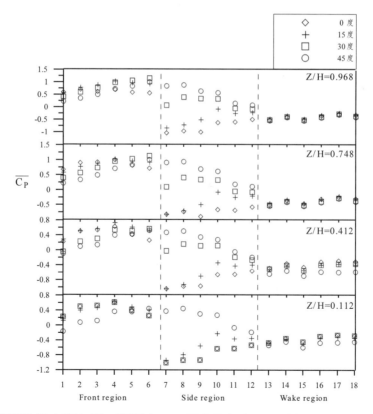

圖 7-19　建築物各高程在同一斷面上，不同吹風角度下，建築物表面各受風面之 $\overline{C_P}$
變化（蕭、莊，2000）

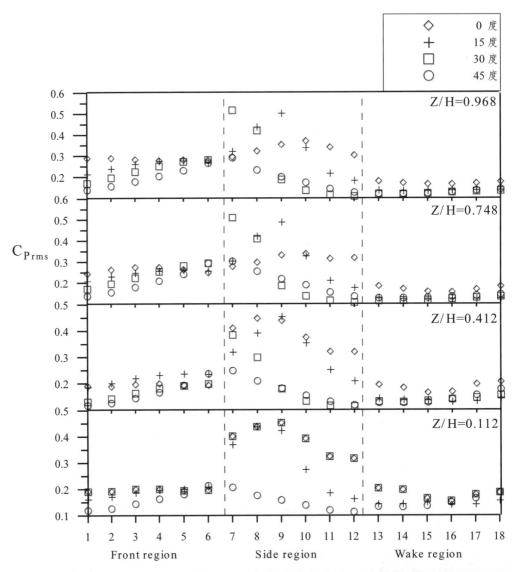

圖 7-20　建築物各高程在同一斷面上，不同吹風角度下，建築物表面各受風面之 C_{prms} 變化（蕭、莊，2000）

7-4 氣彈力現象

　　若結構物爲撓性彈性體（flexible elasticity），則其與擾動性氣動力（fluctuating aerodynamic force）之間存在著複雜之回饋機制（complex feedback mechanism）。擾動性氣流作用於結構體之壓力使得結構體變形，若變形顯著（亦即物體爲彈性體），也將使得作用於物體表面之壓力改變，隨之物體變形也改變，如此反覆，氣動力與結構物運動之間交互作用顯著，是爲氣彈力現象（aero-elastic phenomenon）。常見之細長形結構物或懸吊式橋樑等受風作用產生之氣彈力現象對於結構設計分析相當具有重要性。

　　結構物之氣彈力效應（aero-elastic effect）所產生較重要且常見之現象有：(1) 鎖定（lock in）、(2) 馳振（gallop）、(3) 抖振（buffet）、(4) 顫振（flutter），分述如下。

一、鎖定（lock in）

　　氣流流經結構物體，在結構物體後方出現渦流週期性地交互性擺動，其頻率（稱爲渦流脫落頻率）係隨風速增加而增加。參考圖 7-21，結構物受風作用產生振動，當結構物周遭風場主控之渦流脫落頻率與結構物之自然頻率接近或相同時，產生共振現象（resonance），使得結構物反應遽增，而該渦流脫落頻率將被固定在結構物之自然頻率，亦即即使風速增加，渦流脫落頻率仍與結構物之自然頻率同樣會增加，此現象稱爲鎖定。鎖定現象在動力系統理論裡，亦被稱爲同步化（synchronization）。當鎖定現象發生時，即便再增加風速，渦流脫落頻率與結構物自然頻率之共振現象，仍將持續。發生共振所形成之過大位移，將會造成結構物破壞，但基本上是不會形成發散型態之振動。

　　關於鎖定現象，Bearman & Obasaju（1982）研究二維強制振動方柱體，結果顯示：在一定範圍內發生鎖定現象，且柱體振幅增加時，則發生鎖定現象之折算風速範圍越大。此處折算風速（reduced wind velocity）U_r，$U_r = \dfrac{U}{fD}$，U 爲吹向柱體之平均風速，D 爲柱體之寬度，f 爲渦流脫落頻率。

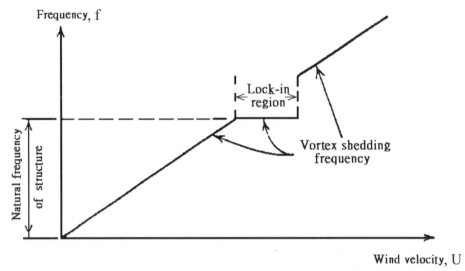

圖 7-21　彈性體結構物之渦流脫落頻率之演變與風速

二、馳振（gallop）

當結構物受風力作用時，在與順風向（along wind）垂直之方向（例如橫風向或垂直風向）呈現不穩定且大振幅振動（振幅甚至可達結構物斷面橫向尺寸之數十倍）現象時，稱為馳振。該大振幅振動主要由於負值氣動力阻尼（negative aerodynamic damping）造成的，而此馳振頻率遠低於該結構物引生之渦流脫落頻率。馳振大多發生在柔性結構物或具特殊斷面形狀之細長型結構物，且當結構物斷面與風攻角（wind attack angle）形成不對稱之狀況。

形成馳振之氣動力與斷面形狀、風攻角以及風速等均有密切相關，而與結構振動頻率無關。通常發生馳振時，結構物之振動頻率係遠較渦流脫落頻率為低，故其臨界風速遠大於發生渦流脫落共振時之風速。

在風吹過具有某種特殊橫斷面（例如矩形、D 形狀或某些被冰包覆之電線及纜線形成不規則斷面形狀）之細長形結構物時，也經常發生馳振現象。

在許多風工程結構物之氣動力阻尼為負值時，將發生馳振問題。利用這負值氣動力阻尼概念，Glauert-Den Hartog criterion（參見下式）經常被用

來評估判斷發生初始馳振不穩定（incipient galloping instability）之必要條件：

$$\left(\frac{dC_L}{d\alpha}+C_D\right)_{\alpha=0}<0 \qquad\qquad (7\text{-}9)$$

式中 C_L 為結構物受風作用產生之升力係數（lift force coefficient）；C_D 為結構物受風作用產生之阻力係數（drag force coefficient）；為風攻角（angle of attack）。

　　分析圓柱形（circular cylinder）結構物，由於圓柱形橫斷面為對稱形狀，亦即 $dC_L/d\alpha=0$，而 $C_D>0$，因此可得 $\left(\dfrac{dC_L}{d\alpha}+C_D\right)_{\alpha=0}>0$，不符合 Glauert-Den Hartog criterion，亦即圓柱形結構物不會發生馳振。

　　但若圓柱形結構物位於另一圓柱形結構物下游之尾跡流區（wake region）時，將會因該區之紊流尾跡流（turbulent wake）作用，從而產生振動，則稱為尾跡流馳振（wake galloping）。常見有例如電力輸送線，一般均數條輸送線為一組，為解決該尾跡馳振現象，而必須使用線束間隔固定器（spacer），參考圖 7-22。

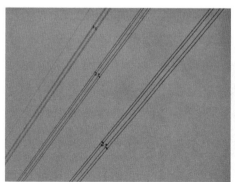 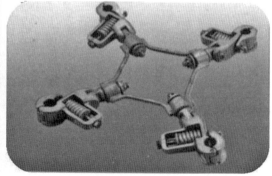

圖 7-22　電力輸送線束之間隔固定器，右圖（台電人員提供）

另外懸吊橋樑的拉索因天候下雨刮風同時作用，產生風雨激振（rain-wind induced vibration，RWIV），拉索發生大幅度振動。拉索的振動引起水線（rivulet）在拉索表面的周圍振盪，水線之運動與拉索之運動方向相反。Li、Chen（2012）計算結果顯示：當來流風場之紊流強度（turbulence intensity）達到 15% 時，水線不能在拉索表面穩定地存在，風雨激振能得到有效的抑制。水線運動的擾動成分主要受來流風擾動成分的影響，拉索運動對水線運動影響則較小；隨著紊流強度的增加，引起風雨激振之風速也增大。

風雨激振消除或改善的方法有：(1) 拉索之表面形狀修改，亦即改變拉索之空氣動力特性。一般可在拉索表面加裝雙螺旋線或凹槽等裝置，藉以抑制水線形成。(2) 使用輔助索連接各主索。(3) 拉索加裝設置減振阻尼器。

三、抖振（buffet）

由於擾動風速對結構物產生非穩態之風載重，而形成之振動，稱為抖振。亦即結構物受到迫近風場之紊流（turbulent wind）作用，而引生出來之振動。若擾動風速係由於尾跡流紊流產生，則結構物非穩態之風載重振動，稱為尾跡流抖振（wake buffet）。

由於抖振係主要因風場中之紊流所造成，而風速紊流基本上為一隨機過程（random process），因此其所導致結構物之抖振亦屬隨機振動。一般土木結構物設計係為穩定系統，而抖振效應係屬於不會造成發散式之振動反應。然而過大之抖振，仍舊會影響結構物之安全性以及使用建築結構物人員之舒適性。故進行工程設計時應考慮克服此項因風形成之抖振現象。

四、顫振（flutter）

顫振係一種因風力造成結構物之自激振動（self-excited vibration）而引致自身氣動不穩定（aero-dynamic instability）之氣彈力現象。一般在風速達到某一臨界狀況時，結構物體受風作用振動，由於該振動所引發之負值氣動力阻尼抵消了結構物體之阻尼，因而造成了結構物體產生發散現象，形

成所謂顫振。典型之顫振現象，基本上為扭矩與垂直向運動二者藕合，但顫振也可能造成在扭矩方向上之運動。該現象一般主要發生在具有扭轉向反應之結構物與流經結構物體之氣流，相互產生之互制行為。

　　結構物例如：長跨距橋樑因受風載重而產生自身之擾動力，從而引發氣動力勁度及氣動力阻尼，當風速大小達到某一臨界狀態時，因氣動力與結構物慣性力、阻尼及內力所產生之藕合效應，將引起結構物之動態不穩定。該結構物在此臨界風速所產生之振動，稱為顫振。此臨界風速一般稱為臨界顫振風速（critical flutter velocity），即是結構物因風力作用運動而產生輸入之能量與結構物系統因阻滯而消能之能量相等時之風速。該臨界風速，U_c，可以下式表示：

$$U_c = \frac{b\omega}{K_c} \qquad (7\text{-}10)$$

式中 b 為結構物寬度，例如吊橋平板寬度；ω 為結構物振動角頻率 $\omega = 2\pi \times n$，n 為振動頻率，單位為 Hz；K_c 為臨界無因次角頻率。

　　顫振係屬於發散型式之振動反應。通常顫振之型式分為：

1. 單一自由度顫振

單一自由度顫振常發生在非流線型斷面，大部分為扭轉向之不穩定。

2. 耦合顫振

耦合顫振（又稱古典顫振），則常見於發生在流線型斷面，通常為撓曲與扭轉模式耦合構成一不穩定振動狀態而產生發散現象。實際上，結構物系統之顫振形態，不僅與結構物之幾何形狀有關，例如橋體橋面板斷面之幾何形狀，同時也與風向及風與結構物系統之夾角（風攻角）有密切關連。

　　著名之美國 Tacoma Narrow bridge 吊橋在 1940 年完工，7 月 1 日通車，同年 11 月 7 日那一天，風速約 40 英哩 / 時。橋樑原本以頻率為 36Hz，振幅為約半公尺的方式振動。之後改變為扭轉的方式，終於 11 月 7 日那一天（通車後不到 4 個月），該座橋板斷掉崩塌，參閱圖 7-23。

　　發生崩塌，原因係其橋面板因設計不當，使得在風速在每小時 40 英哩

約為當初設計風速之一半時,即因顫振而崩毀。因此為避免結構物產生顫振現象,結構物之顫振臨界風速必須大於設計風速某一範圍以上,以確保結構物安全。

隨著結構風工程研究大幅進展,對顫振機制特性更了解,加上土木施工技術進步,懸索吊橋(suspension bridge)如雨後春筍般出現。世界級規模纜索支撐橋梁,例如:(1) 日本 1998 年完成之明石大橋(Akashi-Kaikyo bridge)(連接神戶與淡路島),主跨徑 1990.8 公尺,為目前世界最長吊橋。(2)1995 年法國完成之諾曼第大橋(Normandie bridge),其為斜張橋,主跨徑 856 公尺。(3)1999 年日本完成多多羅大橋(Tatara Ohashi)(連接生口島與大三島),其為斜張橋,主跨徑 890 公尺,全長 1480 公尺。(4)2008 年中國完成蘇通大橋(連接蘇州(常熟)與南通),其為斜張橋,主跨徑 1088 公尺,為目前世界最長跨徑斜張橋。包括世界最長斜張橋(跨江長度 8146 公尺),最高橋塔(306 公尺),最大深基礎(113.75 公尺×48.1 公尺),最長斜拉索(576 公尺)。

圖 7-23　Tacoma Narrow bridge 因顫振而斷裂照片(source: www.seattlepi.com)

7-5 結構物抗風減振對策與方法

　　於都市化以及經濟考量，都市地區之建築結構物均有越建越高之趨勢。當結構物高度增加時，將會使其勁度較一般結構物小，因此當結構物受到風力作用時，會形成較大之結構反應。此現象對於高層建築結構物尤其顯著。結構物來回震盪，除安全上之顧慮外，也同時將造成使用者不舒適（尤其在高層）。台灣地處颱風地帶，無可避免地，每年均會遭受颱風侵襲。因此強風造成之風害，亦爲風工程所需解決之問題。

　　風力減振方式：

　　1.改變建築物或結構物形狀。例如將矩形建築物或結構物修改設計爲具有凹角，將可減少風力彎矩，獲得減振功效。

　　2.加裝控制裝置減振。

　　第一種方式功效以及效率遠不及第二種，因此工程實務上都採第二種方式。

　　關於減低高層建築結構物受強風作用，所產生之振動問題解決方法與對策，以目前之工程技術，係可採用結構控制之方式爲主要對策。一般結構控制方式可區分爲：(1) 主動式結構控制、(2) 被動式結構控制。

一、主動式結構控制

　　主動式結構控制系統必須具備提供外力之元件，而元件一般需要電力系統供給致動器裝置（actuator）施力。致動器裝置可分爲油壓式（hydraulic）與電動馬達式（electric motor）。由於風係時時刻刻存在，因此控制系統也隨時保持運轉中，因此功效良好，非常適合抗風減振之應用。整體來說，主動式結構控制之減振效果優於被動式結構控制。

　　該等控制系統，參閱圖 7-25，可採用主動調整式質塊阻尼器（active tuned mass damper, ATMD），或者主動質塊驅動器（active mass driver, AMD）。

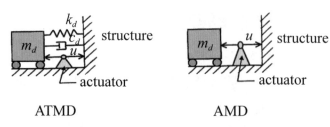

圖 7-24　ATMD 與 AMD 示意圖

　　目前較著名之應用 ATMD 幾個個案有：日本 1991 年完工之東京 Sendagaya Intes 大樓（樓高 58m），1997 年完工之大阪 Harbis Osaka 大樓（樓高 190m），以及 1998 年國內高雄東帝士國際廣場大樓（樓高 85 樓）。而應用 AMD 之個案則如：日本 Kyobashi Seiwa Building，其 AMD 係以懸吊方式代替滑軌方式以減低摩擦力。

二、被動式結構控制

　　該種控制系統之依據係主要藉著共振原理，令振動能量重新分配，由質塊或者液體吸收結構物振動之部分能量，並以系統中之阻尼器之阻尼予以消能。目前該種系統組成發展較為成熟者包含有：

　　1. 調整式質塊阻尼器（tuned mass damper, TMD）。
　　　係一種包含重量、彈簧以及阻尼之機械裝置，藉由此等裝置移轉結構物之擺動能量，由阻尼進行消能。
　　2. 調整式液柱阻尼器（tuned liquid column damper, TLCD）。
　　3. 調整式液體阻尼器（tuned liquid damper, TLD）。
　　圖 7-25 為 TMD、TLCD、TLD 示意圖。

　　TLD 之設計構想依據主要係藉由放置於筒狀容器內之液體在來回擺盪時，將振動之能量由液體予以吸收或液體與容器壁摩擦消散。TLCD 則援用 TLD 之構想並予改良，將筒狀容器改成 U 型連通管容器，藉由液體在該 U 型連通管容器內之運動，以達到減緩振動之功效。TLCD 係為單自由度之非線性動力系統，調頻容易且效能佳，維修需求低，因此經濟效益高，非常適合應用於高樓抗風防振，近年來 TLCD 有逐漸取代 TMD 之趨勢。

上述系統已被採用在新建高層大樓、機場塔台，以及纜索式橋塔等結構物。例如：

1. 美國 1997 年完工之 Washington National Airport Control Tower 機場塔台（塔高 67.5m）、美國阿拉斯加 Sitka Harber 橋、英國 Kessok 橋、泰國 Dao Khanong 橋、日本關西 Kansai International Air Access 橋、日本 Meiko Nishi 跨海大橋之橋塔內之 TMD；我國台北 101 大樓，均採用被動式 TMD。

2. 日本 1993 年完工之 Tokyo International Airport Tower at Haneda（塔高 77.6m）機場塔台內安置之 TLD。

3. 東京之 26 層高 Hotel Sofitel（Cosima），大阪 Hyatt Hotel 與 Inchida Building 內安裝之 TLCD。

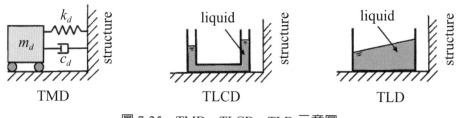

圖 7-25　TMD、TLCD、TLD 示意圖

其他各式各樣阻尼器設計，例如轉動摩擦阻尼裝置（rotational friction damper device, RFDD），該阻尼裝置利用轉動摩擦原理消耗能量，具有低成本、高消能與安裝維護容易等優點。該裝置構造主要由中央垂直式鋼板與兩側水平式鋼板，以及中央鋼板與側邊鋼板之間裝設兩個圓形摩擦襯墊組構而成，並採用預應力螺栓將三者連接。

黏滯阻尼器（viscous damper）主要不提供附加剛度，附加阻尼比較大，減振效果明顯。其工作原理係由外界荷載作用下流體通過孔隙或縫隙而產生阻尼並消耗輸入之能量。阻尼器之力學模式分為線性與非線性，阻尼力 F_D 分述如下：

1. 線性模式公式

$$F_D = C\dot{x} \tag{7-11}$$

此處 C 爲阻尼係數，$\dot{x}$ 爲運動速度。

2. 非線性模式公式

$$F_D = C|\dot{x}|^\alpha \, \mathrm{sgn}(\dot{x}) \tag{7-12}$$

此處 $\mathrm{sgn}(\dot{x})$ 爲方向函數，α 爲阻尼指數，$\alpha = 1$ 時爲線性模式。

7-6 風載重分析

建築物或結構物之風載重分析，其中因建築物內部風效應（internal pressure effects）造成之構造物局部破壞（例如窗、屋頂角緣處等較脆弱處），也應特別注意。綜言之，無論是內部風效應，亦或局部風效應，再加上一般風效應，形成風載重總效應（overall effects of wind load）。

影響結構物之風載重（wind load）主要因素有：

1. 風氣候。
2. 結構物附近地物狀況（亦即地面粗糙度）。
3. 結構物之氣動力與氣彈力反應。

由於影響結構物之風載重有上述三大因素，因此風載重分析時，須就這三方面之影響效應詳細考慮。以下列舉美國及日本相關風載重規範，提供工程設計參考。

一、美國國家標準建築規範（American National Standard Building Cod, ANSI A58.1, 1982）

該規範對於風載重，W，之規定爲下式：

$$W = cK_z GC_p V^2 \tag{7-13}$$

式中 c 為常數；K_z 為考慮地面粗糙度與風速隨高度之變化因素之係數；G 為考慮氣流紊流與共振放大效應之陣風因子；C_p 為結構體表面風壓力係數；V 為離地面 10 m 之參考風速。

　　無論是依據結構理論分析、風洞測試或二者皆備而設計之構造物，上列規範之風載重公式非常適合於結構建築物之靜態風載重（static wind load）計算。

二、日本風力規範

1. 日本建築基準法規定風載重

該基準法對於風載重之計算公式為：

$$p = cqA \qquad (7\text{-}14)$$

式中 c 風力係數；A 建築物面積，m^2；而 q 為：

$$q = 60\sqrt{h} \quad Kg_f/m^2 \text{，} h \leq 16\,m \qquad (7\text{-}15)$$

$$q = 120A\sqrt{h} \quad Kg_f/m^2 \text{，} h > 16\,m \qquad (7\text{-}16)$$

式中 h 為建物自基準面起算高度。

　　該法制定於 1950 年，以「準穩態為考量，未考慮動態效果」之風載重計算法為基準。

2. 日本建築研究所（Architectural Institute of Japan, AIJ）規範

日本建築研究所規範主要係依據機率統計法，作為訂定風載重規範之指針。規範訂定考慮以下因素：

(1) 設計載重分為結構構架與外裝材料。

(2) 設計風速及設計回歸週期。

(3) 風特性例如考慮地表粗糙度分類。

(4) 風之紊流動態效應考慮陣風反應因子。

AIJ 規範中關於風載重計算法，敘述如下：

(1) 結構構架：

$$p = qC_f G_f A \qquad (7\text{-}17)$$

(2) 外裝材料：

$$p = qC_c G_c A \qquad (7\text{-}18)$$

式中

$$q = \frac{1}{2}\rho V_z^2 \qquad (7\text{-}19)$$

$$V_z = V_0 ER \qquad (7\text{-}20)$$

其中，C_f 為結構構架風力係數；C_c 為外裝材料風力係數；G_f 為結構構架之陣風因子：

$$G_f = 1 + g_f r_f B_f + R_f \qquad (7\text{-}21)$$

式中，g_f 為變為反應之尖峰因子；r_f 為風之流強度（％）；B_f 為變位反應準靜態成分之離散係數；R_f 為變位反應共振成分之離散係數；G_c 為外裝材料之陣風因子，其為最大瞬間風速之速度壓與平均風速之速度壓之比值；V_0 為基本設計風速。

　　一般係以區域地表在開闊平坦狀況下，地上 10m 處 10 分鐘平均風速之 50 年迴歸期望值。

E 為垂直分布因子；R 為設計風速回歸期因子：

$$R = 0.61 - 0.1\ln[\ln(\frac{t}{t-1})] \qquad (7\text{-}22)$$

其中，t 為回歸期（return period）。

　　又若高聳結構物和一般建築物比較，由於剛性較低，且基本自振週期較長，因此在短週期之擾動風力作用下，將出現一定程度之動力反應，形成擾動位移。尤其是在強風下，結構物之擾動位移明顯增大。因此風對於高聳結構物之作用，除由平均風速產生一定之風壓外，其擾動風速亦產生擾動風

壓。由於風之複雜性,要準確預測計算擾動風壓尚有困難。因此目前對於擾動風壓之風載重設計,仍採用粗略之估算法,將擾動風壓以基本風壓之某一百分比例估計之。

三、台灣建築物風力設計規範

依據內政部 103.12.3 台內營字第 1030813291 號令修正之建築物耐風設計規範及解說,關於規則性封閉式、部分封閉式與開放式建築物或地上獨立結構物主要風力抵抗系統所應承受之設計風力,依下述方法計算之。

1.封閉式或部分封閉式普通建築物或地上獨立結構物之主要風力抵抗系統所應承受之設計風壓 p,依下式計算:

$$p = qGCp - qi(GCpi) \qquad (7\text{-}23)$$

式中對迎風面牆,外風速壓 q 採 $q(z)$;對背風面牆、側牆與屋頂,外風速壓 q 採 $q(h)$;對封閉式建築物或內風壓取負值之部分封閉式建築物,內風速壓 qi 採 $q(h)$;對內風壓取正值之部分封閉式建築物,內風速壓 qi 可採 $q(zh0)$ 或 $q(h)$,其中,$zh0$ 為會影響正值內風壓之最高開口高度;G 為普通建築物之陣風反應因子;Cp 為外風壓係數;$GCpi$ 為內風壓係數。

2.封閉式或部分封閉式柔性建築物或地上獨立結構物之主要風力抵抗系統所應承受之設計風壓 p,依下式計算:

$$p = qG_f Cp - qi(GCpi) \qquad (7\text{-}24)$$

式中,G_f 為柔性建築物之陣風反應因子

3.設計建築物主要風力抵抗系統時,屋頂女兒牆之設計風壓 pp,依下式計算:

$$pp = q_p(GCpn) \qquad (7\text{-}25)$$

式中,q_p 為屋頂女兒牆頂端之風速壓;(GC_{pn}) 為屋頂女兒牆淨風壓係數,迎風面女兒牆取 $+1.8$,背風面女兒牆取 -1.1。

4.開放式建築物或地上獨立結構物所應承受之設計風力 F，依下式計算：

$$F = q(z\,Ac)GCfA_c \qquad （7\text{-}26）$$

式中，C_f 為風力係數；Ac 為開放式建築物受風作用特徵面積；$q(zAc)$ 為面積 A_c 形心高度 z 處之風速壓。

風速隨距地面高度增加而遞增，與地況種類有關，依下列指數律公式計算之：

$$\frac{V_z}{V_{10}} = \left(\frac{z}{z_g}\right)^{\alpha} \qquad （7\text{-}27）$$

其中，Vz：高度 z 處之風速（m/sec）。V_{10}：10 公尺高之風速（m/sec）。α：相對於 10 分鐘平均風速之垂直分布法則的指數，與地況種類有關。z_g：梯度高度（m），與地況種類有關。

地況種類依建築物所在位置及其附近地表特性而定，分成以下 3 類：

1.地況 A：大城市市中心區，至少有50%之建築物高度大於20公尺者。建築物迎風向之前方至少 800 公尺或建築物高度 10 倍的範圍（兩者取大值）係屬此種條件下，才可使用地況 A。

2.地況 B：大城市市郊、小市鎮或有許多像民舍高度（10～20 公尺），或較民舍為高之障礙物分布其間之地區者。建築物迎風向之前方至少 500 公尺或建築物高度 10 倍的範圍（兩者取大值）係屬此種條件下，方可使用地況 B。

3.地況 C：平坦開闊之地面或草原或海岸或湖岸地區，其零星座落之障礙物高度小於 10 公尺者。

各種不同用途係數之建築物在不同地況下，離地面 z 公尺高之風速壓 $q(z)$ 依下式計算，其單位為 kg_f/m^2。

$$q(z) = 0.06\,K(z)K_{zt}\,[IV_{10}(C)]^2 \qquad （7\text{-}28）$$

式中，$K(z)$ 稱爲風速壓地況係數，此值爲離地面 z 公尺之風速壓與標準風速壓（地況 C，離地面 10 公尺處）之比值；K_{zt} 稱爲地形係數，代表在獨立山丘或山脊之上半部或懸崖近頂端處之風速局部加速效應。

任一地點之基本設計風速 $V_{10}(C)$，係假設該地點之地況種類爲 C 類，離地面 10 公尺高，相對於 50 年回歸期之 10 分鐘平均風速，其單位爲 m/s。一般建築物之基本設計風速係對應於 50 年回歸期，爲提高重要建築物之基本設計風速爲 100 年回歸期，並降低重要性較低建築物之基本設計風速爲 25 年回歸期，訂定用途係數 I。一般結構的用途係數爲 1；較重要結構之用途係數爲 1.1；而重要性較低之結構其用途係數爲 0.9。

四、高壓電塔柵格式塔架風載重

柵格式電塔（lattice support structure）空間結構之節點風載重設計，Krivoy et al.（2015）採用下式：

$$W_m = W_0 \gamma_{fm} C_d C_{hi} C_{aer,i} A_{ki} \tag{7-29}$$

式中 W_0 爲基準風壓（normative wind velocity pressure）；γ_{fm} 爲風載種安全係數；C_d 爲動態係數；C_{hi} 爲結構高度係數（structural height coefficient）；$C_{aer,i}$ 爲空氣動力係數（aerodynamic coefficient）；A_{ki} 爲柵格單元面積（lattice elements square or the filling truss area）。

五、電力輸送線之風與冰載重

在寒冷地區多天結冰風雪交加時，電力輸送線承受風與冰之作用力，因此載重分計算需考慮二者作用力（combined ice and wind load）。McComber et al.（1983）取電力輸送線單位長度分析如下：

1. 風限制力（水平力）

$$F_h = 0.6469 D_0 V^2 \tag{7-30}$$

2. 冰限制力（垂直力）

$$F_v = W_c + W_i \tag{7-31}$$

冰之體積與重量關係式：

$$W_i = \rho_i g \frac{\pi}{4}\left(D^2 - D_0^2\right) \tag{7-32}$$

式中 ρ_i 為冰密度 0.92g/cm^3。

合併風與冰之作用，限制力之合力為：

$$F_T = \sqrt{F_h^2 + F_v^2} \tag{7-33}$$

7-7 建築物表面風壓特性實驗分析

　　以工程的觀點而論，人類的活動大致上均以地表面為主要範疇，都市化發展之建築設計高密度與高層化，固然解決了居住上空間不足的問題，在相對的考量下，其對於周圍環境流場產生的衝擊與變化，卻也形成了另一項課題。事實上，高層建築受風力作用的影響甚鉅，樓層高、材質輕的建物結構設計方式，不但對於風的敏感度增加，包括對於建築物周遭環境的行人風場（pedestrian-level wind field）、建材上之帷幕構件（cladding elements）或玻璃附加物（glazing）承受之表面風壓變化等，均是我們必須考量到的變數。其中建築物帷幕玻璃抗風設計，係由表面風壓變化特性所主控。因此建築物表面風壓變化，將決定玻璃抗風設計安全係數之選取。本節介紹風洞模型試驗單棟建築物在不同風攻角，以及在不同間距下橫列雙棟建築物（side by side arrangement），建築物表面風壓之變化特性。

一、單棟矩形斷面建築物

　　Tieleman（1997）在建物模型縮尺 1/50 之風洞實驗中指出，風力在低層建物靠近屋緣與銳緣（leading edge）處多產生最大之吸力，且往往發生局部破壞現象。

　　蕭、賴（2004）在 1/500 為實驗模型幾何縮尺下，利用 $10 \times 10 \times 25$ cm^3 之三維建物模型（參閱圖 7-30 模型座標軸示意圖），以大氣環境風洞

模擬高層建築在都會地形紊流邊界層中之表面風壓分布。風速量測上，採 IFA300 風速量測系統進行風場模擬；風壓量測上，以 HyScan2000 壓力掃瞄系統（參閱圖 7-31 風壓量測系統儀器配置及圖 7-32 之 Scanivalve 公司之 ZOC23B 壓力感應器）量測模型表面上多個測點之風壓變化。量測之風壓，經統計處理，可以下列各種無因次參數表示。

1. 平均壓力係數：

$$\overline{C_p} = \frac{\overline{p} - p_0}{\frac{1}{2}\rho_0 U_0^2} \quad\quad （7\text{-}34）$$

式中 $\overline{p}$：量測點之平均壓力

p_0：參考靜壓

U_0：參考平均風速

ρ_0：流體密度

U_0：參考平均風速

ρ_0：流體密度

2. 擾動壓力係數：

$$C_{prms} = \frac{\sqrt{p'^2}}{\frac{1}{2}\rho_0 U_0^2} \quad\quad （7\text{-}35）$$

式中 p'：壓力之擾動值，$p' = p - \overline{p}$

3. 最大或最小壓力係數：

$$C_{p\max(\min)} = \frac{p_{\max(\min)} - p_0}{\frac{1}{2}\rho_0 U_0^2} \quad\quad （7\text{-}36）$$

式中 $p_{mas(min)}$：待測點之瞬間極大或極小值

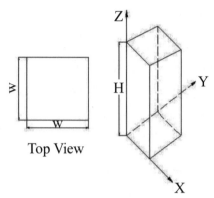

圖 7-26　實驗模型座標軸示意圖

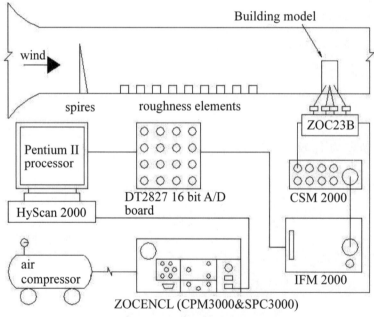

圖 7-27　風壓量測系統儀器配置

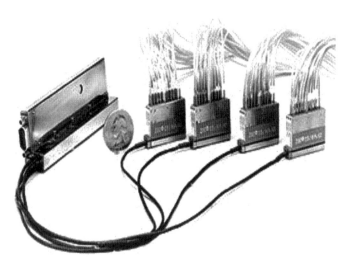

圖 7-28　風壓量測系統中之 ZOC23B 壓力感應器

蕭、賴（2004）之單棟建築物表面風壓實驗分析，結果顯示：

1. 迎風面：平均壓力係數 $\overline{C_P}$ 最大值落在高程 $z/H = 0.748$ 的位置，且上層大於下層；中央大於兩側。C_{Prms} 值隨著高程 z/H 之增加而呈現遞增的趨勢。瞬間最大壓力係數 C_{Pmax} 與平均壓力係數 $\overline{C_P}$ 分布之位置大致吻合，約在高程 $z/H = 0.748$。

2. 側風面：平均壓力係數 $\overline{C_P}$ 最小值落在靠近上游處（$y/W = 0.08$），高程 $z/H = 0.96$ 及 $z/H = 0.12$ 的地方。負壓在近銳緣處後方最大，且並無再接觸現象發生，結構物上層與下層皆同，但中層現象較不明顯，越到下游處吸力越小。由上游往下游的方向，擾動壓力係數 C_{Prms} 在下層 $z/H = 0.112$ 處，銳緣處後方擾動係數較大；瞬間最小壓力係數 C_{Pmin} 產生在上游 $y/W = 0.18$ 高程約 $z/H = 0.112$ 處，愈往下游愈大。

3. 背風面：靠近上半部高程約 $z/H = 0.748$ 往兩側所受之吸力較大。擾動係數在中央地帶擾動較小，愈往兩側擾動愈大。

4. 頂面：在風向往下游方向，平均壓力係數 $\overline{C_P}$ 值由小變大；上游擾動高於下游；瞬間最小壓力係數 C_{Pmin} 亦均勻分布在上游處。代表上游處靠近銳緣（leading Edge）的地方受吸力大且擾動大。

5.當風攻角 0° 時，風力在頂面與側面近分離點後易造成破壞；當風攻
　角 45° 時，以稜角旁的兩點受壓最大。

　　蕭、郭（2002）進一步量測 1/500 為實驗模型幾何縮尺下，利用
$10 \times 10 \times 25$ cm^3 之單棟建築物模型，在大氣環境風洞中模擬於都會地形紊
流邊界層中之單棟建築物表面風壓時間序列，並分析瞬間擾動風壓 $C_{p'}$ 變化
統計，在建築物各個受風作用表面以及不同風攻角作用下，其機率密度函
數（probability density function，pdf）結果。圖 7-29 至圖 7-32 分別為迎
風面（front face）、側風面（side face）、背風面（wake face）、頂面（top
face）等在不同風攻角（0°～45°）作用下之瞬間擾動風壓 $C_{p'}$ 機率密度函數分
布變化。圖 7-29 至 7-32 之實線為高斯分布理論曲線，柱狀分布為實驗量測值。

　　整體言之，實驗分析結果顯示：(1) 在建築物迎風面之擾動風壓機率密
度函數接近高斯分布（Gaussian distribution）；(2) 建築物側風面之擾動風
壓機率分布曲線，則隨風攻角的改變而有較顯著差異變化；(3) 背風面與頂
面上擾動風壓之機率密度函數與高斯分布差異大，機率分布顯得較為集中。

　　風壓頻譜變化分析結果示如圖 7-33 與圖 7-34。圖 7-33 為風攻角 0° 下，
迎風面近中央位置處之無因次頻譜圖；圖 7-34 為風攻角 0° 下，背風面近
中央位置處之無因次頻譜圖。該二圖中 MONASH 表示 Melbourne（1980）
於 Monash University 之研究結果；NPL 表示 National Physical Laboratory,
England；NAE 表示 National Aeronautical Establishment, Canada；present
study 則為蕭、郭（2002）實驗結果。風壓頻譜分布結果顯示，頻譜分布的
趨勢在建築物迎風面分布，無論低頻區段或高頻區段，基本上各學者或實驗
室之研究結果接近；但在建築物背風面，則各學者或實驗室之研究結果差異
較大，特別是在較低頻區段。

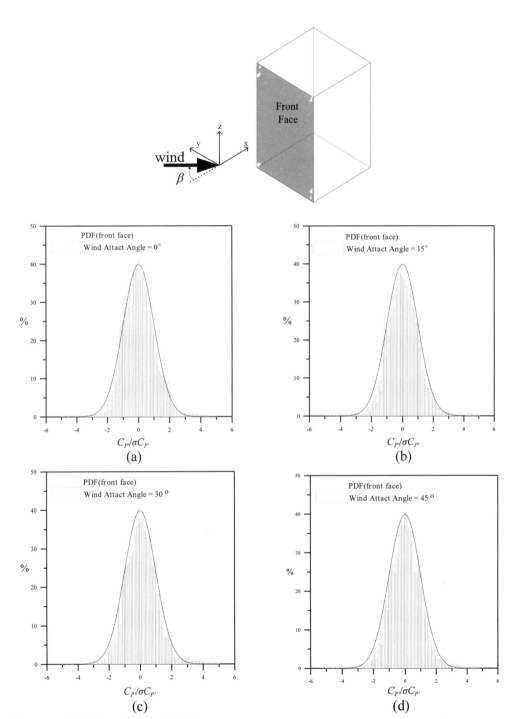

圖 7-29　不同風攻角下，迎風面上 $C_{P'}$ 之 p.d.f.；(a) $\beta = 0°$，(b) $\beta = 15°$，(c) $\beta = 30°$，(d) $\beta = 45°$；圖中實線為高斯分布，柱狀為實驗值。

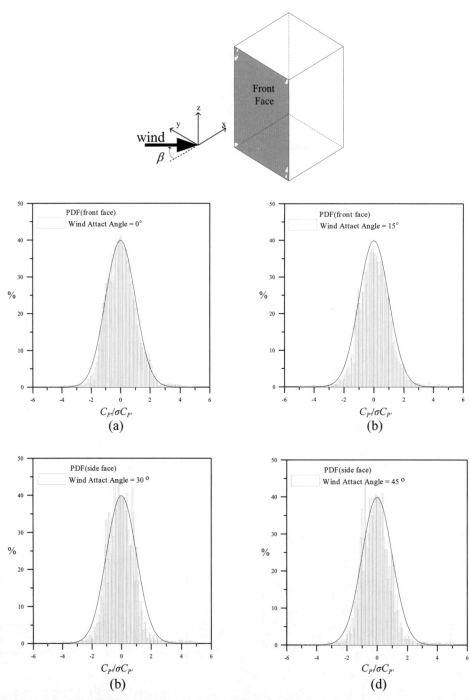

圖 7-30 不同風攻角下，側風面上 $C_{P'}$ 之 p.d.f.：(a) $\beta = 0°$，(b)$\beta = 15°$，(c) $\beta = 30°$，(d) $\beta = 45°$。圖中實線為高斯分布，柱狀為實驗值。

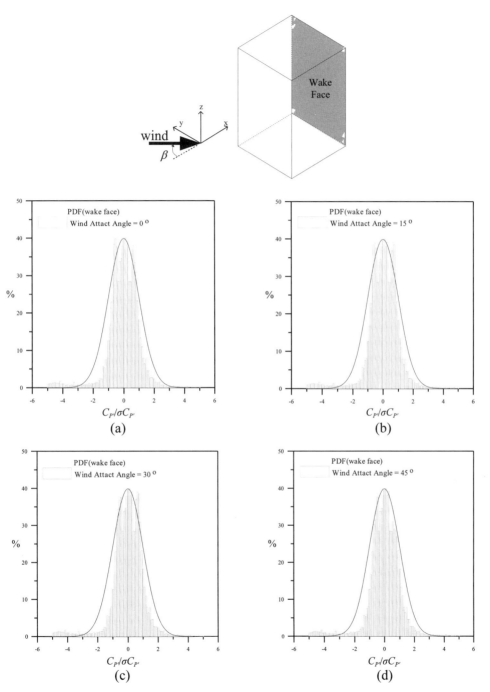

圖 7-31　不同風攻角下，背風面上 $C_{P'}$ 之 p.d.f.：(a) $\beta = 0°$，(b) $\beta = 15°$，(c) $\beta = 30°$，(d) $\beta = 45°$。圖中實線為高斯分布，柱狀為實驗值。

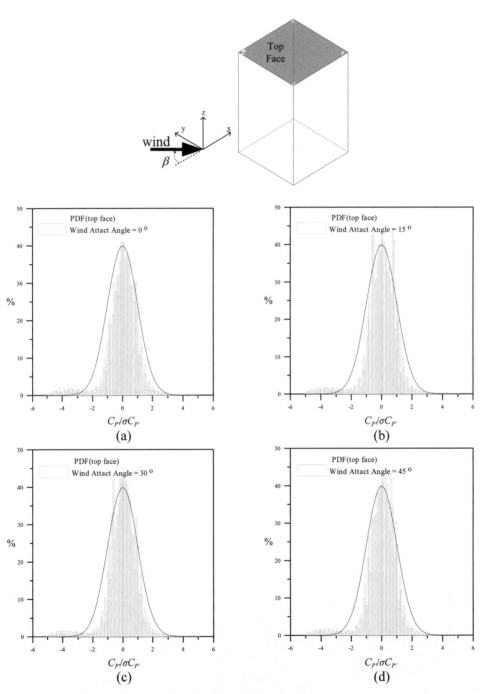

圖 7-32　不同風攻角下，頂面上 $C_{p'}$ 之 p.d.f.：(a) $\beta = 0°$，(b) $\beta = 15°$，(c) $\beta = 30°$，(d) $\beta = 45°$。圖中實線為高斯分布，柱狀為實驗值。

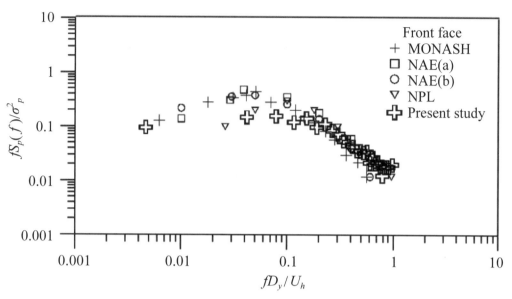

圖 7-33　在迎風面上與 Melbourne 等比較之無因次風壓頻譜

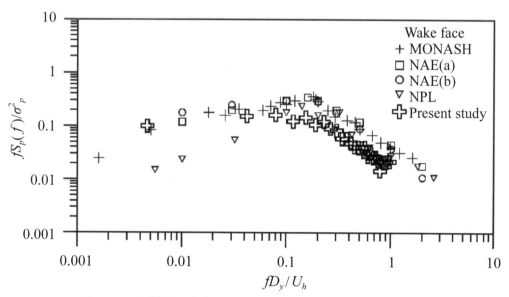

圖 7-34　在背風面上與 Melbourne 等比較之無因次風壓頻譜

二、橫列雙棟矩形斷面建築物

　　實驗模型布置圖示如圖 7-35 之照片。每座模型尺寸為 10cm(W)×10cm(D)×25cm(H)，寬度與深度相同，壓克力厚度為 5mm。模型幾何縮尺為 1/500。實驗係選擇在 4 組不同間距比 S（$S = D/W = 0.5$、1、2、3）下各受風面之表面風壓分布。將雙棟建築物共 10 個受風面分別定義為迎風面（Af 面－Bf 面）、背風面（Ab 面－Bb 面）、外圍面（Ar 面－Bl 面）、相鄰面（Al 面－Br 面）、頂面（At 面－Bt 面）五種組合面，實驗量測分別探討不同間距影響平均風壓變化，分析之結果說明如下：

圖 7-35　橫列式雙棟矩形斷面建築物表面風壓實驗模型

1.迎風面：平均表面風壓係數 $\overline{C_P}$ 最大值落於高程 $z/H = 0.86$ 處，上層擾動大於下層，兩棟的分布相似，間距比的改變對壓力變化的分布並無太大的影響，整體而言與單棟迎風面類似。

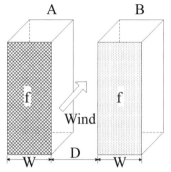

迎風面示意圖（Af面－Bf面）

圖 7-36　結構物迎風面受風組合面示意圖

2. 背風面：平均表面風壓係數 $\overline{C_P}$ 最小值出現在下層兩角隅處，兩側擾動大於中央，兩棟的分布呈對稱相似。但隨著間距比的增加，內側的負壓有下降的趨勢；當間距變大，其分布愈趨近於單棟背風面。

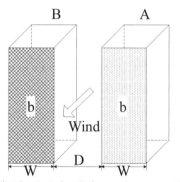

背風面示意圖（Ab面－Bb面）

圖 7-37　結構物背風面受風組合面示意圖

3. 相鄰面：平均表面風壓係數 $\overline{C_P}$ 最小值出現在距上游處約 $y/W = 0.18$ 之高程爲 $z/H = 0.96 \sim 0.4$ 處，間距比越小時，愈往上層的縱向壓力變化愈大。間距愈大時，下層的上游處，擾動加大，可以看出渠道現象的整流效應逐漸減弱，導致兩相鄰面所產生之渦漩相互影響增加，

其分布雖然愈趨近於獨棟結構物側風面分布，但其影響範圍卻較大、較爲混亂。

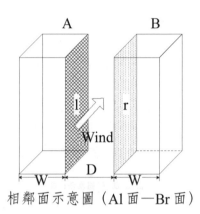

相鄰面示意圖（Al 面—Br 面）

圖 7-38　結構物相鄰面受風組合面示意圖

4.外圍面：平均表面風壓係數 $\overline{C_P}$ 最小值落在靠近上游 $y/W = 0.18$ 高程約 $z/H = 0.96$ 及 $z/H = 0.12$ 處，兩棟的分布由上游到下游相似，由於其受風條件與單棟結構物側面類似，所以其整體平均表面風壓係數分布亦類似。間距比效應並不明顯。

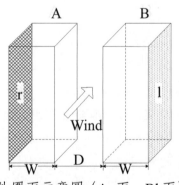

外圍面示意圖（Ar 面—Bl 面）

圖 7-39　結構物外圍面受風組合面示意圖

5.頂面：平均表面風壓係數 $\overline{C_p}$ 最小值皆出現在上游處，上游擾動大於下游，大約出現在上游 $y/W = 0.18$ 的剖面上。間距比效應並不明顯。

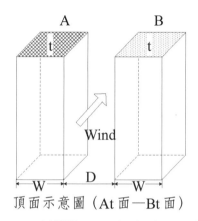

頂面示意圖（At 面—Bt 面）

圖 7-40　結構物頂面受風組合面示意圖

當間距比為 $S = D/W = 0.5$ 時，在背風面與外圍面之無因次風壓壓力譜分布，示如圖 7-41 與圖 7-42。圖 7-41 顯示於背風面，兩棟建築物在角偶處（圖示三個位置）的風壓壓力譜，其無因次頻率約在 0.1 附近，具有最高的能量密度。而圖 7-42 亦顯示於外圍面，兩棟建築物在角偶處（圖示三個位置）的風壓壓力譜，其無因次頻率也約在 0.1 附近，具有有最高的能量密度，但能量密度峰值不若背風面顯著。

三、特殊建築個案

個案係以台北市中華電視台興建之新大樓為例，因其頂樓設計有直升機升降平台，故大樓之環境風場，對未來直升機起降安全有相當影響。因此在環境風洞進行環境風場模擬量測，並分析環境風場變化對直升機起降安全之影響。

蕭（1997）應用環境風洞，以模型試驗方式（模型幾何縮尺 1/250），針對華視大樓建築物受周圍建築物影響之情形，進行頂樓上空環境風場分布變化量測。模型試驗量測風場範圍係以大樓樓頂停機坪中心點（橢圓形中心點）上空 1.5 公分（折合實場 0.015×250 = 3.75 公尺），前後左右 100 公

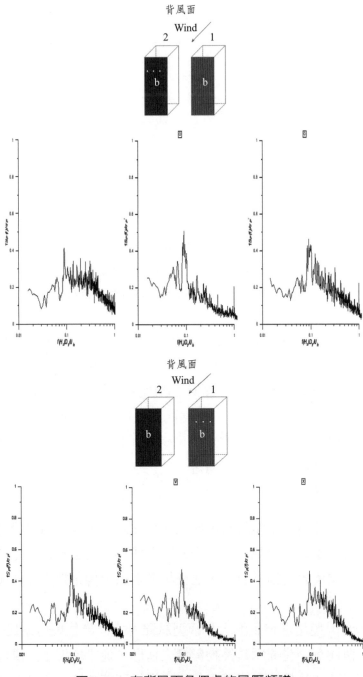

圖 7-41   在背風面角偶處的風壓頻譜

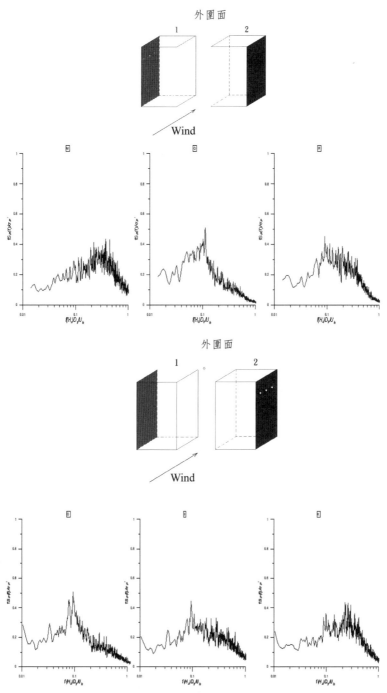

圖 7-42　在外圍面角偶處的無因次風壓壓力譜

分（折合實場 1×250 = 250 公尺）之水平範圍。並分別模擬量測四個風向（東、西、南、北風）作用下之等風速圖分布。以下各圖中之等風速值均將以無因次表示；亦即風速均除以模型上游未受模型干擾之相同高度處之平均風速。

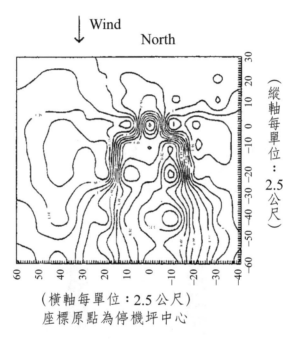

圖 7-43　為北風作用時，停機坪上空 3.75 公尺處水平面等風速分布

　　圖 7-43 為北風作用時，停機坪上空 3.75 公尺處水平面等風速分布圖。由圖顯示在停機坪上空東西兩側之等風速線相當密集，亦即該處之風速梯度較大。另外北側亦出現等風速線密集區域。故吹北風時，直升機若由東西兩側或北側進出起降時，應注意風切（wind shear）影響效應，以策安全。圖 7-44 為南風作用時，停機坪上空 3.75 公尺處水平面等風速分布圖。該圖結果顯示等風速線分布較為稀疏，故風速梯度亦較緩和。圖 7-45 為東風作用時，停機坪上空 3.75 公尺處水平面等風速分布圖。等風速線分布亦較北風時稀疏，故風速梯度亦較緩和。圖 7-46 為西風作用時，停機坪上空 3.75 公尺處水平面等風速分布圖。在該西風作用時，停機坪東西二側出現等風速

圈，而東側之等風速圈之速度梯度較大。亦即風切較強。故吹西風時，由東側進出時，亦應留意風切影響效應，以策安全。

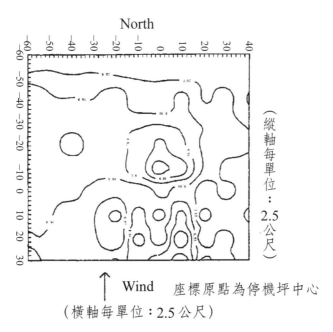

圖 7-44　為南風作用時，停機坪上空 3.75 公尺處水平面等風速分布

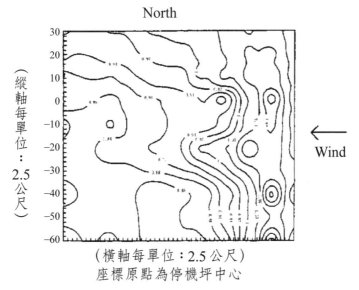

圖 7-45　為東風作用時，停機坪上空 3.75 公尺處水平面等風速分布

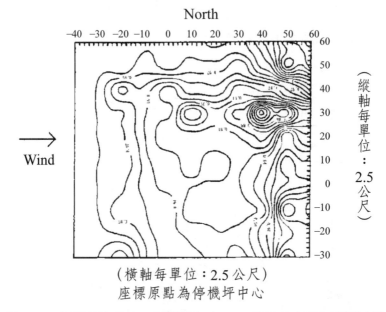

North

（縱軸每單位：2.5公尺）

Wind →

（橫軸每單位：2.5公尺）
座標原點為停機坪中心

圖 7-46　為西風作用時，停機坪上空 3.75 公尺處水平面等風速分布

7-8 海洋工程結構物抗風設計

　　為開發海洋資源，例如海上鑽油或海域開採礦產，均須在海域建築各式工作平台，而海域一般風勢強勁，因此海洋工作平台結構物除水面以下之結構抗波浪設計外，水面上之結構抗風設計也同樣重要。海洋平台依形式區分為固定式平台與移動式平台。固定式平台有張力腿式平台、牽索塔式平台、混凝土重力式平台、鋼質導管架式平台等；而移動式平台則有坐底式平台、自升式平台、鑽井船等等。

　　風壓係上述海洋結構物抗風設計之基本設計依據之一，設計時必須考慮包括風壓在內之水平推移力與對固定端產生之傾覆力矩。例如鑽油平台受風面積雖較小，但井架高聳，因此對固定端將產生較大之傾覆力矩，容易造成結構物傾覆破壞。另外自升式鑽油平台，其水平推移力和傾覆力距都不容忽視。因此設計時，風壓選取將影響工程安全與經濟。

一般結構物設計，考慮穩定風壓即可。但在海洋工程結構物，特別是自升式之樁柱，平台上之井架等高聳之構造物，除穩定風壓外，還應考慮擾動風壓，亦即準動態風載重。因此擾動風速形成之擾動風壓，應進行動態風載重動力分析。

海域上之工程結構物之風載重分析中穩定風壓之基本公式，可由柏努力方程式獲得如下：

$$p + \frac{1}{2}\rho U^2 = p_0 \qquad (7\text{-}37)$$

式中 p_0 為總壓，p 為靜壓，而 $\frac{1}{2}\rho U^2$ 為動壓。上式亦可改寫成：

$$p_0 - p = \frac{1}{2}\rho U^2 \qquad (7\text{-}38)$$

亦即總壓與靜壓之差值為動壓。此動壓即為基本穩定風壓 W_0，故：

$$W_0 = \frac{1}{2}\rho U^2 = \frac{1}{2g}\rho g U^2 = \frac{1}{2g}\gamma U^2 \qquad (7\text{-}39)$$

式中 ρ 為空氣密度，g 為重力加速度，$\gamma = \rho g$，U 為平均風速。

若選定標準大氣壓下氣溫為 15℃，空氣密度為 1.2255kg/m³，緯度 45°處重力加速度為 9.8m/s²，則基本風壓為：

$$W_0 = \frac{1}{2}\rho U^2 = \frac{1}{2} \times 1.2255 \frac{kg}{m^3} \times U^2 = 0.6128 U^2 \frac{N}{m^2} = 0.6128 U^2 \, Pa \qquad (7\text{-}40)$$

若缺乏實測資料，無法進行海上之基本穩定風壓計算時，可依照鄰近之陸域或島上之基本風壓乘以某一係數，以近似之，參閱表 7-4（王，1993）。

表 7-4　海上之基本風壓與陸上之比值（王，1993）

離海岸之距離（km）	海上與鄰近陸上之之基本風壓比值
< 2	<1.2
2～30	1.2～1.3
30～50	1.3～1.5
50～100	1.5～1.7
> 100	依據實際調查資料分析

例題　陸上海岸處之 50 年回歸週期風速 20m/s，試利用此風速之基本風壓，推估離岸 30km 海上海域平台 0 年回歸週期風速 20m/s 設計之基本風壓（假定海域平台處為標準大氣壓，氣溫為 15℃）。

解答：陸上 50 年回歸週期風速 20m/s 之基本風壓

$$W_0 = \frac{1}{2}\rho U^2 = \frac{1}{2} \times 1.2255 \frac{kg}{m^3} \times U^2 = 0.6128 U^2 \frac{N}{m^2} = 0.6128 U^2 \, Pa$$

$$W_0 = 0.6128 U^2 \frac{N}{m^2} = 0.6128 \left(20 \frac{m}{s}\right)^2 = 245.12 \frac{N}{m^2}$$

離岸 30km，查表得修正係數 $k = 1.3$

海上海域平台設計之基本風壓為 $W = kW_0 = 1.3 \times 245.12 \frac{N}{m^2} = 318.66 \frac{N}{m^2}$

對於海域上之高聳結構物之風載重動力分析，有一簡便方法，亦即動力係數方法，將載重分析化為等效靜態荷重設計法。例如高聳結構物之基本自振週期 $T \geq 0.5s$ 時，作用於結構物之總風壓 W 為：

$$W = \beta W_0 \qquad\qquad (7\text{-}41)$$

式中 β 為係數，其與自振週期 T、材料阻尼、風之擾動強弱等有關。

問題與分析

1. 直徑大小爲 4 mm 比重爲 SG = 2.9 之球狀流星（meteor），在 50000 m 高空處（該處之空氣密度 $1.03 \times 10^{-3} \dfrac{kg}{m^3}$）以 6 km/s 速度墜落，假定阻力係數 $Cd = 1.5$。試問該流星墜落之減速度大小？

〔解答提示：流星質量

$$m = \rho \frac{4}{3} \pi \left(\frac{D}{2}\right)^3 = 2.9 \times 1000 \frac{kg}{m^3} \times \frac{4}{3} \pi \left(\frac{4mm}{2}\right)^3 = 9.72 \times 10^{-5} kg$$

$$\because D = C_d \frac{1}{2} \rho U^2 A = ma$$

$$\therefore a = \frac{C_d \dfrac{1}{2} \rho U^2 A}{m} = \frac{1.5 \times \dfrac{1}{2} \times 1.03 \times 10^{-3} \dfrac{kg}{m^3} \times \left(6 \dfrac{km}{s}\right)^2 \times \dfrac{\pi}{4} (4mm)^2}{9.72 \times 10^{-5} kg}$$

故流星墜落之減速度 $a = 3595 \dfrac{m}{s}$〕

2. 今有一矩形招牌寬 b，招牌下端距離地面 Z_1，上端距離地面 Z_2，參閱下圖。試問在平均風速剖面爲 $\dfrac{U(Z)}{U_{ref}} = \left(\dfrac{Z}{Z_{ref}}\right)^n$ 之風吹襲作用下，該招牌所承受之風力 F 爲何？風阻係數 $C_d = \dfrac{F}{\dfrac{1}{2} \rho U_{ref}^2 A}$ 爲何？

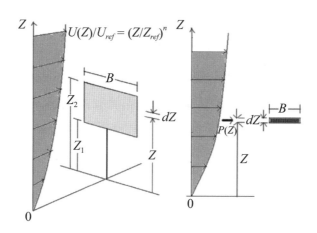

〔解答提示：參閱上圖，在高度 Z 處取招牌 dZ 高度，

因此在這高度處招牌之面積為 $dA = B*dZ$

作用在該面積上之風壓為 $P(Z) = \frac{1}{2}\rho\left(U(Z)^2\right)$

故作用在該面積上之風力為 $P(Z)*dA$

$\therefore$ 作用於招牌之總風力 $F = \int_{Z_1}^{Z_2} p(Z)dA = \int_{Z_1}^{Z_2} \frac{1}{2}\rho U(Z)^2 BdZ$

$$F = \int_{Z_1}^{Z_2} \frac{1}{2}\rho\left(U_{ref}\left(\frac{Z}{Z_{ref}^2}\right)^n\right)^2 BdZ = \frac{1}{2}\rho U_{ref}^2 \frac{1}{Z_{ref}^{2n}} B\int_{Z_1}^{Z_2} Z^{2n}dZ$$

$$\therefore F = \frac{1}{2}\rho \frac{B}{Z_{ref}^{2n}} U_{ref}^2 \frac{Z_2^{2n+1} - Z_1^{2n+1}}{2n+1}$$

阻力係數 $C_d = \dfrac{F}{\frac{1}{2}\rho U_{ref}^2 A} = \dfrac{\frac{1}{2}\rho \dfrac{B}{Z_{ref}^{2n}} U_{ref}^2 \dfrac{Z_2^{2n+1} - Z_1^{2n+1}}{2n+1}}{\frac{1}{2}\rho U_{ref}^2 B(Z_2 - Z_1)}$

$$= \frac{Z_2^{2n+1} - Z_1^{2n+1}}{(2n+1)Z_{ref}^{2n}(Z_2 - Z_1)} \quad 〕$$

3. 美國 Tacoma Narrow Bridge 於 1940 年因風引發震盪導致橋樑崩潰。氣流通過鈍形物體（bluff body）引起渦流脫落（vortex shedding）現象，該現象為週期性，亦即存在某種震盪頻率（又稱渦流脫落頻率）。若渦流脫落頻率與結構物自然頻率（natural frequenccy）接近或吻合，則引發共振並導致結構物產生大位移，結構物自然就不保了！

當風速 V 吹過一圓柱物體（直徑 D），在圓柱後方發生頻率為 n 之渦流脫落現象。假定空氣之運動黏性係數（kinematic viscosity）為 v。(1) 試應用因次分析該問題。(2) 下圖為圓柱渦流脫落頻率 n（單位：Hz）與風場雷諾數之實驗數據關係曲線。假定某一圓柱構件直徑 1 in，該構件自然頻率為 19 Hz，試參考下圖推算導致構件以自然頻率震盪之風速大小為何？

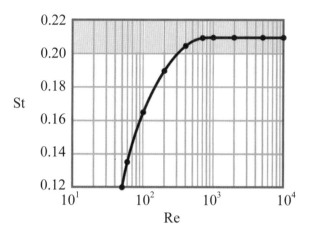

〔解答提示：$\because n = f(D, V, v)$

因次（dimension）：$n \sim \left[\dfrac{1}{T}\right] \quad D \sim [L] \quad V \sim \left[\dfrac{L}{T}\right] \quad v \sim \left[\dfrac{L^2}{T}\right]$

上式中基本因次 T 爲時間，L 爲長度

依據 Buckingham π 理論，4 個變數（n, D, V, v），兩個基本因次（T, L），

故可組合成 $4 - 2 = 2$ 無因次組合（dimensionless group）

$\therefore \dfrac{nD}{V} = \phi\left(\dfrac{VD}{v}\right)$

$\because n = 19 \text{ Hz} = 19 \text{ 1/s}, D = 1 \text{ in} = 1/12 \text{ ft}$

$\therefore St = \dfrac{nD}{V} = \dfrac{19\dfrac{1}{s} \times \dfrac{1}{12} ft}{V}$

參閱上圖，假定 St = 0.21，並帶入上式，

$0.21 = St = \dfrac{19 Hz \times \dfrac{1}{12} ft}{V}$

$\therefore V = 7.54 \text{ ft/s}$

檢驗 $\text{Re} = \dfrac{VD}{v} = \dfrac{7.54\dfrac{ft}{s} \times \dfrac{1}{12} ft}{1.57 \times 10^{-4} \dfrac{ft^2}{s}} = 4002$，

查閱上圖，該雷諾數 4002 之 St = 0.21，與假定吻合。〕

4. 電力工業關係國家經濟發展與建設以及國民生活之品質，電力輸配之電力導線（conductor）在風雨條件下經常發生風雨激振（rain-wind induced vibration, RWIV）現象，嚴重時將威脅輸配電力導線之壽命並導致安全問題。風雨激振具有振幅大，頻率低、偶然性等特點，容易造成線路劇烈磨損與導線傷股、或斷股現象，甚至電塔傾倒，嚴重影響輸配電線路的正常運作。請簡述高壓電塔輸配電力導線之風雨激振形成原因。

〔解答提示：風雨條件下，輸配電線的風雨激振現象是除了固體、液體、氣體三者之間的耦合振動，且與輸配電線是否帶電有也有關聯。因此除了類似橋樑拉索之風雨激振外，再加上電暈放電振動。亦即風雨激振形成原因分為兩種：

(1) 在降雨的條件下，輸配電線的表面形成水線（rivulet），並且在風力作用下分為上下兩條水線（參閱下圖）。由於水線的存在改變了電線的截面形狀，使得電線的氣動特性也隨之發生了改變，在雨量和風力聯合作用下產生了風雨激振，此現象與橋樑拉索之風雨激振類似。

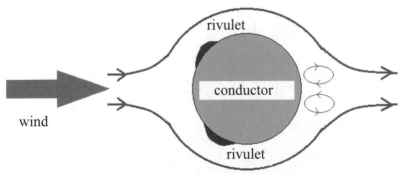

圖：電線表面的水線形成示意圖

(2) 在雨、霧或高濕度條件下，電線的表面容易形成水滴，引起電線表面的電場畸變，降低電線的起暈電壓，進而發生電暈放電，產生離子風，並對電線施加推力。電線受到推力產生運動過程中，因爲慣性力使得電線表面之水線消失，電暈放電結束。隨後電線又重新回到低壓電位，重複上述過程，因此形成電暈振動，亦即造成電線振動〔Farzaneh and Phan（1984），Kollar and Farzaneh（2008）〕。

據上所述，輸配電線之風雨激振綜合影響因素有：(1) 水線的位置、(2) 雨滴的質量、(3) 雨滴的速度、(4) 風速大小、(5) 風向角、(6) 電線阻尼比、(7) 電場力、(8) 離子風。〕

5. 電力輸配電塔導線（transmission lines, TLs）受風作用產生抖振（buffet）動態反應主要由來流風速擾動以及導線特性包含阻尼（damping），其中導線阻尼源自於結構貢獻（structural contribution）以及氣動貢獻（aerodynamic contribution）。結構貢獻相較於氣動貢獻，比例甚小（數量級約 0.05%（Bachmann et al., 1995），因此可以忽略，主要考慮氣動貢獻即可，氣動貢獻阻尼。一般稱爲氣動阻尼（aerodynamic damping）ζ_a，Momomura et al.（1997）提出下式表之：

$$\zeta_a = \frac{\pi C_d}{4} \frac{\rho D^2}{m} \frac{U}{fD}$$

式中爲 C_d 阻力係數，爲 ρ 空氣密度，m 導線單位長度質量，D 爲導線直徑，U 爲平均風速，f 爲導線頻率。

因此氣動阻尼與平均風速成正比例，而與導線質量成反比例。對於輕質導線承受高風速狀況下，氣動阻尼貢獻將可升高至臨界阻尼（critical damping）之 60%（Loredo-Souza and Davenport, 1998）。各國（例如美國 ASCE、澳洲 AS、英國 BS、國際電力委員會 IEC）電力輸配電塔

與導線之風力設計規範，均有詳細載明，Aboshosha *et al.*（2016）文章有詳細列表比較這些規範。規範中使用到設計風速（design velocity）、設計風壓（design wind pressure）、導線受力（conductor force）、導線陣風反應因子（conductor gust response factor）、電塔受力（tower force）、電塔陣風反應因子（tower dust response factor）。請簡述說明前述關於導線（TLs）與電塔風力設計規範用詞與參數。

〔解答提示：(1) 設計風速 V_d：導線之設計風速係採用短時距（例如 3s、或 1min）之平均風速。設計風速每年被超越機率若為 $1/R$，則 n 年壽命導線被超越機率為 $1 - (1 - 1/R)^n$。被超越機率的倒數，R，稱為暴風之風速回歸週期（return period of storm）。一般導線設計風速採用 50 年回歸週期。另外平均時距採用 3s 或 1min 或 1h 或其他時距之風速，可使用 Durst curve 轉換（Durst, 1960）。

(2) 設計風壓 q_p：該風壓係選用尖峰風壓（peak wind pressure），代表由設計風速產生之動態風壓（dynamic pressure）。

$$q_p = \frac{1}{2}\rho V_d^2(z)$$

此處 ρ 為空氣密度。空氣密度與氣溫有關，在海平面（高度為 $z = 0$）大氣壓力為 101.325kPa 與氣溫為 15℃ 時，$\rho_0 = 1.225\text{kg/m}^3$。其他溫度 T 與氣壓（或高度 H）下，空氣密度 ρ 可依據下式計算：

$$\frac{\rho}{\rho_0} = \frac{288}{T} e^{1.2 - 10^{-4}H}$$

式中 ρ_0 為在海平面（高度 $z = 0$）、溫度 15℃（或 288K）時之空氣密度。溫度 T 單位為 K，高度 H 單位為 m。

(3) 導線受力 F_C：該力爲所有風力由導線傳達作用於電塔，因此該作用力爲導線橫切方向（transverse direction）。參閱下圖。

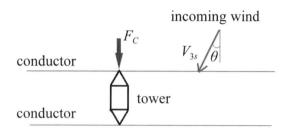

(4) 導線陣風反應因子 G_C：用來縮放由 3 秒陣風之風速引起之導線受力。

(5) 電塔受力 F_T：沿著風方向作用於電塔壁面（tower panel）總力。

(6) 電塔陣風反應因子 G_T：用來縮放由設計風壓引起之電塔受力。〕

6. 物體幾何形狀（body geometry）對於渦流脫落過程（vortex shedding process）有明顯影響效應。Deniz and Staubli（1997）研究以矩形物體（prismatic bodies）爲例，隨著矩形物體形狀比值 L/D（矩形物體之長度 L，矩形物體之寬度 D）改變，渦流形成也隨之變化，渦流脫落可分爲三類。

(1) 第一類爲尖端渦流脫落（leading-edge vortex shedding），$L/D < 2 \sim 3$。形成之渦流爲卡門渦流（Karman vortex）。

(2) 第二類爲撞擊型尖端渦流（impinging leading edge vortices），$2 \sim 3 < L/D < 5 \sim 9$。形成之渦流爲撞擊型渦流（impinging vortices）。

(3) 第三類爲後端渦流脫落（trailing-edge vortex shedding）。$L/D > 5 \sim 9$。形成之渦流爲卡門渦流（Karman vortex）。

關於矩形物體形狀比值變化與史特赫數（Strouhal number）之關係，Deniz and Staubli 研究結果與其他學者研究成果彙整如下圖。依據下圖所示，請解釋說明史特赫數在矩形物體形狀比值大約 $L/D = 2 \sim 3$ 與 $L/D = 5 \sim 9$ 時，發生突躍（sudden jump）現象之原因。

〔解答提示：史特赫數在 $L/D = 2 \sim 3$ 與 $L/D = 5 \sim 9$ 時，發生突躍，主要係分離流產生了再接觸現象（reattachment of the separated flow）。也因此可以此矩形物體形狀比值 $L/D = 2 \sim 3$ 與 $L/D = 5 \sim 9$ 作為區分渦流脫落不同過程之類型。〕

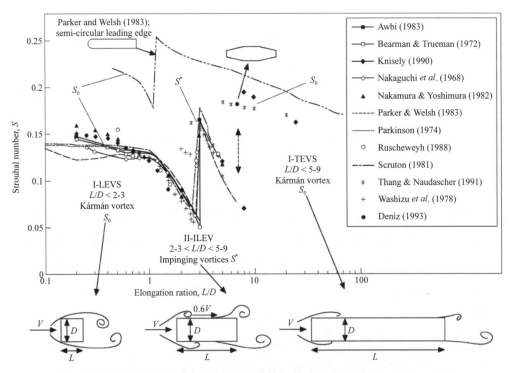

圖：渦流形成與矩形物體形狀比值關係圖（Deniz and Staubli, 1997）

7. 造成 Tacoma Narrows Bridge 崩潰倒塌之解釋見於諸多文獻（例如：Paine et al., 1941、Peterson, 1990、Spangenburg and Moser, 1991）。Billah and Scanlan（1991）解釋歸因於自激顫振（self-excited flutter）

行為因素，目前廣為被認可接受。震盪之驅動力不僅是時間函數，更是橋體震盪時轉動角度以及角度變化率。試以方程式顯示前述諸參數之關係，並說明自激現象成因。

〔解答提示：在扭轉運動（torsional motion）時，物體震盪變化可使用下式表之：

$$I[\ddot{\alpha} + 2\zeta\omega\dot{\alpha} + \omega^2\alpha] = F(\alpha, \dot{\alpha})$$

式中 I 為物體慣性（inertia），ζ 為物體阻尼比（damping ratio），ω 為系統自然頻率（natural circular frequency of the system），α 為扭曲轉動之角度（angle of torsional rotation），$\dot{\alpha}$ 及 $\ddot{\alpha}$ 分別為一次導數（first derivative）與二次導數（second derivative）。

由於風力影響結構總阻尼，使得上式左側方括號內第二項正負號反轉，產生一種反應，使得解答增加而無法回彈。

Tacoma Narrows Bridge 案例，由於不穩定之扭轉模態（unstable torsional mode）推動毀滅性振幅，結果變成交互式自激（interactive, self-excitation）。〕

8. 鈍形物體（bluff bodies）產生渦流脫落（vortex shedding）現象變化，對於結構物之氣動力是一項重要影響因素。該項因素變化特性之掌握，除了可使用風洞試驗外，數值模擬也是一項有利工具。數值模擬即是流體動力學計算（Computation Fluid Dynamics, CFD），其離散化（discretization）技巧採用方式有：(1) 有限體積法（finite volume method）、(2) 有限元素法（finite element method）、(3) 有限差分法（finite difference method）、(4) 邊界積分法（boundary integral method）。目前大渦流模擬（Large Eddy Simulation, LES）、雷諾平均納維耶史托克運動方程式（Reynolds Averaged Navier-Stokes equation, RANS）廣為學者應用模擬計算鈍形物體風場變化與渦流脫落現象。請簡述不同橋板（bridge deck）斷面之渦流脫落及氣動力。

〔解答提示：關於物體之銳緣（sharp edge）產生渦流脫落現象變化，對於懸索式橋梁之橋板（bridge deck）設計是一項重要因素。Larson and Walther（1998）應用離散渦流法（Discrete Vortex Method, DVM）模擬計算五種普通橋板斷面之渦流形態與氣動力特性（阻力係數 C_D、升力係數均方根值 C_L^{rms}、史特赫數 St），結果參見下圖。

Steady state load coefficients and flow field at time $tU/B = 10$	C_D	C_L^{rms}	St
 G1	0.08	0.07	0.17
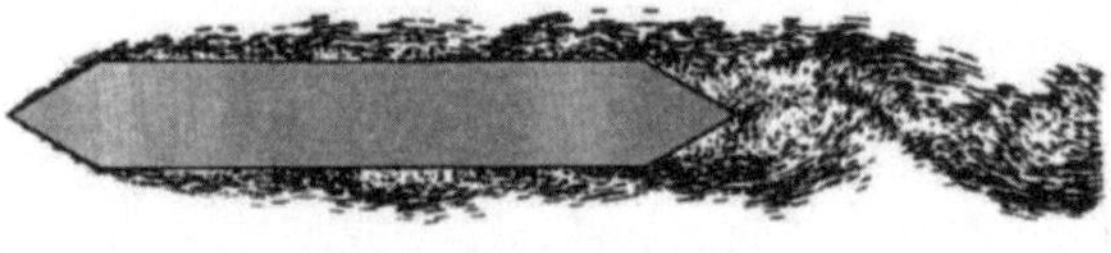 G2	0.08	0.08	0.17
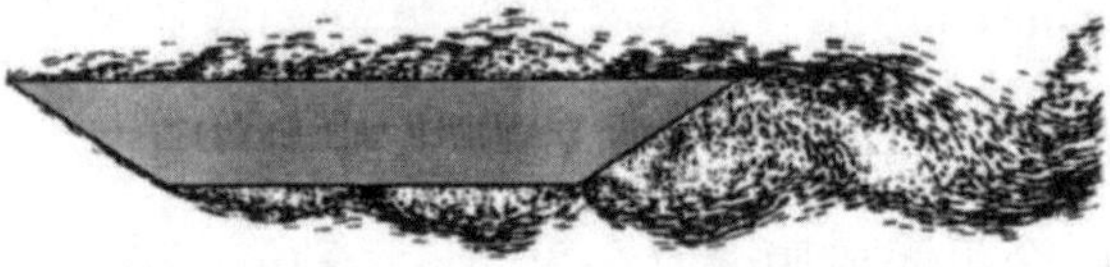 G3	0.10	0.08	0.10
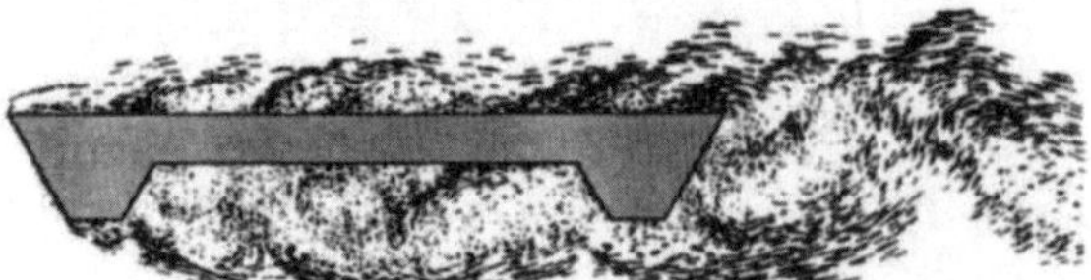 G4	0.08	0.12	0.17
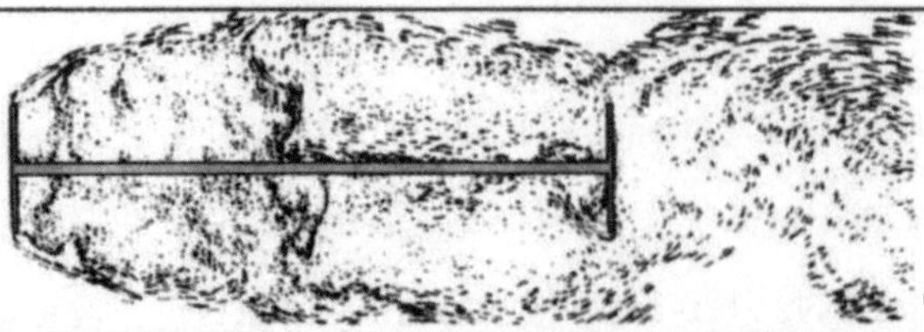 G5	0.27	0.33	0.11

圖：五種普通橋板斷面形式之渦流型態與氣動力特性（Larson and Walther, 1998）

渦流引生振動以及氣彈力現象能準確模擬成功不易，Larson（1998）使用 DVMFLOW 軟體計算預測各種不同斷面形狀橋板之斜張橋（cable-stayed bridge）之顫振（flutter），獲得合理結果。〕

9. 顫振（flutter）為氣彈力現象中最廣為被橋梁風工程研究與處理之問題，原因在於顫振係猛烈型不穩定，對於懸索式橋梁結構安全影響最大。目前因應設計目的之顫振解析分析，大抵都採用相對簡單之解析法（relatively simple analytical methods）。該等方法中，有些需要結構系統之氣動力特性，而這些氣動力特性細節之提供則需借助風洞實驗或數值模擬。請簡述常見之簡單之解析法。

〔解答提示：二個自由度顫振分析，參閱下圖，移動與扭轉自由度（translational and torsional degrees of freedom）之運動方程式，如下：

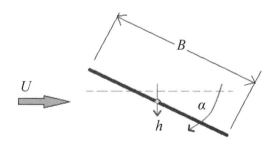

$$m\ddot{h} + 2m\zeta_h\omega_h\dot{h} + m\omega_h^2 h = F_h(t)$$
$$I\ddot{\alpha} + 2I\zeta_\alpha\omega_\alpha\dot{\alpha} + I\omega_\alpha^2\alpha = F_\alpha(t)$$

F_h 為升降起伏（heave）驅動力，F_α 傾斜搖幌（pitch）驅動力。驅動力由結構物體之氣動力特性決定。

顫振之理論解析，常見有：(1)Theodorsen theory、(2) Scanlan theory、(3)Selberg equation。分述如下：

(1) Theodorsen theory：

Theodorsen（1935）研究機翼之顫振，他發展出平板之氣動力之表示式如下，他忽略因不同形狀與平板之差異引生之所有效應，因此優點為與物體形狀無關。

$$F_h(t) = -\rho b^2 U \pi \dot{\alpha} - \rho b^2 \pi \ddot{h} - 2\pi\rho C U^2 b \alpha - 2\pi\rho C U b \dot{h}$$
$$- 2\pi\rho C U b^2 \frac{1}{2}\dot{\alpha}$$

$$F_\alpha(t) = -\rho b^2 \pi \frac{1}{2} U b \dot{\alpha} - \rho b^4 \pi \frac{1}{8} \ddot{\alpha} + 2\rho U b^2 \pi \frac{1}{2} C U \alpha$$
$$+ 2\rho U b^2 \frac{1}{2}\pi C \dot{h} 2\rho \frac{1}{2} U b^3 \frac{1}{2}\pi C \dot{\alpha}$$
$$= \frac{1}{I}\left(\rho b^3 \pi \left(-\frac{U\dot{\alpha}}{2} - \frac{b}{8}\ddot{\alpha} \right) + \rho U b^2 \pi C \left(\dot{h} + U\alpha + \frac{b\dot{\alpha}}{2} \right) \right)$$

式中 C 為簡化速度（reduced velocity）$k = \dfrac{\omega b}{U}$ 之函數，亦即 $C = C(k)$，$b = B/2$。

(2) Scanlan theory：

Scanlan and Tomko（1971）基於鈍形物體之自激升力與力矩在結構物移動及轉動與其一階導數可採線性化（linearized form）處理之假定，因此驅動力分別以下列方程式表示：

$$F_h(t) = \frac{1}{2}\rho U^2 B \left[K H_1^*(K)\frac{\dot{h}}{U} + K H_2^*(K)\frac{B\dot{\alpha}}{U} + K^2 H_3^*(K)\alpha \right.$$
$$\left. + K^2 H_4^*(K)\frac{h}{B} \right]$$

$$F_\alpha(t) = \frac{1}{2}\rho U^2 B^2 \left[K A_1^*(K)\frac{\dot{h}}{U} + K A_2^*(K)\frac{B\dot{\alpha}}{U} + K^2 A_3^*(K)\alpha \right.$$
$$\left. + K^2 A_4^*(K)\frac{h}{B} \right]$$

式中 $h(t)$：橫風之垂向運動（vertical cross-wind motion），$\alpha(t)$：物體節段轉動（section rotation），B：物體弦長度（chord length），U：橫風風速（cross wind velocity），$K=\dfrac{B\omega}{U}$：橋體運動簡化頻率（reduced frequency of motion of bridge），H_i^*、A_i^*，$i = 1, 2, 3, 4$：氣動力或顫振導數（aerodynamic or flutter derivatives）係數。

(3) Selberg equation

Selberg（1961）提出經驗預測顫振速度公式，如下：

$$\frac{U_{crit}}{f_\alpha B} = 4\left[1-\frac{f_h}{f_\alpha}\right]\left[\frac{mr_m}{\rho B^2}\right]^{1/2}$$

參考文獻

[1] Aboshosha, H., Elawady, A., El Ansary, A., El Damatty, A., Review on dynamic and quasi-static buffeting response of transmission lines under synoptic and non-synoptic winds, *Engineering Structure*, Vol.112, pp.23-46, 2016.

[2] Antonia, R.A., and Rajagopalan, S., Determination of drag of a circular cylinder, *AIAA Journal*, Vol. 28, No.10, pp.1833-1834, 1990.

[3] Bachmann et al., *Vibration problems in structures*. Basel: Birkhauser; 1995.

[4] Bearman, P.W., and Obasaju, E.D., An experimental study of pressure fluctuations on fixed and oscillating square-section cylinders, *Journal of Fluid Mechanics*, Vol.119, pp.297-321,1982.

[5] Billah, Y. and Scanlan, R., Resonance, Tacoma Narrows Bridge failure, and undergraduate physics textbooks, *American Journal of Physics*, Vol.59, pp.118-123, 1991.

[6] Blevins, R.D., *Applied Fluid Dynamics Handbook*, Van Nostrand Reinhold, New York, 1984.

[7] Deniz, S., Staubli, T., Oscillating rectangular and octagonal profiles: interaction of leading-and trailing-edge vortex formation, *Journal of Fluids and Structures*, Vol.11, pp.3-31, 1997.

[8] Durst, C.S., Wind speeds over short periods of time, *Meteorology Magazine*, Vol.89, pp.181-1866, 1960.

[9] Dyrbye, C., and Hansen,S.O., *Wind Loads on Structures*, John Wiely & Sons, England, 1997.

[10] Farzaneh, M., and Phan L. C., Vibration of high voltage conductors induced by corona from water drops or hanging metal points, *Power Apparatus and Systems, IEEE Transactions*, Vol.9, pp.2746-2752, 1984.

[11] Gross, A.C., Kyle, C.R., and Malewicki, D.J., The aerodynamics of human powered land vehicles, *Scientific American*, Vol.249, No.6, 1983.

[12] Hoerner, S.F., *Fluid Dynamic Drag*, Published by author, 148 Busteed Drive, Midland Park, NJ, Library Congress No. 64, 19666, 1965.

[13] Kollar, L. E., and Farzaneh, M., Vibration of bundled conductors following ice shedding, *Power Delivery, IEEE Transactions*, Vol.23, No.2, pp.1097-1104, 2008.

[14] Krivoy, S.A., Bolshakov, N.S., and Rakova, X.M., Increasing the wind turbine power using aerodynamics shape of the building, *Applied Mechanicsand Materials*, Vol.725-726, pp.1456-1462, 2015.

[15] Larsen, A., Advances in aeroelastic analyses of suspension and cable-stayed bridges, *Journal of Wind Engineering and Industrial Aerodynamics*, Vol. 74-76, pp.73-90, 1998.

[16] Larsen, A., Walther, J.H., Discrete vortex simulation of flow around five generic bridge deck sections, *Journal of Wind Engineering and Industrial Aerodynamics*, Vol.77-78, pp.591-602, 1998.

[17] Li, S.Y., and Chen, Z.Q., Theoretical analysis on the effects of turbulence intensity of approaching flow on rain-wind induced vibrations of stay cables, *China Civil Engineering Journal*, No.6, pp.132-138, 2012.

[18] Loredo-Souza, A.M., and Davenport, A.G., The effects of high winds on transmission lines. *Journal of Wind Engineering and Industrial Aerodynamics*, Vol.74-76, pp.987-994, 1998.

[19] McComber, P., Morin, G., Martin, R., and Vo Van, L., Estimation of ice and wind load on overhead transmission lines, *Cold Region Science and Technology*, Vol.6, pp.195-206, 1983.

[20] Melbourne, W.H., Comparison of measurements on the CAARC standard tall building model in simulated model wind flows, *Journal of Wind Engineering and Industrial Aerodynamics*, Vol. 6, pp.73-88, 1980.

[21] Momomura, Y., Marukawa, H., Okamura, T., Hongo, E., Ohkuma, T., Full-scale measurements of wind-induced vibration of a transmission line system in a moun-

tainous area. *Journal of Wind Engineering and Industrial Aerodynamics*, Vol.72, pp.241-52, 1997.

[22] Paine, C., et al., *The failure of the suspension bridge over Tacoma Narrows*, Report to the Narrows Bridge Loss Committee, pp.11-40, 1941.

[23] Peterson, I., Rock and roll bridge, *Science News*, Vol.137, pp. 344-346, 1990.

[24] Roshko, A., Experiments on the flow past a circular cylinder at very high Reynolds number, *Journal of Fluid Mechanics*, Vol.25, pp.345-356, 1961.

[25] Scanlan, R.H., Problems in formulation of wind-force models for bridge decks, *Journal of Engineering Mechanics*, ASCE, Vol.119, pp.1353-1365, 1993.

[26] Scanlan, R.H., Tomko, J.J., Airfoil and bridge deck flutter derivatives, *Journal of Engineering Mechanics*, ASCE, Vol.97, pp.1717-1737, 1971.

[27] Selberg, A., *Oscillation and aerodynamic stability of suspension bridges*, Technical Report, Acta Polytechnica, Scandinavica Ci13, 1961.

[28] Shiau, B.S., Measuring of turbulence intensity interference on the wake flow of circular cylinder, *Stochastic Hydraulics 2000*, Edited by Z.-Y. Wang, and S.-X. Hu, pp. 161-166, A.A. Balkema, 2000.

[29] Shiau, B.S., Measurement of incident flow turbulence effect on the wake flow of two side-by-side square section cylinders, *Proceedings of the 4th International Colloquium on Bluff Body Aerodynamics and Applications*, Bochum, Germany, Sept.11-14, 2000.

[30] Shih, W.C.L., Wang, C., Coles, D., and Roshko, A., Experiments on flow past rough circular cylinders at large Reynolds numbers, *Journal of Wind Engineering and Industrial Aerodynamics*, Vol.49, pp.351-348, 1993.

[31] Simu, E., and Scalan, R.H., *Wind Effects on Structure-Fundamentals and Applications to Design*, 3rd Edition, John Wiely & Sons, New York, 1996.

[32] Spangenburg, R., Moser, D., The last dance of galloping gertie: The Tacoma Narrows bridge disaster, in: *The Story of America's Bridges*, Facts On File Inc., pp. 62-

66, 1991.

[33] Theodorsen, T., General Theory of Aerodynamic Instability and the Mechanism of Flutter, NACA Report 496, 1935.

[34] Tieleman, H.W., Reinhold, T.A., and Hajj, M.R., Importance of turbulence for the prediction of surface pressure on low-rise Structures, *Journal of Wind Engineering and Industrial Aerodynamics*, Vol.69-71, pp.519-528, 1997.

[35] Vogel, J., *Life in Moving Fluids*, 2nd edtion, Princeton University Press, New Jersey, 1996.

[36] 蕭葆羲，〈都市地區建築物風環境及風壓之風洞模擬試驗研究〉，中華民國建築學報，第 21 期，第 59～72 頁，1997。

[37] 蕭葆羲、莊威男，〈超高建築在紊流邊界層中表面風壓之風洞實驗研究〉，國立臺灣海洋大學河海工程學系環境風洞實驗室技術報告，2000。

[38] 蕭葆羲、賴人豪，〈橫列式雙棟柱形建築物之表面風壓特性風洞試驗分析〉，國立臺灣海洋大學河海工程學系環境風洞實驗室技術報告，2004。

[39] 蕭葆羲、郭敬和，〈高層建築在紊流場中表面風壓相關性之風洞實驗分析〉，國立臺灣海洋大學河海工程學系環境風洞實驗室技術報告，2002。

[40] 王超，〈海洋工程環境〉，天津大學出版社，天津市，中華人民共和國，1993。

[41]〈中華民國建築物耐風設計規範及解說〉，內政部 103.12.3 台內營字第 1030813291 號令修正，2014。

波多（Porto），葡萄牙　　　　　　　　　　　　　　　　（*by Bao-Shi Shiau*）

波多又叫做波爾圖，是葡萄牙的第二大城與第一大港，2017 年被選為歐洲最佳旅遊目的地第一名，也是「波特酒」的故鄉，海水與河水交織孕育著充滿歷史文化的舊城遺產，甚至 Portugal（葡萄牙）的字源就是來自 Porto 這座港都。

賽維亞（Seville）西班牙廣場，西班牙　　　　　　　　　（*by Bao-Shi Shiau*）

新月廣場──西班牙廣場是西班牙摩爾復興建築的縮影。塞維亞在 1929 年
主辦了西屬美洲展覽，在瑪利亞路易莎公園的邊緣興建西班牙廣場，舉行西
班牙的工業和技術展覽。該廣場是一個巨大的半圓形，廣場中心是一個大噴
泉，連續不斷的建築環繞著廣場邊緣。

第八章

風洞試驗與模擬

8-1 風工程使用之風洞概述

　　風工程所使用之風洞，依其實驗對象要求不同，基本設計可分為開放式（open type）與迴路式（closed type）。而試驗段氣流之產生，依動力馬達風扇置放位置，則可分為吸入式（suction）或吹入式（blowing）。開放式比較耗能量，但由於開放，在試驗段不會產生追蹤氣體累積，適合於擴散試驗；迴路式則比較省能源，但容易產生追蹤氣體累積，因此不適合於擴散。

　　進行風工程問題模擬試驗之風洞，因考慮置放模型，而模型比例又不能太小，以免量測困難以及避免不準確，故其試驗段斷面相對航空用途之風洞為大，但風速相較航空用風洞為低，一般皆在 20 m/s 以下。

　　一般從事大氣邊界層內之工程問題模擬，由於需要模擬穩定且厚的完全發展之邊界層流，風洞需要較長之試驗段，以利邊界層之發展完成；而若從事均勻流來流（uniform approaching flow）型式之模擬，則試驗段長度可較短。

　　依據使用目的不同，風洞區分為大氣邊界層風洞（atmospheric boundary layer wind tunnel）、環境風洞（environmental wind tunnel）、工業風洞（industrial aerodynamic wind tunnel）等。

　　台灣各大學中目前有臺灣海洋大學河海工程系、中央大學土木工程系、淡江大學土木工程系，以及中興大學土木工程系等四校擁有上述風工程用途之風洞。另外行政院內政部建築研究所風洞，為目前全台最大規模之風洞，係採迴路式設計，試驗段分兩區，第一區試驗段尺寸為長 36.5 m，寬 4 m，高 2.6～3 m，而第二區試驗段為長 21 m，寬 6 m，高 2.6 m，風扇直徑 4.75m，為軸流式，以馬達直接傳動，馬達之動力 500 kW，而馬達係變頻控制轉速。下節以臺灣海洋大學河海工程系之環境風洞為範例，就風工程用途之風洞構造設計做一介紹。

8-2 開放式風洞設計──國立臺灣海洋大學之環境風洞案例概述

國立臺灣海洋大學河海工程系之環境風洞設計（蕭，1996）係採用開放吸入式，亦即爲開放吸入式風洞（Open-circuit suction type）。其主要構造部分可分爲：

1. 整流段
2. 收縮段
3. 試驗段
3. 動力段
4. 風洞本體支架

參閱圖 8-1 與圖 8-2。圖 8-1 爲環境風洞上視圖與側視圖，圖 8-2 爲環境風洞外觀與試驗段內部照片。風洞各主要結構內容說明如下：

1. 整流段

自然界之風場極不穩定，所以在進入收縮段前必須加裝整流段，以使氣流趨於穩定，即增加速度均勻性，將流場擾動減至最少。本風洞之進口整流段長 1.825m，寬 4m，高 2.8m，其中包含蜂巢管（honey cone）及 4 層整流網（screen），參閱圖 8-3。蜂巢管設計的目的在於減少外界氣流中之紊流，其功能主要在減小氣流流動方向上的擾動和渦漩，即可將渦流切割成更小之渦流。蜂巢管之後便是整流細網，細網的材質爲不銹鋼細絲，而網鐵爲每英吋 18 方格織，鋼絲直徑爲 0.011 英吋，其功能是將蜂巢管下游之渦流再切割成更小之渦流，使氣流的紊流強度減至最小，增進氣流的均勻性及穩定性。

2. 收縮段

收縮段係連結整流段與試驗段。一般收縮段之設計應先由收縮段出入口尺寸之選定著手。當出入口之收縮面積比決定後，下一步工作則爲選擇收縮段之長度及形狀。此段斜面爲 2 個 3 次曲線相接而成。圖 8-4 爲設計採用之 2 個 3 次曲線關係式。環境風洞之進口段與實驗段之面積收縮比爲 4：1。

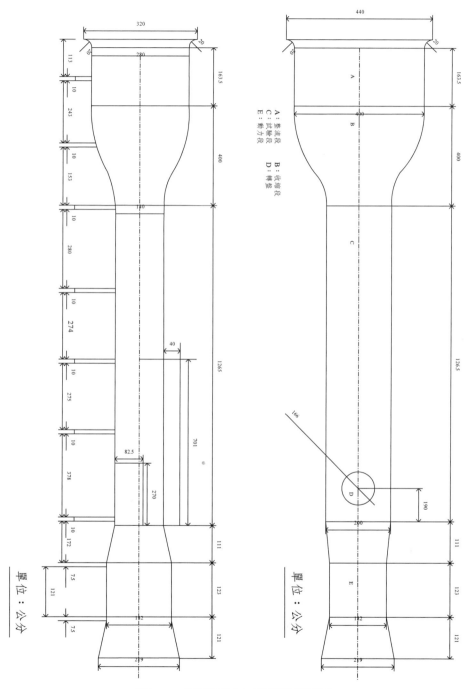

A：整流段　　B：收縮段
C：試驗段　　D：轉盤
E：動力段

單位：公分

圖 8-1　環境風洞上視圖與側視圖

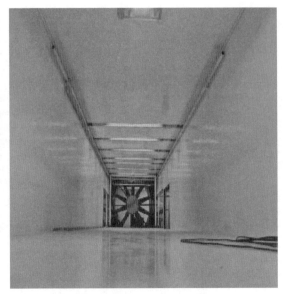

圖 8-2　環境風洞外觀與試驗段內部照片

　　為了使收縮段設計達到最佳化，一般考慮因素有：(1) 收縮段出口之流速均勻性。(2) 避免收縮段內流線分離。(3) 收縮段之最小長度。(4) 收縮段出口之邊界層厚度之最小化。

　　3. 試驗段

　　試驗段主要為夾板結構構成，其上壁可以調整其高度位置，使得氣流通過試驗段時稍呈發散，以動壓彌補靜壓之摩擦損失，維持試驗段內之壓力梯度。參閱圖 8-5，試驗段尺寸為長 12.65m，寬 2m，高 1.4m，試驗段內有一直徑為 1.66m 的轉盤，轉盤圓心距安全網 1.9m。另外於試驗段上壁上方擺設照明設備，且左右側壁安裝大型透明窗，可直接觀測風洞中之流況。試驗段內部並設有 1 部 3 度空間活動之天車，可由風洞外遙控探針位置。試驗段出口處設一安全網，網孔方徑為 25mm。

　　4. 動力段

　　動力段包括收縮管、風扇及出口擴張管。動力段與試驗段接縫處為一軟性防震泡棉相連，防止震動的傳遞。收縮管由長方形縮成 1.82m 圓形之風扇進口，動力採用 75Hp 無段變速直流馬達，風扇為帶動軸流式 10 槳葉片

之風扇，風扇扇葉的角度可以調整以微調風速。出口擴張管為一直徑 2.2m 長 1.2m 之喇叭口。參閱圖 8-6 與圖 8-7。

　　該環境風洞可從事下述相關問題之模擬試驗研究：大氣邊界層之模擬、區域微氣候、環境風場、結構物風壓與風力以及大氣污染擴散等。

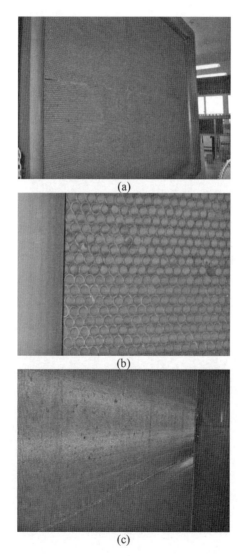

圖 8-3　進口整流段：(a) 鐘形入口（Inlet Bell），(b) 蜂巢管（honey comb），(c) 四層整流網

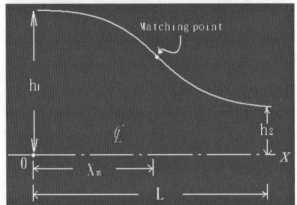

$$h = h_2 + (h_1 - h_2)\left[1 - \frac{1}{\left(\frac{X_m}{L}\right)^2}\left(\frac{X}{L}\right)^3\right] + h_2 \quad ; \quad \frac{X}{L} \leqq \frac{X_m}{L}$$

$$h = h_2 + (h_1 - h_2)\left[\frac{1}{\left(1 - \frac{X_m}{L}\right)^2}\left(1 - \frac{X}{L}\right)^3\right] \quad ; \quad \frac{X}{L} > \frac{X_m}{L}$$

圖 8-4　環境風洞收縮段設計採用之兩個三次曲線關係式

圖 8-5　環境風洞試驗段內部

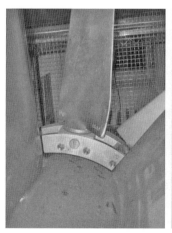

圖 8-6　風扇組合，含風扇葉轉子、軸承、整流片及傳動皮帶

圖 8-7　風洞出口擴散管

8-3 風洞模擬實驗之理論分析

應用風洞進行模擬大氣邊界層內相關風工程等問題實驗之理論基礎，基本上係依據流體力學之相似性法則。該相似性法則之理論包括有：

1. 幾何相似性（geometric similarity）。
2. 動力相似性（dynamic similarity）。
3. 熱力相似性（thermal similarity）。
4. 起始及邊界條件相似性（initial and boundary condition similarity）。

一、控制方程式無因次化

經推導流體力學之無因次（dimensionless）基本控制方程式，包括連續方程式（continuity equation）、動量方程式（momentum equation）、及能量方程式（energy equation），分別使用張量（tensor）方式表示如下：

1. 無因次連續方程式

$$\frac{\partial U_i^*}{\partial X_i^*} = 0 \tag{8-1}$$

2. 無因次動量方程式

$$\frac{\partial U_i^*}{\partial t^*} + U_j^* \frac{\partial U_i^*}{\partial X_j^*} + R_0^{-1} 2\varepsilon_{ijk}\Omega_j^* U_k^* = \frac{-\partial P^*}{\partial X_i^*} - R_i \theta^* \delta_{i3} + R_e^{-1} \frac{\partial^2 U_i^*}{\partial X_j^* \partial X_j^*} \tag{8-2}$$

3. 無因次能量方程式

$$\frac{\partial \theta^*}{\partial t^*} + U_j^* \frac{\partial \theta^*}{\partial X_j^*} = \frac{1}{P_r} \frac{1}{R_e} \frac{\partial^2 \theta_i^*}{\partial X_j^* \partial X_j^*} + \frac{E_c}{R_e} \Phi^* \tag{8-3}$$

8-1 式、8-2 式與 8-3 式中 U_i^* 為無因次各方向速度分量，θ^* 為無因次溫度，δ_{i3} 為 Kronecker delta，ε_{ijk} 為 dummy variable indices。

上述各方程式中之無因次參數分別說明如下：

(1) 羅士培數

$$R_o(Rossby\ No.) = \frac{U_0}{\Omega_0 L_0} \tag{8-4}$$

該參數代表對流或局部加速度 $\frac{U_0^2}{L}$ 與科氏加速度 $U_0\Omega_0$ 之比值。對流或局部加速度導因於速度常不穩定或不均勻，而科氏加速度則係由於地球自轉之關係。

(2) 李查遜數

$$R_i(Richardson\ No.) = g\frac{\Delta T_0 L_0}{T_0 U_0^2} \tag{8-5}$$

該參數代表浮力與慣性力之比值。若流常溫度變化，將引生浮力之改變。

(3) 雷諾數

$$R_e(Reyolds\ No.) = \frac{\rho U_0 L_0}{\mu} = \frac{U_0 L_o}{\nu}$$ （8-6）

該參數代表慣性力 $\frac{U_0^2}{L_0}$ 與黏滯力 $\frac{\nu U_0}{L_0^2}$ 之比值。

(4) 普朗特數

$$P_r(Prantl\ No.) = \frac{\nu}{\frac{k}{\rho_0 C_p}}$$ （8-7）

該參數為流體之運動粘滯性係數（kinematic viscosity）與熱擴散係數（thermal diffusivity）之比值。亦即摩擦熱（dissipation）與傳導熱（conduction）之比值。

(5) 艾卡數

$$E_c(Eckert\ No.) = \frac{U_0^2}{C_p \Delta T_0}$$ （8-8）

該參數代表動能（kinetic energy）U_0^2 與熱焓（enthalpy）$C_p \Delta T_0$ 之比值。

由方程式 8-1、8-2、8-3 可以看出，實際流場變化與風洞之模擬流場之相似性要求為：

1. 模型各方向之比例縮尺相同，滿足流體連續性。
2. 動力之相似性要求羅士培數、李查遜數與雷諾數與實際流場情況相同。
3. 熱力之相似性要求普朗特數與艾卡數與實際流場情況相同。

在實際應用風洞進行模擬實驗時，上述之相似性要求不可能全部達到，因此設計實驗依問題之特性，權衡輕重，考慮重要之相似性要求，其餘則忽略之。以下就各參數探討其對風洞模擬實驗問題之重要性：

1. 羅士培數（R_o）的效應

Snyder（1972）主張在嚴格要求下，如果應用非旋轉風洞模擬大氣邊界

層現象時，模擬對象之水平尺度不可超過 5 公里。在這種情況之下，羅士培數（R_o）> 10，科氏力的效應可不予考慮。Cermak（1972）在較鬆的條件下，主張水平尺度小於 10 公里之大氣邊界層邊界現象可以不考慮科氏力的效應。

2. 李查遜數（R_i）的效應

大氣層邊界屬於密度層變之流體（density stratified flow），其特徵李查遜數在 ±1 之間，代表成層穩定或成層不穩定之流動狀態。因此浮力場（buoyancy force）在大氣層邊界現象有其絕對之重要性。但是在研究防風問題時，主要之興趣對象為強風情況下地形或建築結構物與流體之交互作用，此時李查遜數趨近於零，故可應用於一般之環境風洞（無加溫裝置）來模擬流體現象。

3. 普朗特數（P_r）的效應

對於熱力相似性的要求，如果洞內之空氣接近常溫與大氣壓力，則普朗特數與實際大氣壓力相同，故此因素可忽略之。

4. 艾卡數（E_c）的效應

艾卡數代表流體黏滯力之摩擦加熱作用。在低次音速流動情況之下，這種黏滯力之焦耳加熱作用可以忽略（Cermark, 1975）。

5. 雷諾數（R_e）的效應

一般而言，大氣邊界層之特徵雷諾數高達 10^8 以上，因此要求風洞內之雷諾數與實際情況相同幾無可能。所幸，目前對紊流現象之了解，紊流在高雷諾數具有雷諾數相似性之特徵（Reynolds number similarity）（Towsend, 1956），亦即當雷諾數超過某臨界值時，紊流結構之特徵不受雷諾數大小之影響。依照 Kolmogorov 的理論，當雷諾數夠大時，紊流頻譜（Power spectrum）即有慣性次階（inertial subrange）的特徵出現，因此紊流的無因次頻譜（以 Kolmogorov 之紊流特徵尺度參數來常化）呈相似性。由很多的實驗數據顯示（Cermak, 1975、Jensen, 1958），風洞內紊流邊界之頻譜經常化與實際化後與實際大氣邊界之紊流頻譜呈完全之相似性。而一般風洞內的雷諾數約比實際大氣邊界之雷諾數要小 2 個數量級（order of magnitude）以上。這個事實說明，當風洞內之雷諾數達到臨界值（寬鬆條件為 10^4）以上時，大氣邊界層內的紊流結構可以應用環境風洞進行近似模擬。

紊流結構的相似性，對於研究紊流振動對於結構物的影響具有重大的關係。另外研究紊流擴散現象時亦須紊流頻譜之相似性。由實驗結果（Cermak, 1981），（Snyder, 1972），等顯示，風洞內的臨界雷諾數約為 10^4 左右。這個條件決定風洞的模型縮尺比例，紊流邊界層的厚度與風洞實驗段的長度。由上述雷諾述所影響的紊流邊界層特性，我們可以決定風洞內的模型縮尺比例，即：

$$\frac{(R_e)_p}{(R_e)_m} \leq 10^4 \qquad (8\text{-}9)$$

故可以得到：

$$U_m L_m \geq 10^{-4} U_p L_p \qquad (8\text{-}10)$$

式中 $(R_e)_p$ 為實體之雷諾數；$(R_e)_m$ 為模型之雷諾數；U_p 為實際情況之流速。L_p 為實際情況之尺度；U_m 為風洞內之流速；L_m 為風洞內模型之尺度。

最後，對於模型實驗之初始與邊界條件相似性要求為迫近流場與實際狀態相似。亦即：

1.迫近流場之平均流速分布呈指數律分布。

2.迫近流場內雷諾數應力與紊流動能分布與大氣邊界層相似。

3.迫近流場內之動能頻譜與實際狀態相似。

為達上述模擬之條件，風洞試驗段必須有足夠的長度及適當的表面粗糙度，以維持穩定之紊流邊界層。

在風洞內模型區上游之邊界條件，若要完全依幾何比例縮尺，將會十分困難也沒有必要。依照 Jensen（1958）建議，模型上游邊界條件之相似性，主要以控制調整模型迫近流場之表面粗糙長度（roughness height or roughness length）$(z_0)_m$ 與實體原型地面粗糙長度 $(z_0)_p$ 達到符合幾何比例縮尺 L_m/L_p,即可獲致迫近流場之相似性：

$$\frac{(z_0)_m}{(z_0)_p} = \frac{L_m}{L_p} \qquad (8\text{-}11)$$

8-4 風洞模型試驗研究與應用案例

以下舉例說明一般在大氣環境風洞進行風工程相關問題之模型試驗之研究與應用案例，闡明風洞模型試驗解決風工程問題的可行性。

一、都市高層建築之環境風場行人風模型試驗

工程上在建造一座高層建築時，除了需要考慮風速對於結構系統形成的動態載重效應，以及建築外牆的局部風壓影響等結構安全性問題考量之外，對於建築物本身影響其四周之環境風場，進而造成周遭空污廢氣擴散以及附近地面行人行走的舒適性與安全性問題，也是環評重要項目。

環境風場影響，例如因各高層建築之間所形成的氣流之渠道效應、渦漩及下沖等現象，從而形成過大風速，造成惱人的大樓風，影響人們行走或是造成活動的不便，再再都會直接或間接地降低該建築物的使用功能。建造高層建築除了需要滿足自身的安全性與舒適性的要求之外，同時更要注意避免對鄰近的設施，例如人行道、公園、開放式廣場等造成風場環境的衝擊。為了避免新建大樓周圍環境風場的改變，而造成屋主和居民的糾紛，同時也為提高人民生活品質，設計規劃高樓建築前，應需先經過一連串周圍風場的環境影響評估，做為高樓興建與否乃至於社區及旅遊休閒區整體開發的決策依據。

由於都會地區地物地貌的複雜性，使得利用環境風洞進行模型實驗，配合實場的氣象資料，以統計機率來做風場舒適性的預估，相較數值模式計算，風洞模型試驗成為目前較可行且可靠的方法。

蕭（2000）之試驗報告指出，在環境風場行人風試驗方面，其工作方法大致如下：(1) 以主體建築物為中心，依據模型縮尺大小，含括大約半徑500～600公尺以內之圓周為模擬邊界。(2) 主體建築物興建前後，量測地表

行人高度（相當實場 1.5～2.0 公尺之高度）平均風速與紊流速度均方根值。
(3) 量取 16 個風向之行人風之風速，包括平均風速與紊流速度均方根值。(4)
每一風向所需量測之測點數，視實際建物周遭地物地貌狀況。

　　量測之 16 個風向之行人風速以及陣風風速，可以類似風玫瑰圖之形式
表示。依據蕭（2000）進行桃園昇捷中正路大樓行人風之風洞試驗報告，
例如圖 8-8 為桃園昇捷中正路辦公大樓測點布置示意圖，總共 20 個測點。

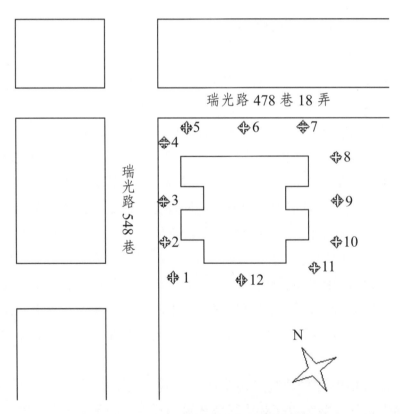

圖 8-8　行人風量測點位置布置示意圖

　　行人風之量測係使用地表面風速計，該種地表面風速計適合於量測地表
面之風速，尤其是地表面行人風。風速計原理係以利用突出地面之圓管靜壓
力與地表面圓管靜壓力二者之壓差，配合校正曲線，將壓差換算成風速。

本試驗參考 Irwin（1981）設計地表面風速計，參閱圖 8-9，其突出圓管外徑為 1.07mm、內徑為 0.77mm，突出圓管高度為 4mm，而地表圓管直徑 1.67mm。本個案之風洞試驗模型幾何縮尺為 1/400，因此相當於實場離地表面高度 1.6 公尺，符合一般行人風場之高度範圍（1.5 公尺～2 公尺）。

　　圖 8-10 為桃園昇捷中正路辦公大樓測點 10 之平均風速與陣風風速之風花圖。此處關於陣風風速，係採用下式表示：

$$U_G = \overline{U} + k \cdot u_{rms} \qquad (8\text{-}12)$$

式中 $k = 3.0$；$\overline{U}$ 為平均風速；u_{rms} 為風速均方根值；U_G 為陣風風速。

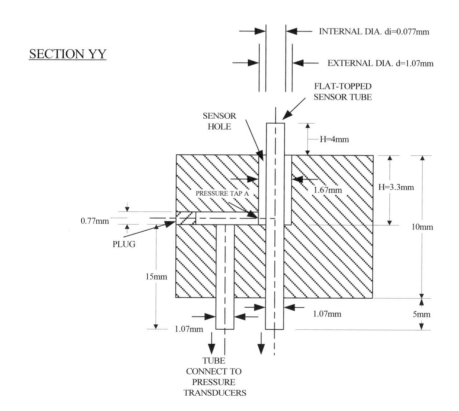

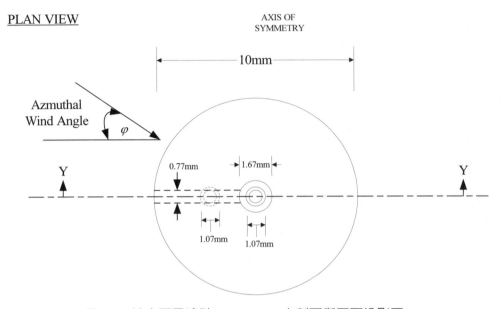

圖 8-9   地表面風速計 Irwin probe 之剖面與平面投影圖

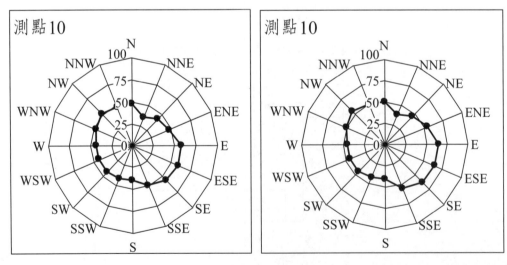

圖 8-10   大樓周 U 圍測點 10 之行人風平均風速 $\overline{U}/U_{ref}$ (%) 與行人風陣風風速 $U_G/$ U_{ref} (%) 風花圖

二、煙囪空氣污染排放之大氣擴散試驗

對於進入已開發國家的台灣而言，傳統產業及高科技產業愈趨發達。但當產業擴張之際，污染物的排放問題卻由於台灣地小人稠而日益嚴重。例如工業地區工廠廢氣排放，造成嚴重之空氣污染；焚化爐廢氣排放導致附近民眾激烈抗爭；甚至危險氣體意外排放造成人員之傷亡。因此，對於工廠興建前之煙囪廢氣污染物擴散濃度分布評估，便需採用更準確之技術加以預測，以避免日後產生難以彌補之傷害。風洞模擬試驗則是一項可行之便利工具。

應用風洞模型試驗評估空氣污染大氣擴散影響範圍與程度，其係以濃度量測結果計算大氣不同高度以及地表之濃度係數分布等值圖，進行評估分析預測。

在風洞模型擴散試驗方面之工作內容主要包括有：

1. 依照模型範圍決定幾何比例縮尺大小，一般模型試驗模擬邊界可達排放源下游數千公尺。模型縮尺之考慮，主要在避免風洞模擬時，產生阻檔率（blockage ratio）過大的情形。根據 Rae and Pope（1984）指出，當風洞中模型之阻擋率超過 10% 時，所模擬之風場中會有壓力梯度（pressure gradient）出現，使氣流有局部被加速現象發生，與實際大氣現象不同，因此模型不可過大。

2. 考慮雷諾數相似性，一般模擬迫近流風場風洞內之雷諾數必須大於臨界值 10^4 以上。

3. 製作地形模型需考慮模型縮尺限制，風洞內模擬氣體之擾動狀態，於接近固體邊界時，由於流體黏滯力之作用，形成局部之層流狀態（laminar）。由於模擬縮尺之關係，風洞內之層流次層在比例上較實體模型顯著，因此模型縮尺有其限制，不可太小。Snyder（1981）建議風洞模擬應避免層流次層之不良影響，模型表面之粗糙度 ε，必滿足 $\varepsilon u_* / \upsilon > 20$ 之條件。

4. 排放源在不同風向作用下，各種高度及地表等濃度分布。

5. 參照排放源附近之氣象測站風速風向數據（一般至少 1 年以上，10 年以上更佳），統計分析後選取發生機率較高之風向（亦即盛行風之風向）進行試驗。但較少發生之風向，若可能對較敏感地區造成影響，則亦須考慮納入試驗之風向。

6. 視個案地形地貌狀況之實際需要而決定濃度量測點數（包括垂直與水平剖面）。量測點之分布配置，一般可參考利用高斯分布（Gaussian distribution）定之。

下列案例研究係在環境風洞中進行台灣基隆市天外天焚化爐煙囪廢氣空污排放擴散模型試驗，研究重點在模擬預測焚化爐煙囪周圍在不同之風向狀況，煙囪四周複雜地形之環境氣流之平均流向變化。圖 8-11 為複雜地形大氣污染擴散之風場風洞模型（比例尺 1：1500）模擬風場之風標（wind tuft）照片，由模型風標指向可推知複雜地形之氣流走向，藉由氣流走向（例如圖 8-12 為東北風，圖 8-13 為東南風），得以判定焚化爐煙囪（照中直立處）之氣懸性污染物排放後之傳輸方向（詳細參閱：蕭，2003）。圖 8-14 與圖 8-15 為風洞模擬在東北風作用下之廢氣濃度分布。圖 8-16 為風洞模擬在東南風作用下之廢氣濃度分布（詳細參閱：蕭，2005）。

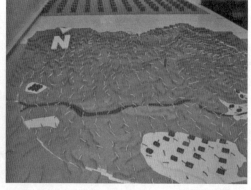

圖 8-11　基隆天外天焚化爐廢氣排放擴散模型試驗之模型（1：1500）與風標照片

圖 8-12　基隆天外天焚化爐周遭氣流在東北風作用下之風洞風標（箭號）模擬之平
均氣流走向之結果

圖 8-13　基隆天外天焚化爐周遭氣流在東南風作用下之風洞風標（箭號）模擬之平
　　　　均氣流走向之結果

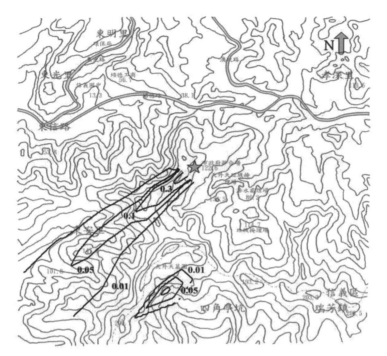

圖 8-14　東北風作用下，高度折合實場由煙囪底部起算 75m 處之廢氣等濃度（$C/C_0(\%)$）水平面分布圖；★：煙囪位置。此處 C_0 為排放源初始濃度；C 為濃度。結果顯示：影響範圍主要包括東安里及部分之天外天墓園。

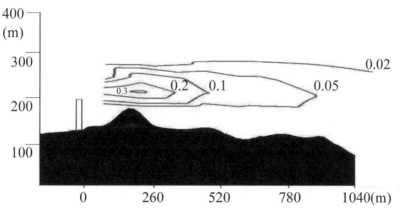

圖 8-15　東北風作用下，沿煙柱中心下游之廢氣垂直等濃度（$C/C_0(\%)$）分布變化圖。此處 C_0 為排放源初始濃度；C 為濃度。結果顯示：由於地形效應，在天外天墓園區域地勢隆起，沿著焚化爐煙囪西南走向之地形高度下降，亦即導引氣流下沉，使得在焚化爐煙囪西南方向之廢氣傳輸擴散有下沖（downwash）之現象。

圖 8-16 東南風作用下,高度折合實場由煙囪底部起算 30m 處模型試驗之廢氣等濃度($C/C_0(\%)$)水平面分布圖;★:煙囪位置;C_0 為排放源初始濃度;C 為濃度。

三、大氣環境問題

大氣紊流邊界層內之相關環境問題,重要者包括有:

1. 都市或大都會地區之風場環境與居住品質評估。

2. 都市街谷(street canyon)或區域性之空氣污染、單一建築物或者建築群之通風、廢氣之排放與回流以及廢氣排放之煙囪設計最佳高度與其位置之選定。

3. 氣懸性污染物在複雜地形(complex terrain)之紊流擴散、質通量(mass flux)與熱通量(heat flux)傳輸及污染控制。

4. 各式防風設施效能之評估，包括飛沙、塵土、煙灰、積雪或廢氣臭味污染等之傳輸擴散或沉積。

5. 重質氣體（heavy gas or dense gas）例如：劇毒氣體意外排放或液化氣儲槽破裂時之氣體擴散模擬。

上述大氣環境問題，皆可利用風洞模擬試驗，分析量測結果，並據以提出問題因應解決之道。

台灣許多城鎮都市臨接海岸港口，由於港區旁建築物櫛次鱗比以及人口密集及工商活動頻繁，各種廢氣排放（例如：港口停泊船艦廢氣排放、交通工具廢氣排放、建築物空調通風設備與餐飲營業廢氣排放等等）對周遭環境空氣品質之影響。街谷兩側建物不等高，當橫流經由高度較低建築物越過街谷吹向高度較高建築，此時氣流上揚，稱為上揚型街谷（step-up canyon）（參見圖 8-17）。在基隆港邊上揚型街谷之街道為常見型式之一。因此為了改善與提升臨港濱海城鎮生活環境品質，實有必要掌握街廓街谷周圍環境之廢氣污染擴散變化特性。圖 8-18 為風洞試驗模擬之街谷污染濃度分布情況（Shiau & Lee, 2017）。

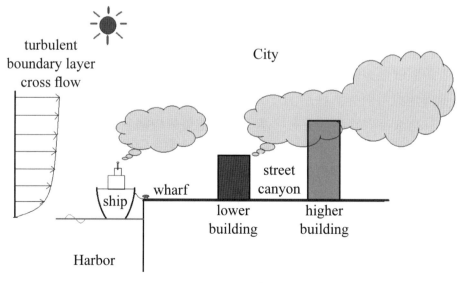

圖 8-17　港區船舶煙囪污染排放與港區建築物作用在街谷之廢氣污染之擴散

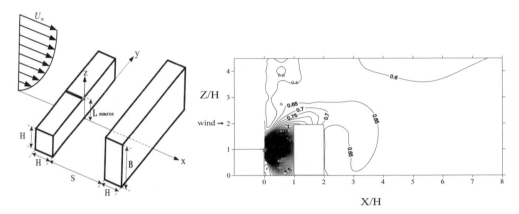

圖 8-18　橫風作用下上揚型街谷之污染濃度分布；$Y/H=0$，$S/H=1$，$L/H=1$，$B/H=2$

　　蕭、林（2012）應用大氣環境風洞模型實驗，研究逸散異味在此複雜地形之擴散變化特性，以提供空污環境之評估參考。逸散異味隨氣流懸浮於大氣中飄盪，故以氣懸性追蹤氣體模擬之，逸散異味以點源連續排放追蹤氣體（tracer gas）模擬，並量測排放源下游處濃度分布之變化。分析基隆氣象測站長期氣象資料獲得風花圖，以決定盛行風向，做為實驗之選定風向。實驗採樣追蹤氣體存放於氣袋，再將追蹤氣體輸入火焰離子偵測器（FID, Flame Ionization Detector）燃燒分析後輸出獲得濃度。分析濃度分布以決定逸散異味之擴散影響範圍，同時分析在複雜地形下，不同風向之擴散尺度沿著下游距離之函數關係。圖 8-19 風洞模型照片（比例尺 1：400），以及東南風向煙流雷射光頁顯示照片。圖 8-20 東南風向（左圖）與東南東風向（右圖）之水平向等濃度分布。濃度實驗結果分析顯示地形（山）效應阻礙流場，使得逸散異味濃度呈現累積現象，造成不易擴散特性，亦即擴散尺度變化有限。

圖 8-19　風洞模型照片（比例尺 1：400），以及東南風向煙流雷射光頁顯示照片

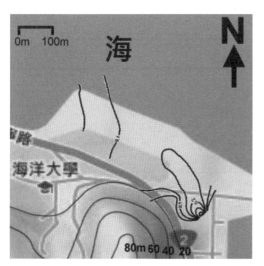
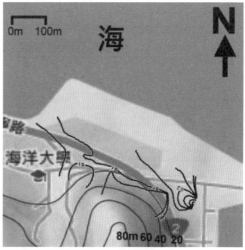

圖 8-20　東南風向（左圖）與東南東風向（右圖）之水平向等濃度分布

　　劇毒氣體意外排放及液化氣儲槽破裂時所形成之重質氣體（heavy gas）連續溢漏擴散之風洞模擬案例，參閱圖 8-21。實驗模擬係利用海洋大學環境風洞進行試驗，重質氣體係以二氧化碳模擬。如圖 8-22 係濃度分布，而圖 8-23 為不同溢漏強度之地面濃度沿下風方向之變化。關於細節與結果可參閱蕭、吳（2002，2007）。

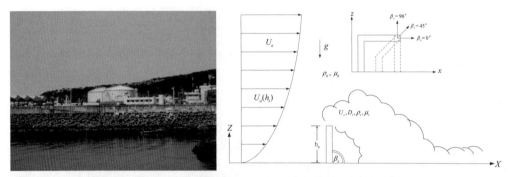

圖 8-21 台灣東北海岸深澳坑港區之石化油氣儲存槽與重質氣體於大氣邊界層下洩漏之擴散示意圖

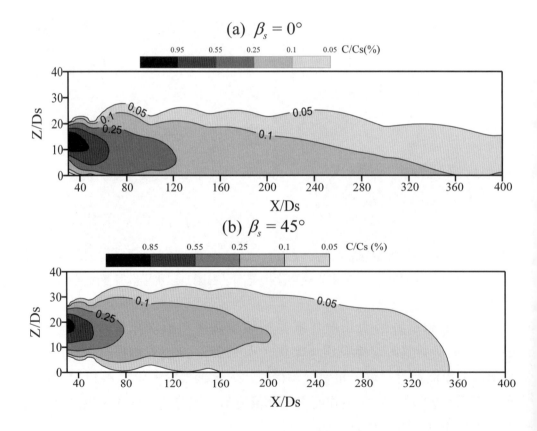

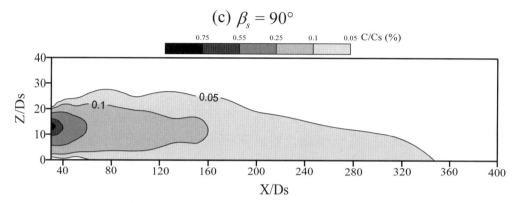

圖8-22　不同角度（$\beta_s = 0°, 45°, 90°$）釋放之縱切面等濃度分布圖；$Y/D_s = 0$，$h_s/D_s = 13.3$，$Fr = 12$，$U_s^\Delta/U_a(h_s) = 1.47$，$n = 0.16$，$\rho_s/\rho_a = 1.525$。

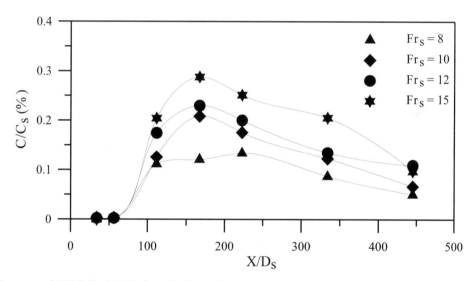

圖8-23　水平排放時不同密度福祿數（$Fr_s = 8、10、12、15$）之地面濃度分布圖；$Y/D_s = 0$，$Z/D_s = 0$，$h_s/D_s = 13.3$，$\beta_s = 0°$，$n = 0.16$，$\rho_s/\rho_a = 1.525$，$U_s^\Delta/U_a(h_s) = 1.00、1.23、1.47、1.84$。

四、風能之開發應用

　　有關風能開發，在第三章已有介紹。其中風力機位置之選擇、基地風場之特性，皆可在風洞中進行模擬試驗評估，以提供規劃設計之最佳抉擇。風

洞模擬試驗內容項目包括有：

1. 基地地形風場特性之風洞模擬。例如模擬不同季節，以及不同風向時，欲開發風力區域之地形，其在不同高程與位置之風速分布變化，以及風速紊流強度分布變化。

2. 風能之分布及其可利用值之評估。利用風洞實驗模擬之風場，進行風能潛勢計算，並配合氣象之機率分布統計特性，探討分析評估效能與效益。

3. 風力機性能之釐定，風力機位置之選定。

五、複雜地形與都市建築之環境風場特性觀測及建築表面風壓特性

台灣有許多都市城鎮位於丘陵地，屬複雜地形。應用風洞模型可以使用風標觀測並使用煙流視現（smoke visualization）配合雷射光頁（laser light sheet）照明技術（例如圖 8-24）（陳、蕭 2011）照相錄影觀察，獲得複雜地形之環境風場定性結果。

圖 8-24　煙流視現配合雷射光頁照明技術觀測建築周遭環境風場

基隆市與港區周遭地理環境屬於丘陵地，該區域地形起伏複雜，高低落差可達百餘公尺。在此地形條件下，氣流通過時其流況改變相當複雜，加上港區鄰近建築物密集，城市風環境對於市區通風、廢氣污染擴散，影響甚鉅。蕭等人（2017）進行基隆市都市港區地形地物模型之風標與煙流風洞觀測試驗，以獲得都市複雜地形之環境風場。定性分析結果顯示：市區周遭

之複雜丘陵地形導致局部區域氣流之風向具有多變性。基本上複雜之丘陵地形，其特性呈現導引氣流，主要系沿著丘陵凹谷地區流動。參閱圖 8-25～圖 8-27。

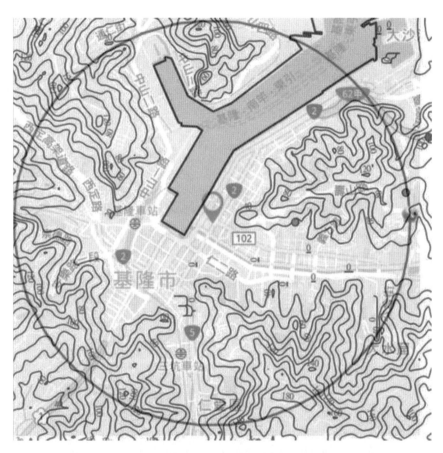

圖 8-25　基隆市區環境風場風洞模型試驗之地形與區域圖

圖 8-26　地形地物風洞模型（比例尺 1：2000）

圖 8-27　吹南風之風洞模擬風標觀測照片

　　Shiau、Lai（2005）以 1/500 縮尺之雙壓克力建築模型於風洞進行試驗，利用電子式快速掃描式壓力感應器（Hyscan-2000 system with ZOC23B pressure sensors）進行建築物表風壓量測。分析探討雙建築物迎風面、背風面、側風面以及頂部之平均、擾動、最大風壓係數之分布情形，以及不同間距比下建築物受風面各壓力係數之變化。圖 8-29 為不同雙棟間距之表面平均風壓係數分布。

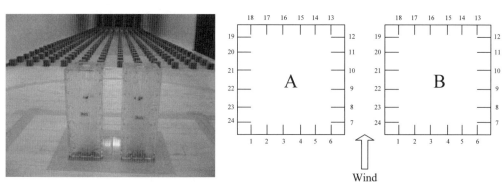

圖 8-28　並列式雙建築之風洞模型（1/500）照片與表面風壓測孔位置標示示意圖

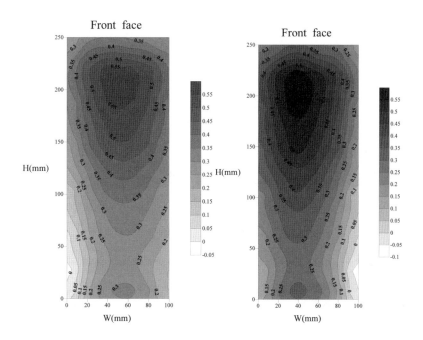

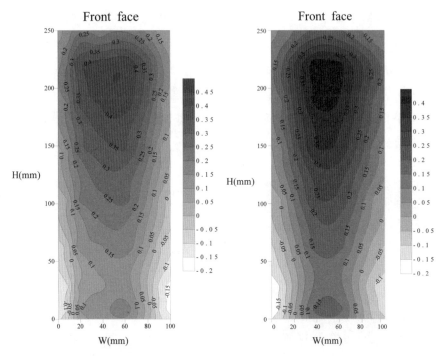

圖 8-29　並列式雙棟建築迎風面表面平均風壓係數分布，左圖為雙棟間距 D/W = 0.5，右圖為雙棟間距 D/W = 3.0；D：雙棟間距，W：建築面寬

　　圖 8-29 為並列式雙棟建築迎風面表面平均風壓係數分布，最大值皆約位於高程 z/H = 0.86 處，最小值位於建築物最下層之左右角落處，趨勢大致上左右對稱，由中央向兩旁減小，由上往下遞減。

　　Shiau & Chang（2008）以 1/500 縮尺之並列式雙壓克力建築模型（參閱圖 8-30）於風洞進行試驗探討不同風攻角（attack angle）與雙棟間距之風壓擾動統計特性（例如圖 8-31）與表面風壓譜變化。

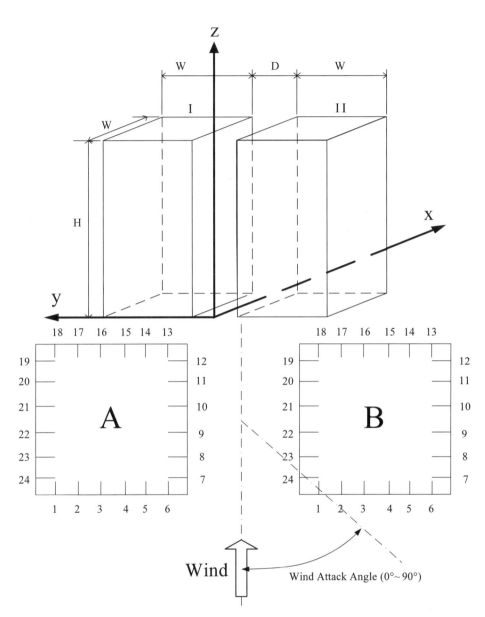

圖 8-30　並列式雙壓克力建築模型及測點位置標示與風攻角示意圖

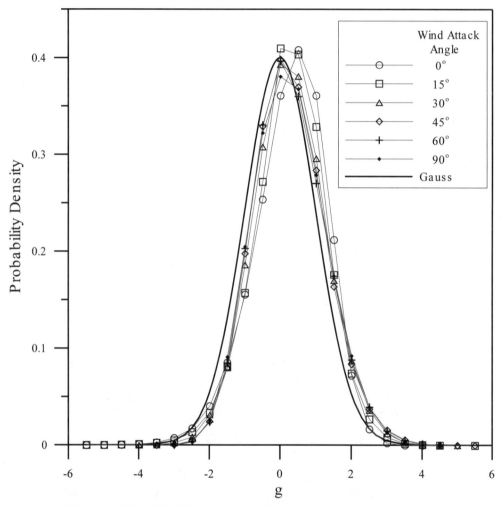

圖 8-31　建築 II 外側面下風距離 $X/W = 0.92$ 高度 $z/H = 0.88$ 處在不同風攻角之表面擾
　　　　動風壓係數機率密度；建築棟距 $D/W = 3.0$

8-5 風洞相似性模擬試驗

　　本節以煙囪氣懸性污染物排放後之大氣擴散以及結構受力運動、風
能、飄雪、太陽能板等之風洞實驗為案例，分析風洞模型模擬之規劃設計技
術，亦即必須考慮之相似性比例參數。

一、煙流熱升流相似性

煙囪氣懸性污染物排放基本上為熱升流，其風洞實驗之相似性與濃度擴散之特性討論並敘述如下：

進行煙流熱升流相似性之模擬，應考慮煙囪熱升流之參變數主要有：H_s：煙囪高度，W_s：煙囪排氣之垂直流速，U：氣流流經煙囪之橫向速度，D：煙囪直徑，ρ_a：環境空氣密度，ρ_s：煙氣密度，$\Delta\rho = \rho_a - \rho_s$：空氣與煙氣密度差異，$g$：重力加速度。

根據上述之參變數，如僅考慮煙氣上升之密度浮力（buoyancy force），煙氣上升慣性力（upward inertia force），大氣橫向風速慣性力（cross flow inertia force），及煙囪本身之幾何形狀，則可形成下列之無因次參數比值關係式：

$$慣性力比值 = \frac{\rho_s W_s^2}{\rho_a U^2} \qquad (8\text{-}13)$$

$$慣性力與浮力比值 \left(Fr^2\right)_a = \frac{W_s^2}{gD} \times \frac{\rho_a}{\Delta\rho} \qquad (8\text{-}14)$$

$$密度比值 = \frac{\rho_a}{\rho_s} \qquad (8\text{-}15)$$

$$幾何尺度比值 = \frac{D}{H_s} \qquad (8\text{-}16)$$

在實際煙氣上升觀測實驗中曾發現煙氣因環境大氣空氣之逸入捲增效應（entrainment effect），其有效代表性密度接近大氣之密度，而非煙氣本身之密度，故嚴格之流體實驗必須由式 8-13 到 8-16 代表之比值關係在實體（prototype）現象中與模擬狀態中皆相同。亦可綜合成煙道幾何現象之尺度關係：

$$\frac{l_m}{H_s} = \frac{1}{2}\left[\frac{\rho_s W_s^2}{\rho_a U^2}\right]^{1/2}\left[\frac{D}{H_s}\right] \qquad (8\text{-}17)$$

$$\frac{l_b}{H_s} = \frac{1}{4}\left[\frac{1}{Fr_a^2}\right]\left[\frac{D}{H_s}\right]\left[\frac{\rho_s W_s^2}{\rho_a U^2}\right]^{3/2}\left[\frac{\rho_a}{\rho_s}\right]^{3/2} \qquad (8\text{-}18)$$

式 8-17 至 8-18 中之 l_m 與 l_b 分別稱爲煙氣升流之動力尺度（momentum length）與浮力尺度（buoyancy length），而煙流上升之彎曲軌跡及上升高度可由 l_m 與 l_b 之長度表示。因此，在進行風洞模擬煙氣上升作用實驗時，需考慮式 8-17 至 8-18 之比值關係在實體與模型間需相同。

進行完全相似模擬（exact modeling）實驗之條件有 4，分別利用下列 4 個式子表示：

$$\left[\frac{\rho_s \overline{w_s}^2}{\rho_a U^2}\right]_m = \left[\frac{\rho_s \overline{w_s}^2}{\rho_a U^2}\right]_p \text{（動量比相似）} \qquad (8\text{-}19)$$

$$\left[\frac{\rho_a}{\rho_s}\right]_m = \left[\frac{\rho_a}{\rho_s}\right]_p \text{（密度比相似）} \qquad (8\text{-}20)$$

$$\left[\frac{D}{H_s}\right]_m = \left[\frac{D}{H_s}\right]_p \text{（幾何比相似）} \qquad (8\text{-}21)$$

$$\left[Fr_a^2\right]_m = \left[Fr_a^2\right]_p \text{（福祿數相似）} \qquad (8\text{-}22)$$

上列諸式之下標 m：代表模型；p：代表實體。

一般進行模擬試驗是利用近似模擬（inexact modeling）方式來進行模擬試驗。主要目的爲模擬煙流上升高度 Δh，因此利用實體與模型間之 $\frac{l_m}{H_s}$ 及 $\frac{l_B}{H_s}$ 相似即可。

在近排放之下風距離處（$\frac{x}{H_s} \ll 1$），其煙流主宰力由動量控制（$l_m \gg l_B$）。遠排放之下風距離處（$\frac{x}{H_s} \gg 1$），其煙流主宰力由浮量控制（$l_B \gg l_m$）。

二、濃度相似性風洞模擬

在風洞擴散實驗所測得之各模擬濃度值，並不能直接應用於實場狀況之估算，必須依據相似律原則，將實驗數據無因次化後，再以實場之已知數值代入該無因次化濃度式，以估算出實場之濃度。其濃度無因次公式如下：

$$K = \frac{C L^2 U}{Q} \qquad (8\text{-}23)$$

其中 K：無因次濃度。C：濃度值（mg/m^3）。L：特徵高度，有效煙囪高度（m）。U：特徵風速，有效煙囪高度處之風速（m/sec）。Q：排放流率（mg/sec）。

三、結構物運動之風洞模型相似性模擬

理論上結構物受到風作用運動之風洞模型模擬設計，基本上要考慮以下模型與實體原型之比例參數。

1. 雷諾數（Reynolds number）

$$\text{Re} = \rho U l / \mu \qquad (8\text{-}24)$$

2. 結構阻尼（structural damping）

$$\delta_s \qquad (8\text{-}25)$$

3. 結構物勁度（stiffness）

$$S / \rho U^2 \qquad (8\text{-}26)$$

4. 密度比（density ratio）

$$\sigma / \rho \qquad (8\text{-}27)$$

上式中 ρ 為空氣密度

$\quad$ U 為風速

$\quad$ l 為特性長度

$\quad$ μ 為空氣動力黏性係數（viscosity）

$\quad$ δ_s 為震盪對數衰減（logarithmic decrement of oscillation）

$\quad$ S 為彈性模數（modulus of elasticity）

$\quad$ σ 為結構物材料密度

　　實際應用上，風洞模擬無法使得上述所有比例參數都滿足，因此需要鬆綁一些參數，亦即近似模擬。

四、風能之風洞模型相似性模擬

　　風力機進行相關特性之風洞模型試驗，其模型與實體原型之間相似性考慮參數如下：

　　1. 功率係數（power coefficient）

$$C_P = \frac{T\omega}{\frac{1}{2}\rho U^3 A} \qquad (8\text{-}28)$$

　　2. 扭力（torque coefficient）

$$C_T = \frac{T}{\frac{1}{2}\rho U^3 A} \qquad (8\text{-}29)$$

　　3. 葉片翼尖速度比（tip speed ratio）

$$T_R = \frac{R\omega}{U} \qquad (8\text{-}30)$$

上式中 T 為扭力（torque）

　　　　ω 為轉速（rotational speed）

　　　　ρ 為空氣密度

　　　　U 為自由流風速（free stream velocity）

　　　　A 為風扇掃過之面積（swept area）

　　　　R 為風力機扇葉最大半徑

五、飄雪之風洞相似性模擬

　　在風洞中模擬飄雪與積雪（snow drift），考慮相似性參數如下述：

　　1. 尺度因子（scale factor）

$$\frac{d}{L} \qquad (8\text{-}31)$$

2. 恢復係數（coefficient of restitution）

$$\frac{\text{rebound distance}}{\text{drop distance}} = 0.555 \text{ for ice} \qquad (8\text{-}32)$$

3. 雪粒子速度（particle velocity）

$$\frac{U_p}{U} \qquad (8\text{-}33)$$

4. 雪粒子沉降速度（fall velocity）

$$\frac{U_f}{U} \qquad (8\text{-}34)$$

5. 雪粒子福祿數（particle Froude number）

$$Fr = \frac{U}{\sqrt{gd}} \qquad (8\text{-}35)$$

上式中 d 為模擬之雪粒子顆粒直徑（diameter of simulated snow particle）

L 為實體原型參考尺度（length of full scale reference dimension）

U_p 為模擬飄雪之速度（velocity of simulated snow particle）

U 為實體原型飄雪速度（velocity of real snow particle）

U_f 為模擬飄雪之自由落體速度（free fall velocity of simulated snow particle）

g 為重力加速度

六、太陽能板風洞相似性模擬

太陽能板（solar collector）在風洞模擬之試驗時，主要考慮太陽能板基礎與結構設計，因此需要相似性參數，包括：力係數（force coefficient）C_{force} 與力矩係數（moment coefficient）C_{moment}。若也考慮太陽能板結構撓曲，則也需要風壓係數（pressure coefficient）C_p。

$$C_{force} = \frac{Force}{\frac{1}{2}\rho U^2 A} \qquad (8\text{-}36)$$

$$C_m = \frac{Moment}{\frac{1}{2}\rho U^2 Ac} \qquad (8\text{-}37)$$

$$C_p = \frac{\Delta p}{\frac{1}{2}\rho U^2} \qquad (8\text{-}38)$$

上式中 ρ 為空氣密度

　　A 為太陽能板面積 $A = Lc$

　　U 為風速

　　Δp 為壓力差

　　c 間距寬

問題與分析

1. 某一潛水艇模型試驗在風洞中進行,該模型幾何縮尺比例為 1:8。若潛水艇原型尺寸長 2.24 m、前進速度 0.560 m/s。試問要達成與潛水艇原型之動力相似性(similarity with the prototype submarine),則在風洞試驗之風速為何?〔假定忽略空氣之壓縮效應,且風洞壁面距離模型較遠不會干擾影響模型之空氣阻力(aerodynamic drag);另外模型與原型符合幾何相似性(geometrically similar to the prototype)。〕

   附註:For water at $T = 15°C$ and atmospheric pressure,$\rho = 999.1$ kg/m^3 and $\mu = 1.138 \times 10^{-3}$ kg/m·s

   For air at $T = 25°C$ and atmospheric pressure,$\rho = 1.184$ kg/m^3 and $\mu = 1.849 \times 10^{-5}$ kg/m·s

   〔解答提示:當模型與原型之雷諾數相同,達到相似性之要求。

   $$動力相似性:Re_m = \frac{\rho_m V_m L_m}{\mu_m} = Re_p = \frac{\rho_p V_p L_p}{\mu_p}$$

   上式之下標 m 代表模型,下標 p 代表原型。

   $$故\ V_m = V_p \left(\frac{\mu_m}{\mu_p}\right)\left(\frac{\rho_p}{\rho_m}\right)\left(\frac{L_p}{L_m}\right)$$

   $$= (0.560 \text{ m/s})\left(\frac{1.849 \times 10^{-5} \text{ kg·m·s}}{1.138 \times 10^{-3} \text{ kg·m·s}}\right)\left(\frac{999.1 \text{ kg/m}^3}{1.184 \text{ kg/m}^3}\right)(8)$$

   $$= 61.4 \text{ m/s}$$

   討論:在溫度 25°C 之空氣,音速約 346 m/s。因此該風洞試驗之風速折合馬赫數(Mach number)Ma = 61.4/346 = 0.177 < 0.3,屬於不可壓縮流狀況(inompressible flow),因此忽略空氣之壓縮效應之假定係屬合理。〕

2. 承續上題,除了將幾何縮尺比例改為 1:24 外,其他條件不變,在風洞試驗之風速為何?並討論結果合理否?

〔解答提示：動力相似性：$\text{Re}_m = \dfrac{\rho_m V_m L_m}{\mu_m} = \text{Re}_p = \dfrac{\rho_p V_p L_p}{\mu_p}$

故 $V_m = V_p \left(\dfrac{\mu_m}{\mu_p}\right)\left(\dfrac{\rho_p}{\rho_m}\right)\left(\dfrac{L_p}{L_m}\right)$

$\qquad = 0.560 \text{ m/s} \left(\dfrac{1.849 \times 10^{-5} \text{ kg/m·s}}{1.138 \times 10^{-3} \text{ kg/m·s}}\right)\left(\dfrac{999.1 \text{ kg/m}^3}{1.184 \text{ kg/m}^3}\right)(24)$

$\qquad = 184 \text{ m/s}$

討論：在溫度 25℃之空氣，音速約 346 m/s。因此該風洞試驗之風速折合馬赫數（Mach number）Ma = 184/346 = 0.532 > 0.3，氣流壓縮效應需考慮，與原先假設不合。〕

3. 接續第一題，若在風洞量測潛水艇模型之阻力（drag force）為 2.3 N，試問潛水艇原型之阻力為何？

〔解答提示：模型與原型之阻力係數應相同：$\dfrac{F_{D,m}}{\rho_m V_m^2 L_m^2} = \dfrac{F_{D,p}}{\rho_p V_p^2 L_p^2}$

故原型之阻力：$F_{D,p} = F_{D,m}\left(\dfrac{\rho_p}{\rho_m}\right)\left(\dfrac{V_p}{V_m}\right)^2\left(\dfrac{L_p}{L_m}\right)^2$

$\qquad = (2.3 \text{ N})\left(\dfrac{999.1 \text{ kg/m·s}}{1.184 \text{ kg/m·s}}\right)\left(\dfrac{0.560 \text{ m/s}}{61.4 \text{ m/s}}\right)^2 (8)^2$

$\qquad = 10.3 \text{ N}$〕

4. 使用直徑 0.4m 具有幾何相似性之模型碟，在風洞中預測一個原型直徑 2m 之衛星碟之受力情形。假定模型蝶與原型衛星碟皆處於標準大氣中量測，衛星碟之速度 80 km/h 試問在風洞中測試模型碟時，風速須設定為何？

〔解答提示：採用雷諾相似性，$V_m = 400 \text{ km/h}$〕

5. 在模型實驗中，若採用與原型相同之流體進行測試，假設原型與模型之雷諾數（Reynolds no.）及福祿數（Froude no.）相似性均可同時滿足，試問模型與原型之幾何縮尺為何？

〔解答提示：$L_m = L_p$〕

6. 汽車模型在風洞中進行測試，增加風洞中之風速，對於測試實驗有何助益？

〔解答提示：在測試時選用之風度越大，則汽車模型尺寸可變小，可降低測試成本。

若風洞夠大，可以無需使用縮尺模型，而直接將汽車原型車置入風洞內進行測試。參閱下圖，照片為澳洲 Monash University 之風洞。〕

7. 海上風帆船競賽係世界重要之運動賽事之一，同時也是海上重要娛樂項目。利用帆與風之作用，船獲得動力航行前進。特別在逆風航行（up-wind sail）可透過三種操作風帆方式取得動能：(1) 風攻角（angle of attack）、(2) 帆之滿度（sail depth）、(3) 帆之彎曲（sail twist）。其中風帆之彎曲調整控制主要係因應海上實際之風速剖面除了有梯度外，也隨高度風向角度有彎曲變化。獲取風帆動力來源之三種操作，參閱下圖（Gladstone, 2018），風帆總動力為三種方式取得動力之總和。

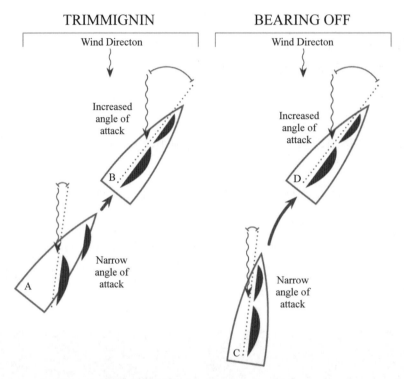

圖：風攻角（Gladstone, 2018）

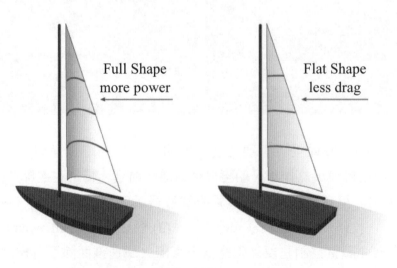

圖：帆之滿度（Gladstone, 2018）

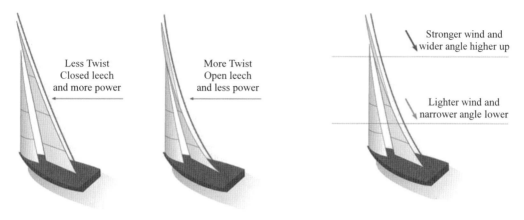

圖：帆之彎曲（Gladstone, 2018）

因應彎曲流對風帆之氣動力影響，進行風洞實驗模擬時，傳統之邊界層風洞（BLWT, Boundary Layer Wind Tunnel）需要做修改添加裝置以利生成彎曲流（twisted flow）進行風帆船航行模型試驗（Flay, 1996）。請簡述在邊界層風洞增添那些裝置，可獲得模擬彎曲流？

〔解答提示：可在邊界層風洞試驗段邊界層流發展段後方，藉由一連串彎曲葉片翼型裝置（twisted vanes），並予以調控達到模擬所需之彎曲流，參閱下圖照片之紐西蘭奧克蘭大學之彎曲流風洞。〕

圖：紐西蘭奧克蘭大學（The University of Auckland, New Zealand）彎曲流風洞（twisted flow wind tunnel）實景，2017 年 12 月 04 日。

8. 複雜地形特別是多山地區之氣流變化，隨著高度增加，除了風速外風向角度也隨之改變，亦即所謂地形引起之彎曲流（topography-induced twisted flow）。Tse *et al.*（2016）設計在邊界層風洞內裝置彎曲板系統（vane system），導引產生彎曲流，參閱下圖。請簡述該彎曲板系統。

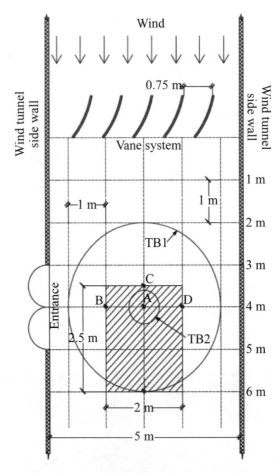

圖：風洞試驗段加裝葉片型彎曲板系統（Tse *et al.*, 2016）

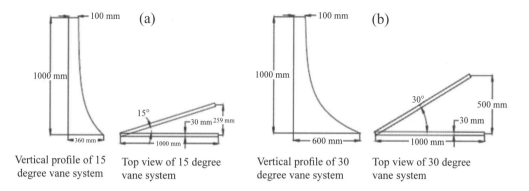

Vertical profile of 15 degree vane system

Top view of 15 degree vane system

Vertical profile of 30 degree vane system

Top view of 30 degree vane system

圖：產生彎曲流之不同角度之彎曲板（Tse *et al.*, 2016）

〔解答提示：依據 Tse *et al.*（2016）設計該葉片行彎曲板系統，配合風
　　　　　洞係使用一串五個排列在風洞試驗段內，選擇兩種最大導
　　　　　引角度 15° 與 30°，分別代表模擬高彎曲流（twist condi-
　　　　　tion of high）與極端彎曲流（twist condition of extreme）
　　　　　之狀況。〕

參考文獻

[1] Cermak, J.E. Sandborn, V.A., Plate, E.J., Chuang, H., Meroney, R.N. and Ito. S., Simulation of atmospheric motion by wind tunnel, Report to Army under Contract DA-AMC-28-043-G20, Colorado State University, 1972.

[2] Cermak, J.E., Applications of fluid mechanics to wind engineering, A freeman-scholar lecture , *Journal of Fluids Engineering* , ASME , Vol.97, pp.9-38, 1975.

[3] Cermark, J.E., Wind tunnel design for physical modeling of atmospheric boundary layers, *Journal of the Engineering Mechanics*, ASCE, Vol.107, No EM3, pp.623-642, 1981.

[4] Flay, R.G.J., A twisted flow wind tunnel for testing yacht sails, *Journal of Wind Engineering and Industrial Aerodynamics*, Vol.63, pp.171-182, 1996.

[5] Gladstone, B., Upwind sail power, North Sails News, August, 24, 2018.

[6] Irwin, H.P.A.H., A simple omnidirectional sensor for wind tunnel studies of pedestrian-level wind, *Journal of Wind Engineering and Industrial Aerodynamics*, Vol.7, pp.219-239, 1981.

[7] Jensen, M., The model law for phenomena in a natural wind, Vol.2, No.4, *Ingenioren Int.*, Ed.2 No4, 1958.

[8] Rae, W.H.J. and Pope, A., *Low Speed Wind Tunnel Testing*, John Wiley Sons Inc., 1984.

[9] Shiau, B.S., and Chang, H.C., Measurements on the surface wind pressure characteristics of two square buildings under different wind attack angles and building gaps, *Proceedings of the 6th International Colloquium on: Bluff Body Aerodynamics & Applications*, pp.282-285, Milan, Italy, 2008.

[10] Shiau, B.S., and Lai, J.H., Experimental study on the surface wind pressure and spectrum for two prismatic buildings of side by side arrangement in a turbulent boundary layer flow, *Proceedings of the 6th Asia-Pacific Conference on Wind Engineering*, pp.303-317, Seoul, Korea, 2005.

[11] Shiau, B.S, and Lee, B.J., Measurement of the bent discharge pollution dispersion around step-up street canyon, *Proceedings of the 9th Asia-Pacific Conference on Wind Engineering*, Auckland, New-Zealand, 2017.

[12] Snyder, W.H., Similarity criteria for the application of fluid models to the study of air pollution meteorology, *Boundary Layer Meteorology*, Vol.3, pp.113-134, 1972.

[13] Snyder, W.H., Guideline for Fluid Modeling of Atmospheric Diffusion, EPA Report 600/8-81-009, USA, 1981.

[14] Townsend, A.A., *The Structure of Turbulent Shear Flow*, p.315, Cambridge University Press, 1956.

[15] Tse, K.T., Weerasuriya, A.U., and Kwok, K.C.S., Simulation of twisted wind flows in a boundary layer wind tunnel for pedestrian-level wind tunnel tests, *Journal of Wind Engineering and Industrial Aerodynamics*, Vol.159, pp.99-109, 2016.

[16] 蕭葆義，〈環境風洞規劃設計〉，國立台灣海洋大學河海工程學系環境風洞實驗室技術報告 96-01，1996。

[17] 蕭葆義、許世昌，〈環境風洞之基本特性測試〉，國立台灣海洋大學河海工程學系環境風洞實驗室技術報告 97-01，1997。

[18] 蕭葆義，〈精英電腦大樓興建工程行人風之風洞模擬試驗〉，國立台灣海洋大學河海工程學系環境風洞實驗室技術報告 00-01，2000。

[19] 蕭葆義，〈昇捷桃園中正路辦公大樓新建工程行人風之風洞模擬試驗〉，國立台灣海洋大學河海工程學系環境風洞實驗室技術報告 00-02，2000。

[20] 蕭葆義，〈都市地區建築物風環境及風壓之風洞模擬試驗研究〉，中華民國建築學報，第 21 期，第 59～72 頁，1997。

[21] 蕭葆義、吳孟訓，〈環境風洞模擬重質氣體擴散特性〉，國立台灣海洋大學河海工程系環境風洞實驗室技術報告，2002。

[22] 蕭葆義、吳孟訓，〈海岸港口地區紊流邊界層內之重質氣體污染物溢漏擴散風洞實驗探討〉，海洋工程學刊，第 7 卷第 2 期，第 69～84 頁，2007。

[23] 蕭葆義，〈基隆天外天垃圾焚化爐廢氣排放擴散模式模擬計畫──風場風

洞模擬實驗〉，國立台灣海洋大學河海工程系環境風洞實驗室技術報告，
2003。

[24] 蕭葆羲，〈基隆天外天垃圾焚化爐廢氣排放擴散模式模擬計畫──追蹤氣體
擴散風洞模擬實驗〉，國立台灣海洋大學河海工程系環境風洞實驗室技術報
告，2005。

[25] 陳瑞鈴、蕭葆羲，〈廢氣排放對周圍環境影響之風洞實驗研究〉，內政部建
築研究所 100 年度建築先進技術創新開發與推廣應用計畫報告，2011。

[26] 蕭葆羲、林信漢，〈海產製造工廠異味逸散在複雜地形之擴散風洞模擬實
驗〉，第四屆全國風工程研討會論文集，第 260～267 頁，高雄，台灣，
2012。

[27] 蕭葆羲、陳翌倩、王育唯，〈基隆市港區複雜地形環境風場風洞模型試
驗〉，中華民國風工程學會委託研究報告，2017。

多瑙河之夜布達佩斯（Budapest）鎖鏈橋，匈牙利　　　　　　　　（*by Bao-Shi Shiau*）

布達佩斯有著「多瑙河明珠」及「東歐的巴黎」的美稱。塞切尼鎖鍊橋
（Széchenyi lánchíd）是九座連結布達區與佩斯區中最古老的一座，橫跨多瑙
河，連結多瑙河西岸的布達與東岸的佩斯兩城市，至今已有約 170 年的歷史，
也是布達佩斯重要的地標之一。因為橋以堅固的鐵鑄鎖鏈做為主體，所以稱
之為鎖鏈橋。

庫倫洛夫（Cesky Krumlov），捷克　　　　　　　　　　（*by Bao-Shi Shiau*）

位於捷克最長河流伏爾塔瓦河上游的庫倫洛夫 CK 建立於西元 1250 年，小鎮
的慢步調生活與中古世紀的建築及風貌特別吸引人，於 1992 年被聯合國教科
文組織列入世界文化遺產。

國家圖書館出版品預行編目資料

風工程／蕭葆羲著. －－初版.－－臺北市：
五南, 2020.11
　　面；　公分
ISBN 978-986-522-270-3（平裝）

1.工程 2.風 3.風力發電

446.7　　　　　　　　　　109013578

5G48

風工程

作　　者 ― 蕭葆羲（389.5）

發 行 人 ― 楊榮川

總 經 理 ― 楊士清

總 編 輯 ― 楊秀麗

主　　編 ― 高至廷

責任編輯 ― 曹筱彤

封面設計 ― 王麗娟

出 版 者 ― 五南圖書出版股份有限公司

地　　址：106台北市大安區和平東路二段339號4樓

電　　話：(02)2705-5066　　傳　　真：(02)2706-6100

網　　址：https://www.wunan.com.tw

電子郵件：wunan@wunan.com.tw

劃撥帳號：01068953

戶　　名：五南圖書出版股份有限公司

法律顧問　林勝安律師事務所　林勝安律師

出版日期　2020年11月初版一刷

定　　價　新臺幣700元

經典永恆·名著常在

五十週年的獻禮 —— 經典名著文庫

五南，五十年了，半個世紀，人生旅程的一大半，走過來了。
思索著，邁向百年的未來歷程，能為知識界、文化學術界作些什麼？
在速食文化的生態下，有什麼值得讓人雋永品味的？

歷代經典·當今名著，經過時間的洗禮，千錘百鍊，流傳至今，光芒耀人；
不僅使我們能領悟前人的智慧，同時也增深加廣我們思考的深度與視野。
我們決心投入巨資，有計畫的系統梳選，成立「經典名著文庫」，
希望收入古今中外思想性的、充滿睿智與獨見的經典、名著。
這是一項理想性的、永續性的巨大出版工程。
不在意讀者的眾寡，只考慮它的學術價值，力求完整展現先哲思想的軌跡；
為知識界開啟一片智慧之窗，營造一座百花綻放的世界文明公園，
任君遨遊、取菁吸蜜、嘉惠學子！